U0389253

甘肃省药用植物病害及其防治

陈秀蓉　主编

科学出版社

北京

内 容 简 介

　　本书以植物分类系统中的科为单元,分为10章,分别叙述了37科96种药用植物的298种病害。每种药用植物介绍了其分类地位、地理分布、药性、功效及作用等。每种病害有症状、病原、病害循环及发病条件、防治技术等4部分,同时收集了149张症状彩色照片和115幅病原菌形态线条图。另外,书后以附录的形式收集了《药用植物及制剂外经贸绿色行业标准》和常用农药简介,列出了主要参考文献,以便查阅。本书文字简练、图文并茂,集理论性、技术性和实用性为一体。

　　本书可供大专院校相关专业的师生、植物病理学工作者、中药材生产企业技术人员及广大药用植物种植农户参考。

图书在版编目(CIP)数据

甘肃省药用植物病害及其防治/陈秀蓉主编. —北京:科学出版社,2015.5
ISBN 978-7-03-042720-5

Ⅰ.①甘… Ⅱ.①陈… Ⅲ.①药用植物-病虫害防治-甘肃省
Ⅳ.①S435.67

中国版本图书馆CIP数据核字(2014)第292473号

责任编辑:张海洋　白　雪 / 责任校对:郑金红

责任印制:徐晓晨/ 封面设计:北京铭轩堂广告设计有限公司

科 学 出 版 社 出版

北京东黄城根北街16号
邮政编码:100717
http://www.sciencep.com

北京东华虎彩印刷有限公司 印刷

科学出版社发行　各地新华书店经销

*

2015年5月第 一 版　　开本:720×1000　B5
2015年5月第一次印刷　　印张:20 1/2
字数:400 000

定价:138.00 元

(如有印装质量问题,我社负责调换)

《甘肃省药用植物病害及其防治》编写人员

主　编　陈秀蓉

副主编　王　艳　杨成德　骆得功　王兰娣　武延安

参编人员（按姓氏汉语拼音排序）

卞　静　曹占凤　陈德蓉　陈书珍　陈泰祥

陈秀蓉　范爱平　管青霞　韩相鹏　李　捷

刘　雯　骆得功　王　艳　王涵琦　王兰娣

魏周全　文朝慧　吴海娟　武延安　薛　莉

杨成德　张玉云

序

陈秀蓉教授主编的《甘肃省药用植物病害及其防治》，即将由科学出版社出版，嘱我作序。我虽数月来一直被青光眼所困扰，视力极度下降，读、写均十分困难，正在接受同仁医院的精心治疗。但仍受陈教授的成果所鼓舞，欣然承诺，遂得以先睹书稿，感慨诸多，口述数语，请他人代为打出，聊以为序。

中药是中华民族文化的瑰宝，是人类认识自然、利用生物多样性的智慧结晶。近年来，中药正逐渐走出国门，为世界各国所接受。笔者一次在与来兰州大学草地农业科技学院开展合作研究的澳大利亚西悉尼大学的博士后闲谈时，这位祖籍捷克、生长在悉尼的年轻人，谈到他母亲要他回国时带点冬虫夏草和其他中药，而且他本人在母亲的影响下，也多次喝过中药熬成的black soup（他对汤药形象的称谓）。我在略感惊奇的同时，也为外国人对中药的认同感到自豪，期待着中药在全球范围内得到更为广泛的认可和接受。

进入21世纪以来，国际生物多样性中心发起了"被忽视和未被充分利用的作物"的研发项目。其对被忽视作物的定义是"那些主要由农民在其起源中心或多样性中心种植的传统植物"，这些作物对当地人的生存非常重要，但通常正式发表和可供大众利用的信息不充分，并被忽略。这类作物包括果树、林木、药用植物、香料植物、牧草等。如果说中药植物被忽视，恐怕难以获得多数国人的认同。但与水稻、小麦、玉米、大豆、棉花等主要作物相比，我们对药用植物的研究与认识确有进一步加强和深化的必要。因此，开展药用植物的研究，不仅在生物多样性保护与利用方面具有全球性的意义，而且是中华悠久文化的传承与发展，这更是我们炎黄子孙责无旁贷的责任与义务。

甘肃省位于祖国内陆，青藏高原、内蒙古高原和黄土高原三大高原的交汇处，是我国唯一地形亦东亦西，气候兼具南北的省份。地形与气候的多样性也使这里成为了药用植物多样性中心之一，具有丰富的药用植物生态系统多样性、物种多样性和基因多样性。多年来，当地群众在认识自然，并与大自然和谐相处的历史长河中也逐渐形成了利用与开发中草药植物的灿烂文化。在他们的辛勤劳作下，甘肃省成为我国最主要的药材生产区域之一，在全国363个重点中药材资源中，甘肃省便有276个，占全国总种数的76%。中药材的种植与加工已成为当地群众脱贫致富的主要来源，有些产品，如甘肃省定西市生产的贞芪冲剂，已远销北美、大洋洲。这些成就为全国的中药材生产和人民群众的健康做出了重要贡献，这种寓药用植物多样性的保护于生产之中的做法，也反映了当地群众、农业系统、文化和自然条件的和谐与统一，蕴含着博大精深的文化，有待于进一步的挖掘、发扬，也为科研人员开展多学科的中草药研究提供了得天独厚的条件。遗憾的是据我所知，以往对甘肃省药用植物的研究并不很多，亟待加强。

随着中药材在甘肃省种植规模的不断扩大，药用植物的病害问题日益突出。一些以往不太重要的病害开始严重发生；一些以往不曾出现的病害，开始危害生产；一些以往认识较为充分的病害，随着栽培方式的改变及种植区域的拓展，出现了新的问题。据调查，当归腐烂茎线虫病和根腐病的发病率在局部地区已达60%~70%，褐斑病的发病率在条件适宜时也已达70%。病害已成为当地中药材生产的限制因素之一，迫切需要科技给予支撑。

正是在这样一种历史与现实的背景下，陈秀蓉教授率领她的团队，面对生产需求和科技挑战，坚持不懈地开展了药用植物病害及其防治的研究，近年来获得了甘肃中药材攻关计划的支持。陈秀蓉教授任职于甘肃农业大学，是活跃在我国植物病理学领域、教学科研相长、成果颇丰的科学家，是甘肃省科技领军人才。在植病研究中，她涉猎颇广，包括大田作物、园艺作物和牧草等作物的病害。今天我们高兴地发现，药用植物病害也是她的研究专长之一。在陈教授从事牧草病害研究期间，笔者有幸与她多有合作，常为她的豁达、执著与实干所感动。陈教授的作为或许是巾帼不让须眉的最好写照。呈现在读者面前的这部《甘肃省药用植物病害及其防治》，是2011年由甘肃省科学技术出版社出版的《甘肃省药用植物真菌病害及其防治》一书的拓展与补充。该书是陈教授和她的团队，20余年来深入广大农区、林区、牧区实地调查和系统研究的结晶，也反映了她们不断进取、永不停步的科学精神。全书共分10章，分别介绍了伞形科、豆科、桔梗科、茄科、蓼科、唇形科、菊科、毛茛科、百合科和其他科药用植物病害，包括96种主要药用植物的298种病害，每种病害均介绍了症状、病原、发生规律和防治技术，并附有大量的彩色照片和病原图，图文并茂，易读易懂，书末附有《药用植物及制剂外经贸绿色行业标准》及常用农药简介，便于农技推广人员使用。

与四年前出版的《甘肃省药用植物真菌病害及其防治》相比，该书的病原由真菌拓展到了细菌、病毒、螨类和寄生性种子植物等，增加了51种病害，有些病害是国内外的首次报道。其中枸杞褐斑病病原是新种，当归炭疽病、掌叶大黄和红花的黄瓜花叶病毒（CMV）病，马兜铃、当归和土贝母的番茄花叶病毒（ToMV）病等均为国内新病害，这些成果已陆续在国内外权威刊物发表，同时发现并报道了一批甘肃省内新病害,具有重要的学术价值。相信该书的出版对甘肃省乃至全国的药用植物病害防治及特色中药材生产将有重要的指导作用。

谨以此为序,深表祝贺。

南志标

中国工程院院士
兰州大学草地农业科技学院教授
草地农业生态系统国家重点实验室主任
2015年1月

前　　言

　　甘肃省地域辽阔，生态环境和气候类型复杂，包括地球上除热带以外的所有气候类型，即亚热带湿润区、暖温带湿润区、温带半湿润区、温带半干旱区、温带干旱区、暖温带干旱区、高寒半干旱区和高寒湿润区。由于生态环境的高度异质性，孕育了丰富的生物种质资源，据普查，全省有药用植物、动物、矿物资源1600多种，其中276种被列入全国重点品种，占全国363个重点品种的76%。全省现有栽培药用植物100多种，主要有传统道地药材当归、党参、黄芪、红芪、大黄、甘草、半夏、秦艽、羌活及优势地产药材柴胡、板蓝根等20余种，其中岷县当归、渭源白条党参、陇西黄芪、文县纹党、礼县铨水大黄、西和半夏等均获得国家质检总局原产地保护认证。岷县、渭源县、陇西县及西和县分别被农业部授予"中国当归之乡"、"中国党参之乡"、"中国黄芪之乡"和"中国半夏之乡"的称号。

　　目前甘肃省已成为全国中药材的优势产区。全省大约有80个县（区）进行中药材生产。据2010年统计，全省中药材种植面积约248.12万亩（1亩≈667m^2），产量约52.65万t，产值约32.59亿元。其中道地药材当归39.07万亩、产量7.51万t，党参48.33万亩、产量6.66万t，黄（红）芪37.22万亩、产量6.54万t，分别占全国该品种总产量的85%、60%和50%。2012年、2013年和2014年全省药用植物种植面积分别为316.8万亩、350.4万亩和383.7万亩。由此可见，近年来甘肃省中药材生产发展迅速，种植面积不断扩大。药材生产已成为多个县（区）的支柱产业，特别是中南部高寒贫困山区农民脱贫致富的主要途径。

　　然而，由于近年来药材收益不断增长，种植规模持续扩大，在一些传统产区连作重茬现象在所难免，导致病害的发生日趋严重，并已成为制约中药材产业健康发展的主要因素之一。而关于药用植物病害的研究，甘肃省没有系统资料，很不利于科学防治，有碍中药材产业的可持续发展。鉴于此，近20年来，笔者深入甘肃省30多个县的中药材主产区，调查采集了37科96种药用植物病害标本，描述了其症状，对其病原进行了鉴定，并对重要的道地药材病害的分布区域、为害程度、发生规律和防治方法进行了较系统的研究，发表了多篇论文。在此基础上，参考了国内外专家、学者的研究成果，以图文并茂的形式编写了《甘肃省药用植物病害及其防治》一书。本书以植物分类系统中的科为单元，分为10章，分别叙述了37科96种药用植物的298种病害。其中陈秀蓉负责全书的构思、统稿，以及第九章和第十章内容的撰写；王艳具体负责第一章、第二章（除黄芪外）、第三章和第四章内容的撰写；杨成德具体负责第五章、第六章、第七章和第八章内容的撰写；骆得功具体负责第二章黄芪病害内容的撰写及附录整理；王兰娣具体负责全书中药材药性、功效等部分的撰写（主要参考《中华人民共和国药典》、《中药学》、《历代本草药性本草汇解》）；武延安具体负责全书栽培防治方面内容的撰写。其他编委不同程度地参与了研究工作，并为书中病原图的绘制、校对及参考文献的整理等做了大量工作。另外，书后以附录形式收集了《药用植物及制剂外经贸绿色行业标准》、常用农药特性介绍，以便查阅。本书集理论性、技术性和实用性为一体，可供大专院校相关专业的师生、植物病理学工作者、中药材生产企业技术人员及广大药用植物种植农户参考。

在本书的撰写过程中，涉及病害调查、标本采集、试验研究和资料整理等工作，得到了甘肃省定西市植保植检站、岷县农业技术推广站、陇西县农业技术推广中心、岷县中药材生产技术指导站、渭源县中药材产业办公室、漳县植保植检站等单位的帮助和支持；本书涉及的许多研究内容及出版得到了甘肃省中药材产业科技攻关项目（GYC11-01）和国家自然基金项目（31460013）的资助；特别是甘肃农业大学魏勇良教授对本书的编写提出了许多宝贵的意见和建议，在此一并表示衷心的感谢。

尽管我们努力将内容编写得尽可能充实一些，但由于药用植物病害的研究相对滞后，许多研究工作还不够深入，收集的材料有限，书中不足之处在所难免，敬请广大读者不吝批评指正，以便在今后的工作中不断补充完善。

著　者

2015年1月

目　　录

序
前言
第一章　伞形科药用植物病害 …………………………………………………… 1
　　第一节　当归病害 ……………………………………………………………… 1
　　　　一、当归腐烂茎线虫（麻口）病 ………………………………………… 1
　　　　二、当归根腐病 …………………………………………………………… 3
　　　　三、当归褐斑病 …………………………………………………………… 4
　　　　四、当归白粉病 …………………………………………………………… 5
　　　　五、当归灰霉病 …………………………………………………………… 6
　　　　六、当归炭疽病 …………………………………………………………… 7
　　　　七、当归菌核病 …………………………………………………………… 8
　　　　八、当归水烂病 …………………………………………………………… 9
　　　　九、当归细菌性油脉病 …………………………………………………… 10
　　　　十、当归细菌性斑点病 …………………………………………………… 10
　　　　十一、当归病毒病 ………………………………………………………… 11
　　第二节　防风病害 ……………………………………………………………… 12
　　　　一、防风菌核病 …………………………………………………………… 12
　　　　二、防风轮纹病 …………………………………………………………… 13
　　　　三、防风斑点病 …………………………………………………………… 14
　　　　四、防风白粉病 …………………………………………………………… 15
　　　　五、防风根腐病 …………………………………………………………… 16
　　　　六、防风灰霉病 …………………………………………………………… 16
　　　　七、防风茎枯病 …………………………………………………………… 17
　　　　八、防风细菌性叶斑病 …………………………………………………… 18
　　第三节　北沙参病害 …………………………………………………………… 18
　　　　一、北沙参褐斑病 ………………………………………………………… 18
　　　　二、北沙参黑斑病 ………………………………………………………… 19
　　　　三、北沙参叶斑病 ………………………………………………………… 20
　　　　四、北沙参细菌性褐斑病 ………………………………………………… 21
　　第四节　川芎病害 ……………………………………………………………… 21

　　一、川芎白粉病 …………………………………………………………21
　　二、川芎枯萎病 …………………………………………………………22
　第五节　柴胡病害 …………………………………………………………23
　　一、柴胡斑枯病 …………………………………………………………23
　　二、柴胡锈病 ……………………………………………………………25
　　三、柴胡根腐病 …………………………………………………………25
　第六节　羌活病害 …………………………………………………………26
　　一、羌活轮纹病 …………………………………………………………26
　　二、羌活白粉病 …………………………………………………………27
　　三、羌活褐斑病 …………………………………………………………28
　　四、羌活斑枯病 …………………………………………………………29
　　五、羌活条斑病 …………………………………………………………29
　　六、羌活细菌性角斑病 …………………………………………………30
　第七节　欧当归病害 ………………………………………………………31
　　一、欧当归斑枯病 ………………………………………………………31
　　二、欧当归叶斑病 ………………………………………………………32
　　三、欧当归叶枯病 ………………………………………………………33
　　四、欧当归褐斑病 ………………………………………………………33
　　五、欧当归轮纹病 ………………………………………………………34
　　六、欧当归细菌性叶斑病 ………………………………………………35
　第八节　白芷病害 …………………………………………………………35
　　一、白芷斑枯病 …………………………………………………………35
　　二、白芷叶斑病 …………………………………………………………37
　　三、白芷灰霉病 …………………………………………………………38
　　四、白芷细菌性角斑病 …………………………………………………38
　第九节　蛇床子病害 ………………………………………………………39
　　蛇床子斑枯病 ……………………………………………………………39
　第十节　明党参病害 ………………………………………………………40
　　明党参白粉病 ……………………………………………………………40
　第十一节　藁本病害 ………………………………………………………40
　　藁本白粉病 ………………………………………………………………41
第二章　豆科药用植物病害 …………………………………………………42
　第一节　黄（红）芪病害 …………………………………………………42
　　一、黄（红）芪白粉病 …………………………………………………42
　　二、黄（红）芪霜霉病 …………………………………………………44

　　三、黄芪斑枯病…………………………………………………45

　　四、黄芪灰斑病…………………………………………………46

　　五、黄芪轮纹病…………………………………………………47

　　六、黄芪叶斑病…………………………………………………47

　　七、黄芪褐斑病…………………………………………………48

　　八、黄芪根腐病…………………………………………………49

　　九、黄芪茎基腐病………………………………………………50

　　十、黄芪绒斑病…………………………………………………52

　　十一、黄芪茎线虫病……………………………………………52

　　十二、黄芪细菌性角斑病………………………………………53

　　十三、红芪锈病…………………………………………………53

第二节　甘草病害……………………………………………………54

　　一、甘草褐斑病…………………………………………………55

　　二、甘草锈病……………………………………………………56

　　三、甘草轮纹病…………………………………………………57

　　四、甘草灰霉病…………………………………………………58

　　五、甘草白粉病…………………………………………………58

　　六、甘草根腐病…………………………………………………59

　　七、甘草链格孢黑斑病…………………………………………60

第三节　决明病害……………………………………………………60

　　一、决明灰斑病…………………………………………………60

　　二、决明斑枯病…………………………………………………61

　　三、决明褐斑病…………………………………………………62

　　四、决明灰霉病…………………………………………………63

第四节　望江南病害…………………………………………………63

　　望江南褐斑病……………………………………………………64

第五节　苦参病害……………………………………………………64

　　一、苦参链格孢叶斑病…………………………………………64

　　二、苦参格孢腔菌叶斑病………………………………………65

　　三、苦参褐斑病…………………………………………………66

　　四、苦参灰（圆）斑病…………………………………………67

　　五、苦参白粉病…………………………………………………67

第六节　扁茎黄芪（沙菀子）病害…………………………………68

　　一、扁茎黄芪斑枯病……………………………………………68

　　二、扁茎黄芪叶斑病……………………………………………69

第三章 桔梗科药用植物病害 ································ 70
　第一节 党参病害 ······································· 70
　　一、党参白粉病 ····································· 70
　　二、党参斑枯病 ····································· 71
　　三、党参根腐病 ····································· 72
　　四、党参灰霉病 ····································· 73
　第二节 沙参病害 ······································· 74
　　一、沙参锈病 ······································· 74
　　二、沙参疫病 ······································· 75
　　三、沙参白星病 ····································· 75
　　四、沙参黑斑病 ····································· 76
　　五、沙参灰霉病 ····································· 77
　第三节 桔梗病害 ······································· 78
　　一、桔梗叶斑病 ····································· 78
　　二、桔梗炭疽病 ····································· 78
　　三、桔梗灰霉病 ····································· 79
　　四、桔梗菌核病 ····································· 80
　　五、桔梗细菌性褐斑病 ······························· 80
第四章 茄科药用植物病害 ································ 82
　第一节 枸杞病害 ······································· 82
　　一、枸杞白粉病 ····································· 82
　　二、枸杞轮纹病 ····································· 83
　　三、枸杞早疫病 ····································· 84
　　四、枸杞根腐病 ····································· 85
　　五、枸杞黑果病 ····································· 86
　　六、枸杞亚裂壳枝枯病 ······························· 87
　　七、枸杞茎点霉枝枯病 ······························· 88
　　八、枸杞褐斑病 ····································· 88
　　九、枸杞瘿螨病 ····································· 90
　第二节 曼陀罗病害 ····································· 91
　　一、曼陀罗黑斑病 ··································· 91
　　二、曼陀罗轮纹病 ··································· 92
　第三节 酸浆病害 ······································· 93
　　酸浆白斑病 ······································· 93
　第四节 龙葵病害 ······································· 94

　　　　龙葵黑斑病 ··· 94

　　第五节　莨菪病害 ··· 95

　　　　莨菪轮纹病 ··· 95

　　第六节　大千生（假酸浆）病害 ·· 96

　　　　大千生叶斑病 ··· 96

第五章　蓼科药用植物病害 ··· 98

　　第一节　大黄病害 ··· 98

　　　　一、大黄黑粉病 ··· 98

　　　　二、大黄斑枯病 ··· 99

　　　　三、大黄锈病 ·· 100

　　　　四、大黄轮纹病 ·· 101

　　　　五、大黄灰斑病 ·· 102

　　　　六、大黄白粉病 ·· 103

　　　　七、大黄灰霉病 ·· 104

　　　　八、大黄根腐病 ·· 104

　　　　九、大黄病毒病 ·· 105

　　第二节　红蓼病害 ·· 106

　　　　一、红蓼斑枯病 ·· 106

　　　　二、红蓼白粉病 ·· 108

　　第三节　何首乌病害 ··· 108

　　　　一、何首乌叶斑病 ··· 109

　　　　二、何首乌轮纹病 ··· 109

　　第四节　萹蓄病害 ·· 110

　　　　一、萹蓄白粉病 ·· 110

　　　　二、萹蓄锈病 ·· 111

　　　　三、萹蓄霜霉病 ·· 111

第六章　唇形科药用植物病害 ·· 113

　　第一节　丹参病害 ·· 113

　　　　一、丹参轮纹病 ·· 113

　　　　二、丹参灰斑病 ·· 114

　　　　三、丹参灰霉病 ·· 115

　　　　四、丹参细菌性叶斑病 ·· 115

　　第二节　薄荷病害 ·· 116

　　　　一、薄荷锈病 ·· 116

　　　　二、薄荷白粉病 ·· 117

三、薄荷霜霉病 ………………………………………………… 117

四、薄荷灰斑病 ………………………………………………… 118

第三节 藿香病害 ………………………………………………… 119

一、藿香轮纹病 ………………………………………………… 119

二、藿香褐斑病 ………………………………………………… 120

三、藿香白粉病 ………………………………………………… 120

第四节 黄芩病害 ………………………………………………… 121

一、黄芩白粉病 ………………………………………………… 121

二、黄芩灰霉病 ………………………………………………… 122

三、黄芩灰斑病 ………………………………………………… 122

第五节 益母草病害 ……………………………………………… 123

一、益母草白粉病 ……………………………………………… 123

二、益母草灰斑病 ……………………………………………… 124

三、益母草轮纹病 ……………………………………………… 124

四、益母草菌核病 ……………………………………………… 125

五、益母草白霉病 ……………………………………………… 125

六、益母草褐斑病 ……………………………………………… 126

第六节 香薷病害 ………………………………………………… 127

一、香薷霜霉病 ………………………………………………… 127

二、香薷白粉病 ………………………………………………… 128

三、香薷斑枯病 ………………………………………………… 129

第七节 紫苏病害 ………………………………………………… 129

紫苏褐斑病 ……………………………………………………… 129

第八节 荆芥病害 ………………………………………………… 130

荆芥白粉病 ……………………………………………………… 130

第七章 菊科药用植物病害 ………………………………… 132

第一节 牛蒡病害 ………………………………………………… 132

一、牛蒡白粉病 ………………………………………………… 132

二、牛蒡轮纹病 ………………………………………………… 133

第二节 土木香病害 ……………………………………………… 133

一、土木香褐斑病 ……………………………………………… 134

二、土木香早疫病 ……………………………………………… 134

三、土木香细菌性褐斑病 ……………………………………… 135

第三节 紫菀病害 ………………………………………………… 136

一、紫菀白粉病 ………………………………………………… 136

二、紫菀白星病 ·· 137

三、紫菀轮纹病 ·· 137

四、紫菀灰霉病 ·· 138

第四节　白术病害 ·· 139

白术黑斑病 ·· 139

第五节　药菊花病害 ·· 140

一、药菊花褐斑病 ·· 140

二、药菊花斑枯病 ·· 141

三、药菊花霜霉病 ·· 142

第六节　款冬病害 ·· 143

款冬褐斑病 ·· 143

第七节　水飞蓟病害 ·· 144

一、水飞蓟轮纹病 ·· 144

二、水飞蓟灰霉病 ·· 145

三、水飞蓟白粉病 ·· 145

第八节　红花病害 ·· 146

一、红花黑斑病 ·· 146

二、红花锈病 ·· 147

三、红花病毒病 ·· 149

第九节　大丽花病害 ·· 149

大丽花轮纹病 ·· 150

第十节　苍耳病害 ·· 150

苍耳霜霉病 ·· 150

第十一节　小蓟病害 ·· 151

一、小蓟锈病 ·· 151

二、小蓟斑枯病 ·· 152

第十二节　蒲公英病害 ·· 153

一、蒲公英白粉病 ·· 153

二、蒲公英黄叶病 ·· 154

第十三节　蓝刺头病害 ·· 154

蓝刺头斑枯病 ·· 155

第八章　毛茛科药用植物病害 ·· 156

第一节　附子病害 ·· 156

一、附子白粉病 ·· 156

二、附子斑枯病 ·· 157

　　三、附子轮纹病 ·· 158
　第二节　芍药（附牡丹）病害 ························· 159
　　一、芍药白粉病 ·· 159
　　二、芍药叶点霉叶斑病 ································ 160
　　三、芍药壳二胞叶斑病 ································ 161
　　四、芍药叶霉病 ·· 161
　　五、芍药早疫病 ·· 162
　第三节　圆锥铁线莲病害 ····························· 163
　　一、圆锥铁线莲黑斑病 ································ 164
　　二、圆锥铁线莲灰霉病 ································ 164
　第四节　唐松草病害 ···································· 165
　　唐松草白粉病 ·· 165
　第五节　黄连病害 ······································· 166
　　一、黄连炭疽病 ·· 166
　　二、黄连白粉病 ·· 167
第九章　百合科药用植物病害 ····················· 168
　第一节　百合病害 ······································· 168
　　一、百合灰霉病（叶枯病） ························· 168
　　二、百合根腐病（茎腐病） ························· 169
　　三、百合立枯病 ·· 170
　　四、百合疫病（脚腐病） ···························· 171
　　五、百合鳞茎根霉软腐病 ···························· 172
　　六、百合细菌性软腐病 ································ 173
　　七、百合病毒病 ·· 173
　第二节　玉竹病害 ······································· 175
　　玉竹叶点霉叶斑病 ······································ 175
　第三节　知母病害 ······································· 176
　　一、知母灰霉病 ·· 176
　　二、知母早疫病 ·· 177
第十章　其他科药用植物病害 ····················· 178
　第一节　苋科药用植物病害 ························· 178
　　青葙病害 ·· 178
　　一、青葙轮纹病 ·· 178
　　二、青葙褐斑病 ·· 179

　　三、青葙白星病 ……………………………………………………………… 179

　第二节　十字花科药用植物病害 ……………………………………………… 180

　　板蓝根病害 ……………………………………………………………………… 180

　　　一、板蓝根霜霉病 ……………………………………………………………… 180

　　　二、板蓝根白粉病 ……………………………………………………………… 182

　　　三、板蓝根白锈病 ……………………………………………………………… 182

　　　四、板蓝根黑斑病 ……………………………………………………………… 183

　　　五、板蓝根斑枯病 ……………………………………………………………… 184

　　　六、板蓝根菌核病 ……………………………………………………………… 185

　　　七、板蓝根根腐病 ……………………………………………………………… 186

　第三节　禾本科药用植物病害 ………………………………………………… 187

　　薏苡病害 ………………………………………………………………………… 187

　　　薏苡黑穗病（黑粉病） ………………………………………………………… 187

　第四节　天南星科药用植物病害 ……………………………………………… 188

　　半夏病害 ………………………………………………………………………… 188

　　　一、半夏萎蔫病 ………………………………………………………………… 188

　　　二、半夏早疫病 ………………………………………………………………… 189

　　　三、半夏壳二胞灰斑病 ………………………………………………………… 190

　　　四、半夏叶点霉灰斑病 ………………………………………………………… 191

　　　五、半夏病毒病 ………………………………………………………………… 191

　　天南星病害 ……………………………………………………………………… 192

　　　一、天南星轮纹病 ……………………………………………………………… 193

　　　二、天南星枯萎病 ……………………………………………………………… 193

　第五节　忍冬科药用植物病害 ………………………………………………… 194

　　金银花病害 ……………………………………………………………………… 194

　　　一、金银花白粉病 ……………………………………………………………… 194

　　　二、金银花壳二胞褐斑病 ……………………………………………………… 196

　　　三、金银花叶点霉褐斑病 ……………………………………………………… 197

　　　四、金银花灰霉病 ……………………………………………………………… 197

　　　五、金银花轮纹病 ……………………………………………………………… 198

　第六节　罂粟科药用植物病害 ………………………………………………… 198

　　罂粟病害 ………………………………………………………………………… 198

　　　一、罂粟霜霉病 ………………………………………………………………… 199

　　　二、罂粟黑斑病 ………………………………………………………………… 200

三、罂粟白粉病 …………………………………………………………… 201

四、罂粟茎枯病 …………………………………………………………… 201

五、罂粟根腐病 …………………………………………………………… 202

博落回病害 …………………………………………………………………… 203

一、博落回白粉病 ………………………………………………………… 203

二、博落回轮纹病 ………………………………………………………… 204

第七节　蝶形花科药用植物病害 …………………………………………… 205

阴阳豆（三籽二型豆）病害 ………………………………………………… 205

一、阴阳豆轮纹病 ………………………………………………………… 205

二、阴阳豆圆斑病 ………………………………………………………… 206

第八节　景天科药用植物病害 ……………………………………………… 206

景天三七病害 ………………………………………………………………… 206

景天三七白粉病 …………………………………………………………… 207

第九节　旋花科药用植物病害 ……………………………………………… 207

田旋花病害 …………………………………………………………………… 207

一、田旋花白粉病 ………………………………………………………… 208

二、田旋花黑粉病 ………………………………………………………… 208

牵牛子病害 …………………………………………………………………… 209

一、牵牛子轮纹病 ………………………………………………………… 209

二、牵牛子白粉病 ………………………………………………………… 210

三、牵牛子褐斑病 ………………………………………………………… 210

第十节　薯蓣科药用植物病害 ……………………………………………… 211

穿山龙病害 …………………………………………………………………… 211

一、穿山龙叶斑病 ………………………………………………………… 211

二、穿山龙锈病 …………………………………………………………… 212

三、穿山龙灰霉病 ………………………………………………………… 212

山药病害 ……………………………………………………………………… 213

一、山药灰霉病 …………………………………………………………… 213

二、山药轮纹病 …………………………………………………………… 214

三、山药斑点病 …………………………………………………………… 215

第十一节　龙胆科药用植物病害 …………………………………………… 215

秦艽病害 ……………………………………………………………………… 215

一、秦艽锈病 ……………………………………………………………… 216

二、秦艽斑枯病 …………………………………………………………… 217

　　三、秦艽眼斑病 ……………………………………………………………… 218

第十二节　萝藦科药用植物病害 …………………………………………………… 218

　徐长卿病害 ……………………………………………………………………… 218

　　徐长卿白粉病 …………………………………………………………………… 218

第十三节　远志科药用植物病害 …………………………………………………… 219

　远志病害 ………………………………………………………………………… 219

　　一、远志斑点病 ………………………………………………………………… 219

　　二、远志炭疽病 ………………………………………………………………… 220

　　三、远志灰霉病 ………………………………………………………………… 221

　　四、远志茎枯病 ………………………………………………………………… 222

第十四节　木犀科药用植物病害 …………………………………………………… 222

　连翘病害 ………………………………………………………………………… 222

　　一、连翘轮纹病 ………………………………………………………………… 222

　　二、连翘斑枯病 ………………………………………………………………… 223

　　三、连翘早疫病 ………………………………………………………………… 224

　　四、连翘灰霉病 ………………………………………………………………… 225

第十五节　大戟科药用植物病害 …………………………………………………… 226

　甘遂病害 ………………………………………………………………………… 226

　　甘遂褐斑病 ……………………………………………………………………… 226

　蓖麻病害 ………………………………………………………………………… 227

　　蓖麻灰斑病 ……………………………………………………………………… 227

第十六节　蔷薇科药用植物病害 …………………………………………………… 227

　地榆病害 ………………………………………………………………………… 227

　　一、地榆白粉病 ………………………………………………………………… 228

　　二、地榆锈病 …………………………………………………………………… 228

　仙鹤草病害 ……………………………………………………………………… 229

　　一、仙鹤草斑枯病 ……………………………………………………………… 229

　　二、仙鹤草白粉病 ……………………………………………………………… 230

　　三、仙鹤草锈病 ………………………………………………………………… 231

　　四、仙鹤草灰霉病 ……………………………………………………………… 231

第十七节　鸢尾科药用植物病害 …………………………………………………… 232

　射干病害 ………………………………………………………………………… 232

　　一、射干眼斑病 ………………………………………………………………… 232

　　二、射干锈病 …………………………………………………………………… 233

　　　三、射干枯萎病 ……………………………………………………………… 234

　第十八节　玄参科药用植物病害 ……………………………………………… 235

　　地黄病害 ………………………………………………………………………… 235

　　　一、地黄斑枯病 …………………………………………………………… 235

　　　二、地黄斑点病 …………………………………………………………… 236

　第十九节　芸香科药用植物病害 ……………………………………………… 236

　　黄柏病害 ………………………………………………………………………… 236

　　　黄柏白粉病 ………………………………………………………………… 236

　第二十节　凤仙花科药用植物病害 …………………………………………… 238

　　凤仙花病害 ……………………………………………………………………… 238

　　　凤仙花白粉病 ……………………………………………………………… 238

　第二十一节　葫芦科药用植物病害 …………………………………………… 239

　　土贝母病害 ……………………………………………………………………… 239

　　　一、土贝母轮纹病 ………………………………………………………… 239

　　　二、土贝母褐纹病 ………………………………………………………… 240

　　　三、土贝母病毒病 ………………………………………………………… 240

　　栝楼病害 ………………………………………………………………………… 241

　　　一、栝楼灰斑病 …………………………………………………………… 241

　　　二、栝楼污斑病 …………………………………………………………… 242

　第二十二节　马兜铃科药用植物病害 ………………………………………… 243

　　马兜铃病害 ……………………………………………………………………… 243

　　　一、马兜铃灰霉病 ………………………………………………………… 243

　　　二、马兜铃病毒病 ………………………………………………………… 244

　第二十三节　石竹科药用植物病害 …………………………………………… 244

　　瞿麦病害 ………………………………………………………………………… 244

　　　瞿麦眼斑病 ………………………………………………………………… 245

　　银柴胡病害 ……………………………………………………………………… 245

　　　一、银柴胡霜霉病 ………………………………………………………… 246

　　　二、银柴胡黑点病 ………………………………………………………… 246

　　　三、银柴胡斑点病 ………………………………………………………… 247

　第二十四节　桑科药用植物病害 ……………………………………………… 248

　　啤酒花病害 ……………………………………………………………………… 248

　　　一、啤酒花霜霉病 ………………………………………………………… 248

　　　二、啤酒花灰霉病 ………………………………………………………… 250

　　　　三、啤酒花白粉病 ··· 251
　　　　四、啤酒花轮斑病 ··· 252
　　　　五、啤酒花灰斑病 ··· 252
　　　　六、啤酒花镰孢根腐病 ·· 253
　　　　七、啤酒花根癌病 ··· 253
　　　　八、啤酒花病毒病 ··· 254
　　第二十五节　小檗科药用植物病害 ··· 256
　　　　淫羊藿病害 ··· 256
　　　　　淫羊藿锈病 ·· 256
　　　　小檗（三颗针）病害 ·· 256
　　　　　小檗叶斑病 ·· 257
　　第二十六节　卫矛科药用植物病害 ··· 257
　　　　卫矛（鬼箭羽）病害 ·· 257
　　　　　卫矛斑点病 ·· 257
　　第二十七节　麻黄科药用植物病害 ··· 258
　　　　麻黄病害 ··· 258
　　　　　一、麻黄枯萎病 ·· 258
　　　　　二、麻黄斑枯病 ·· 259
　　第二十八节　车前草病害 ·· 260
　　　　　一、车前草霜霉病 ·· 260
　　　　　二、车前草白粉病 ·· 261
　　　　　三、车前草褐斑病 ·· 262
　　　　　四、车前草灰斑病 ·· 262
　　第二十九节　菟丝子 ··· 263
参考文献 ··· 265
附录一　药用植物及制剂外经贸绿色行业标准 ··································· 269
附录二　常用农药简介 ·· 273

第一章 伞形科药用植物病害

第一节 当 归 病 害

当归[Angelica sinensis（Oliv.）Diels]为伞形科多年生草本植物，又名岷归、秦归、西当归、川归等。秋末采挖。以根入药，味甘、辛，性温，归于心、肝、脾经。有补血活血、温中止痛、润肠通便的功效。临床广泛应用，主要用于治疗月经不调、痛经、血虚或血瘀闭经、血虚头痛、血虚便秘、贫血、风湿痛等血虚血瘀诸症，被欧洲人誉为"妇科人参"；亦用于治疗痈疽疮疡、跌打损伤、久咳等症。主产于甘肃、四川及云南等省。以甘肃省岷县的产量最大，质量最好，年均种植约2.6万hm²，总产量7.5万t以上，占全国总产量的70%以上，外销量占全国总销量的90%以上。主要病害有当归腐烂茎线虫（麻口）病、根腐病、褐斑病及白粉病等，其中腐烂茎线虫病和根腐病发病普遍，严重影响当归的产量和质量。褐斑病发病率75%以上，严重时叶片枯死，减产亦明显。

一、当归腐烂茎线虫（麻口）病

（一）症状

主要为害根部。发病初期，病斑多见于土表以下的叶柄基部，产生红褐色斑痕或条斑状，与健康组织分界明显，严重时导致叶柄断裂，叶片由下而上逐渐黄化、枯死、脱落，但不造成死苗（彩图1-1）。根部感病，初期外皮无明显症状，纵切根部，局部可见褐色糠腐状，随着当归根的增粗和病情的发展，根表皮呈现褐色纵裂纹，裂纹深1~2mm，根毛增多并畸化。严重发病时，当归头部整个皮层组织呈褐色糠腐干烂，其腐烂深度一般不超过形成层；个别病株从茎基处变褐，糠腐达维管束内（彩图1-1）。轻病株地上部分无明显症状，重病株则表现矮化，叶细小而皱缩。此病常与根腐病混合发生。

（二）病原

病原菌为动物界茎线虫属腐烂茎线虫（Ditylenchus destructor Thorne），又名马铃薯茎线虫、马铃薯腐烂线虫、甘薯茎线虫。该虫的雌雄成虫呈长圆筒状蠕虫形，体长996.67~1650.00μm。雌虫一般大于雄虫，虫体前端稍钝，唇区平滑，尾部呈长圆锥形，末端钝尖，虫体表面角质层有细环纹，侧线6条，吻针长12~14μm，食道垫刃型。中食道球呈卵圆形，食管腺叶状，末端覆盖肠前端腹面。阴门横裂，阴唇稍突起，后阴子宫囊一般达阴门2/3处。雌虫一次产卵7~21粒，卵长圆形，大小为60.33μm×26.39μm。雄虫交合刺长22.37μm，后部宽大，前部逐渐变尖，中央有2个指状突起。交合伞包至尾部2/3~3/4处（图1-1）（王玉娟等，1990a，1990b）。该线虫是一种迁移性植物内寄生线虫，寄主范围广泛，已知的寄主植物有120多种。主要为害马铃薯、甘薯等块茎植物和一些球茎花卉。它是我国和许多国家、地区的检疫性有害生物（谢辉，2000）。

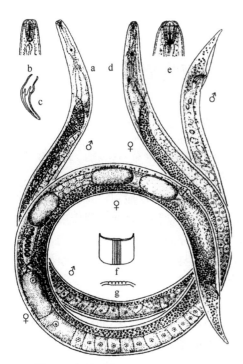

图1-1　腐烂茎线虫形态特征雄虫体

雄虫：a.整体；b.头部；c.交合刺。雌虫：d.整体；e.头部；f.体中部侧区；g.侧区横切面（仿Hooper, 1973）

（三）病害循环及发病条件

该线虫以成虫及高龄幼虫在土壤、自生归及病残组织中越冬，是翌年的主要侵染源。在当归栽植到收获的整个生育期（4~9月），线虫均可侵入幼嫩肉质根内繁殖为害，以5~7月侵入的数量最多，该时期也是田间发病盛期。病区的土壤、流水、农具等可黏附线虫而侵染种苗（陆家云，1995）。地下害虫为害严重时，病害也严重。

腐烂茎线虫病的发生与土壤内病原线虫的数量、温度和当归生育期有关。病区在10cm土层内线虫的数量最多。当归根对线虫有诱集作用，归头部受害重。线虫活动的温度为2~35℃，最活跃的温度为26℃，温度过高或过低，活动性均降低。相对湿度低于46%时，该线虫难以生存。在甘肃省岷县，病原线虫一年可发生6~7代，每代需21~45天，地温高则完成一代所需的时间短（陆家云，1995）。甘肃省岷县、渭源县和漳县均严重发生，是引起当归减产的主要病害。

（四）防治技术

1）栽培措施　与麦类、油菜等作物实行轮作，切勿与马铃薯、蚕豆、苜蓿及红豆草等植物轮作；使用充分腐熟的鸡粪等有机肥；收获后，彻底清除腐烂根等病残体和杂草，减少初侵染源。

2）培育无病苗　选择高海拔（2000m以上）的生荒地育苗，减少幼苗染病；

最好在育苗地进行土壤处理，用98%必速灭微粒剂5~6kg/亩加细土30kg拌匀，撒于地面，翻入土中20cm，20天后再松土栽植。

3）土壤处理　栽植前用3%辛硫磷颗粒剂，按3kg/亩拌细土撒于地面，翻入土中，或用1.8%阿维菌素乳油2000倍液及50%硫磺悬浮剂200倍液喷洒栽植沟。

4）药液蘸根　用50%辛硫磷乳油1000倍液及1.8%阿维菌素乳油2000倍液蘸根30min，晾干后栽植。

二、当归根腐病

（一）症状

在整个当归生长季节均可发生。发病初期，仅少数侧根和须根感染病害，随着病情发展逐渐向主根扩展，早期发病植株地上部分无明显症状，随着根部腐烂程度的加重，植株上部叶片出现萎蔫，但早晚可恢复，几天后，萎蔫症状不再恢复。挖取发病植株，可见主根呈锈黄色，腐烂，只剩下纤维状物，极易从土中拔起（彩图1-2）。地上部分植株矮小，叶片出现椭圆形褐色斑块，严重时叶片枯黄下垂，最终整株死亡（彩图1-2）。

（二）病原

病原菌为真菌界多种镰孢菌复合侵染。通过分离鉴定，燕麦镰孢菌 [*Fusarium avenaceum*（Fr.）Sacc.]、茄病镰刀菌[*F. solani*（Mart.）Sacc.]、尖孢镰刀菌（*F. oxysporum* Schlecht.）、芬芳镰刀菌（*F. redolens* Wollenw）、串珠镰孢菌（*F. moniliforme* Sheldon）、木贼镰孢菌[*F. equiseti*（Corda）Sacc.]及拟枝孢镰孢菌（*F. sporotrichioides* Sherb.）均可为害当归根部，但各地优势病原菌有差异。

（三）病害循环及发病条件

病菌在土壤内和种苗上越冬，成为翌年的初侵染源。一般在5月初开始发病，6月逐渐加重，7~8月达到发病高峰，一直延续到收获期。地下害虫造成伤口、灌水过量和雨后田间积水、根系发育不良等因素均加重发病。甘肃省岷县、渭源县和漳县中度发生。此病往往与当归腐烂茎线虫病混合发生。

（四）防治技术

1）栽培措施　与禾本科作物、十字花科植物进行轮作倒茬；发现病株，及时拔除，并用生石灰消毒病穴；收获后彻底清除病残组织，减少初侵染源。

2）药液蘸根　用1：1：150波尔多液浸种苗10~15min，或30%苯噻氰乳油1000倍液浸苗10min，或用50%多菌灵可湿性粉剂1000倍液浸苗30min，晾干后栽植。

3）土壤处理　育苗地及大田栽植前用50%利克菌1.3kg/亩或20%乙酸铜可湿性粉剂200~300g/亩，加细土30kg，拌匀后撒于地面，翻入土中，或用3%辛硫磷颗粒剂按3kg/亩拌细土混匀，栽植时撒于栽植穴可兼防当归麻口病和根腐病。

三、当归褐斑病

（一）症状

叶片、叶柄均受害。叶面初生褐色小点，后扩展呈多角形、近圆形、红褐色斑点，大小为1~3mm，边缘有褪绿晕圈。后期有些病斑中部褪绿变灰白色，其上生有黑色小颗粒，即病菌的分生孢子器。病斑汇合时常形成大型污斑，有些病斑中部组织脱落形成穿孔，发病严重时，全田叶片发褐，焦枯（彩图1-3）。

（二）病原

病原菌为真菌界壳针孢属（*Septoria* sp.）的真菌。分生孢子器扁球形、近球形，黑褐色，直径67.2~103.0μm（平均84.5μm），高62.7~89.6μm（平均78.1μm）。分生孢子针状、线状，直或弯曲，无色，端部较细，隔膜不清，大小为（22.3~61.2）μm×（1.2~1.8）μm（平均44.2μm×1.7μm）（图1-2）。此菌较文献（白金铠，2003a）记载的白芷壳针孢（*S. dearnessii*）的分生孢子[（14~28）μm×（1~2）μm]长近一倍，种待定。

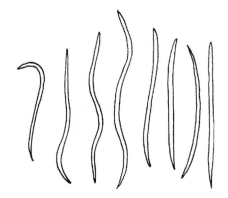

图1-2　当归褐斑病菌分生孢子

王艳等（2009a）研究表明，病菌在马铃薯琼脂培养基（PDA）上菌落黑褐色，隆起，菌表面绒状，较密。20天后菌落直径6.3cm。菌丝生长、分生孢子萌发和产孢的温限分别为5~30℃（最适15~25℃）、5~30℃（最适20℃）和5~25℃（最适15℃）；连续光照有利于病菌的生长、萌发和产孢；在75%以上的相对湿度中均可萌发，以水中萌发最好；菌丝在pH4.0~10.0时均能生长，以pH5.5生长最快；产孢的pH为4.5~7.5，其中以pH6.0产孢量最大。当归叶片浸渍液、葡萄糖液对孢子萌发有较强的促进作用，而蔗糖液和土壤浸渍液则有抑制作用；10种碳源中葡萄糖、D-半乳糖等4种碳源对其生长有促进作用；13种氮源中在谷氨酸培养基上生长最快，而甘氨酸、脯氨酸和蛋白胨可促进其产孢。

（三）病害循环及发病条件

病菌以菌丝体及分生孢子器随病残组织在土壤中越冬。翌年以分生孢子引起初侵染。生长期产生的分生孢子，借风雨传播进行再侵染。温暖潮湿和阳光不足有利于发病。一般5月下旬开始发病，7~8月发病加重，并延续至收获期。病原基数大、湿度大则发病重。甘肃省岷县、渭源县和漳县均严重发生，发病率为75%~100%，严重度2~3级。

（四）防治技术

1）栽培措施　初冬彻底清除田间病残体，减少初侵染源。轮作倒茬。

2）药剂防治　发病初期喷施70%安泰生可湿性粉剂200倍液、70%甲基硫菌灵可湿性粉剂600倍液和10%苯醚甲环唑水分散颗粒剂600倍液，防效均可达71%以上，并且具有较好的增产作用。一般7~10天喷施1次，连续喷2~3次，交替使用药剂。

四、当归白粉病

（一）症状

叶片、花、茎秆均受害。初期，叶片出现小型白色粉团，后扩大成片至叶片全部覆盖白粉层，叶片发黄。发病严重时，叶变细，呈畸形至枯死。后期白粉层中产生黑色小颗粒，即病原菌的闭囊壳（彩图1-4）。

（二）病原

病原菌为真菌界白粉菌属独活白粉菌（*Erysiphe heraclei* DC.）。闭囊壳聚生或散生，埋生于菌丝体中，暗褐色至黑色，扁球形、近球形，直径76.0~147.8μm（平均103.2μm）。附属丝丝状，个别附属丝顶端有1~2次分枝，长宽为（26.9~129.9）μm×（4.7~5.9）μm（平均50.8μm×5.3μm），有隔。闭囊壳内有子囊4~6个，子囊广卵形、椭圆形，有小柄，大小为（51.7~61.2）μm×（35.3~42.3）μm（平均54.7μm×39.1μm），囊内有子囊孢子4~6个。子囊孢子椭圆形、卵形，淡黄褐色，壁厚，大小为（15.3~21.2）μm×（10.6~14.1）μm（平均18.4μm×12.4μm）。分生孢子桶形、腰鼓形，单胞，无色，大小为（25.9~38.8）μm×（12.9~16.5）μm（平均32.9μm×15.1μm）（图1-3）。寄主范围较广，可为害山芹当归、胡萝卜、蛇床子、水芹及藁本等植物（中国科学院中国孢子植物志编辑委员会，1987）。

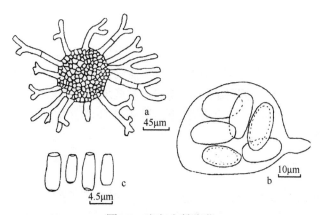

图1-3 当归白粉病菌

a.闭囊壳及附属丝；b.子囊及子囊孢子；c.分生孢子

（三）病害循环及发病条件

病菌以闭囊壳及菌丝体在病残体上越冬。越冬的闭囊壳翌年释放子囊孢子，进行初侵染。越冬的菌丝体第二年直接产生分生孢子传播为害。分生孢子借气流传播，不断引起再侵染。韩金声等（1990）报道，分生孢子萌发的适温为18~30℃，湿度为75%以上，潜育期2~5天。管理粗放、植株生长衰弱，有利于发病。甘肃省渭源县、岷县、宕昌县和漳县多在8月上旬发生，8月下旬至9月上旬为发病盛期，9月中旬开始产生闭囊壳。甘肃省渭源县、岷县、宕昌县及漳县中度至重度发生，发病率为40%~85%，严重度1~2级。

（四）防治技术

1）栽培措施　及时中耕除草，以利于通风透光，降低湿度；疏松土壤，加强水肥管理，增强植株的抗病力；初冬彻底清除病株残体，清除初侵染源。

2）药剂防治　发病初期选用50%甲基硫菌灵·硫磺悬浮剂800倍液、20%三唑酮乳油2000倍液、12.5%烯唑醇可湿性粉剂2500倍液及25%腈菌唑乳油2500倍液喷施。

五、当归灰霉病

（一）症状

此病主要为害茎秆和叶片。茎秆受害后，中部衰弱组织出现软腐症状，受害部位产生大量灰色霉层，可围绕整个茎秆，致组织枯死。叶片受害出现圆形或"V"形病斑，上有少量霉层。

（二）病原

病原菌为真菌界葡萄孢属（*Botrytis* sp.）真菌。分生孢子梗淡褐色，枝长，肉眼可见，有隔膜，端部分枝2~3次，基部稍膨大，大小为（859.97~1142.15）μm×（13.44~17.92）μm（平均983.14μm×15.22μm）。分生孢子椭圆形、卵圆形，无色，大小为（9.36~14.11）μm×（6.47~9.41）μm（平均12.38μm×8.14μm）。

（三）病害循环及发病条件

病菌以菌丝、菌核在病残体及土壤中越冬。翌春条件适宜时在菌丝及菌核上产生分生孢子，借风雨传播进行初侵染，再侵染频繁。6月下旬开始发病，7月上旬为发病高峰，低温、多雨发生重，植株密集、低洼处发生较重。甘肃省渭源县、岷县和漳县轻度发生。

（四）防治技术

1）栽培措施　收获后彻底清除田间病残体，减少初侵染来源。

2）化学防治　发病初期喷施25%咪鲜胺乳油1000~2000倍液、40%嘧霉胺可湿性粉剂1200倍液、50%异菌脲可湿性粉剂1200倍液、50%咪鲜胺锰络合物可湿性粉剂1000~1500倍液、28%百·霉威可湿性粉剂600倍液及65%硫菌·霉威可湿性粉剂1000倍液。

六、当归炭疽病

（一）症状

此病主要为害茎秆。发病初期先在植株外部茎秆上出现浅褐色病斑，随后病斑逐渐扩大，形成深褐色长条形病斑，叶片变黄枯死（彩图1-5），后期茎秆及叶片从外向内逐渐干枯死亡，在茎秆上布满黑色小颗粒，即病原菌的分生孢子盘，最后茎秆腐朽变为灰色至灰白色，整株枯死（彩图1-5）。叶片未见病斑。

（二）病原

病原菌为真菌界炭疽菌属束状炭疽菌（*Colletotrichum dematium* Grove）。分生孢子盘黑褐色，扁球形、盘形或球形，大小为50~400μm，周围有褐色刚毛，刚毛直立、长短不等，长度为45~200μm，顶端尖，基部宽4~8μm，有0~7个隔膜。分生孢子有两种形态：一种为新月形，两端尖，无色透明，单胞，中间有一个油球，孢子大小为（18.0~24.5）μm×（3.5~5.0）μm；另一种孢子为卵圆形或椭圆形，无色透明，单胞，孢子大小为（9.7~16.5）μm×（2.5~4.0）μm。

卞静等（2014）研究表明，菌丝生长和孢子萌发适温均为25℃，产孢适温20℃；相对湿度95%以上可以萌发，液态水中萌发最好；适宜菌丝生长和产孢的pH分别为11和10；菌丝在葡萄糖、蔗糖、乳糖、麦芽糖、甘露醇和D-阿拉伯糖等7种碳源培养基上生长快，而甘露糖、D-半乳糖和氯醛糖等3种碳源为其不良碳源；大豆蛋白胨、L-亮氨酸等15种氮源培养基上菌丝均生长良好；蔗糖溶液能促进孢子萌发。

（三）病害循环及发病条件

病菌可在土壤和病残组织上越冬，成为翌年的主要初侵染源。翌年温湿度适宜时，病菌可通过伤口、根部及地上部分自然孔口侵入茎秆。生长季节中，此病一般在6月中下旬开始发生，田间可见零星病株，但症状不典型，观察不到病症。7月株高20cm即可见典型症状，有些株高不到30cm即已严重发病，茎秆腐朽，表面布满黑色小颗粒。8月下旬到9月上旬达到发病高峰，田间发病程度与相对湿度和气温存在极显著正相关，即湿度大、温度高有利于病害发生（卞静等，2014）。甘肃省渭源县、漳县及岷县发病普遍，为害较重。

（四）防治技术

1）栽培措施　收获后及时清除病株残体，精耕细作、深翻土壤，减少初侵染源；注意轮作倒茬，此病在重茬地发病重，因此，应与禾本科、十字花科植物轮作倒茬，以减少土壤中病原物的积累。

2）药剂防治　发病初期喷施43%戊唑醇悬浮剂4000倍液、30%醚菌酯可湿性粉剂1200倍液、70%甲基硫菌灵可湿性粉剂800倍液、50%多菌灵可湿性粉剂600倍液、10%苯醚甲环唑可湿性粉剂1000倍液及40%氟硅唑乳油8000倍液。

七、当归菌核病

（一）症状

主要为害茎秆。近地面茎秆发病后出现软腐，茎秆变成空腔，发病部位可见白色菌丝及黑色鼠粪状菌核；叶片首先从叶缘开始干枯，逐渐发展到整叶枯黄，最后全株枯死。

（二）病原

病原菌为真菌界核盘菌属（*Sclerotinia* sp.）的真菌。菌核生在当归茎秆表面，似鼠粪状，不规则形。

（三）病害循环及发病条件

病菌以菌核在病残体及土壤中越冬。翌年条件适宜时侵染当归苗引起病害。甘肃省岷县采用上一年种植蔬菜的日光温室育苗，此病发生较重。

（四）防治技术

1）栽培措施　清除病残体，深翻土壤，将菌核翻入土壤深层，有利于减少越冬菌源；与禾本科作物进行轮作倒茬；移栽时，穴内使用石灰、草木灰，既可增加土壤肥力又可消毒。

2）药剂防治　发病初期喷施40%菌核净可湿性粉剂1500~2000倍液、50%腐霉利可湿性粉剂1000~1200倍液、40%嘧霉胺悬浮剂1000倍液加40%菌核净可湿性粉剂1500倍液。

八、当归水烂病

（一）症状

病原菌从当归根茎交界处开始侵染。发病初期，仅在叶柄基部呈现水渍状，植株地上部分生长正常；随着病害发展，叶柄基部出现软腐，挤压归头，可见有液体流出并伴有水泡，整株叶片萎蔫，地上部分呈枯萎状，后期，地上部分全部枯死，同时地下根腐烂（彩图1-6）。

（二）病原

病原菌为原核生物界假单胞菌属荧光假单胞菌［*Pseudomonas fluorescens* (Trev.) Migula］。吕祝邦等（2013）研究表明，该菌菌落在营养琼脂（NA）培养基上不透明，4~5天菌落略显黄色，中间形成雪花状白色小点且向内凹陷。在金氏B培养基上生长快，菌落透明，产生可扩散性黄绿色荧光色素。菌体杆状，大小为（0.7~0.8）μm×（2.3~2.8）μm，革兰氏染色阴性。该菌最适生长温度为25~30℃，具有运动性，不耐盐，能溶解于3%的KOH溶液中，紫外灯下产生黄绿色荧光，严格好氧，水解淀粉，硝酸盐还原反应阴性，接触酶反应阳性，可利用葡萄糖、麦芽糖、肌醇、D-甘露糖、甘油等碳素化合物，不能利用L-山梨糖。

（三）病害循环及发病条件

病菌随病残体在土壤中或在带菌当归苗中越冬，成为翌年的主要初侵染源。翌年栽植带菌种苗可引起幼苗发病。发病后通过雨水、昆虫和农事操作等传播。潮湿环境有利于细菌的生长繁殖，可加重病害发生。

（四）防治技术

1）栽培措施　重病田与非寄主作物实行2年以上的轮作。收获后清除病残株，深埋或烧毁。

2）药剂防治　浸苗处理可选用50%琥胶·肥酸铜可湿性粉剂400倍液、3%中生菌素可湿性粉剂600倍液等；在发病初期选用77%氢氧化铜可湿性粉剂400倍液、20%噻菌灵悬浮剂500倍液、50%氯溴异氰尿酸可溶性粉剂1200倍液、50%琥胶·肥酸铜可湿性粉剂400倍液、72%农用链霉素可湿性粉剂4000倍液、3%中生菌素可湿性粉剂600倍液、0.3%四霉素水剂600倍液及90%新植霉素可湿性粉剂4000倍液灌根。

九、当归细菌性油脉病

（一）症状

为害叶片和茎秆。叶片发病后，叶脉变粗，隆起，油渍状；有些叶片上形成不规则形暗绿色油渍状病斑，表面有明显的菌胶膜和菌胶粒。茎秆上产生油渍状褐色条斑，严重时整株呈现暗绿色且发亮。

（二）病原

病原菌为原核生物界细菌，属种不明。

（三）病害循环及发病条件

病菌越冬情况不详。阴湿、多雨、多露的条件下发生较重。甘肃省岷县多在7~8月发生，发病率20%~25%，严重度1~2级。渭源县和漳县轻度发生。

（四）防治技术

1）栽培措施　收获后彻底清除病残体，减少初侵染源。

2）药剂防治　发病初期喷施60%琥铜·乙铝锌可湿性粉剂500倍液、47%春·王铜可湿性粉剂600倍液、72%农用链霉素可溶性粉剂4000倍液、78%波·锰锌可湿性粉剂500倍液、40%细菌快克可湿性粉剂600倍液。

十、当归细菌性斑点病

（一）症状

主要为害叶片。多自基部叶片先发生，逐渐向上蔓延。叶片上病斑近圆形或不规则形，边缘淡紫色，中央白色，呈油渍状；或病斑近圆形或不规则形，边缘褐色，微微隆起，中央白色或灰白色，微微下陷，叶背病斑颜色不明显，病斑小而多，散生或聚生，严重时病斑愈合成片（彩图1-7）。

（二）病原

病原菌为原核生物界细菌，属种不明。

（三）病害循环及发病条件

病菌越冬情况不详。在阴湿和多雨条件下发生严重。甘肃省岷县一般6月在田间可见症状，7~9月发生普遍，发病率约45%，严重度1~2级。甘肃省渭源县和漳县轻度发生。

（四）防治技术

1）栽培措施　收获后清除病残体，减少翌年初侵染源。
2）化学防治　发病初期喷施46.1%氢氧化铜1500倍液、50%琥胶·肥酸铜可湿性粉剂400倍液、3%中生菌素可湿性粉剂600倍液、0.3%四霉素水剂600倍液及90%新植霉素可湿性粉剂4000倍液。

十一、当归病毒病

（一）症状

主要为害叶片。发病初期，仅上部叶片出现隐约可见的轻微花叶，逐渐出现黄绿不规则的疱斑花叶，叶片略变硬变脆；部分叶片叶缘呈不规则锯齿状，有少数叶片变细呈蕨叶状。部分叶片叶色正常，但叶面产生疱状，叶面稍现畸形（彩图1-8）。此病在甘肃省岷县、漳县和渭源县均有发生，但为害较轻。

（二）病原

采用双抗体夹心酶联免疫法（DAS-ELISA）和反转录PCR（RT-PCR）方法检测，结果表明甘肃省当归病毒病由番茄花叶病毒（ToMV）引起（刘雯等，2014）。该病毒隶属烟草花叶病毒属（*Tobamovirus*）成员，病毒粒体为短杆状，基因组为正单链RNA，钝化温度为85~90℃，稀释限点为10^{-6}~10^{-7}，体外保毒期在1个月以上（周雪平等，1996）。

（三）病害循环及发病条件

该病毒寄主范围广，侵染番茄、辣椒、马铃薯、烟草、矮牵牛、大千生等多种植物，还可侵染梨树、苹果、葡萄、云杉及丁香等树木（周雪平等，1996，1997）。

初侵染源主要在当归种苗和多种植物上越冬。通过摩擦传播和侵入，农事操作也可传播，侵入后在薄壁细胞内繁殖，之后进入维管束组织传染整株。

（四）防治技术

1）栽培措施　与麦类、油菜等作物轮作，切勿与马铃薯、豆类等植物轮作；使用充分腐熟的有机肥；彻底清除田间地梗杂草，减少初侵染源。严禁将已发病的种苗移入大田。在田间农事操作过程中不宜反复走动、触摸。充分施足氮、磷、钾肥，及时喷施多种微量元素肥料，提高植株抗病能力。

2）培育无毒苗　选择高海拔（2000m以上）的生荒地育苗，远离菜田。间苗、定苗前要用肥皂将手洗干净，先操作健苗，发现病株及时拔除。

3）药剂防治　发病初期用1.5%植病灵乳剂1000倍液、10%病毒王可湿性粉剂600倍液喷施，还可选用2%宁南霉素水剂，按有效成分90~120g/hm^{2}喷施，能预防和缓解病害发生。

第二节　防风病害

防风[*Saposhnikovia divaricata*（Turcz.）Schisch.]为伞形科多年生草本植物，别名关防风、东防风、山芹菜。以春、秋两季采挖未抽花茎植株的根入药，味辛而甘，性微温，有解表祛湿、解骨节痛的功效。其为治风的通剂，临床善治一切风证，如外感表证、风疹瘙痒、风湿痹痛等症，亦可治破伤风。主产于东北、西北及华北，甘肃省也有栽培。主要病害有菌核病、根腐病和细菌性叶斑病等。

一、防风菌核病

（一）症状

植株受害后，初期病株稍显失水、矮小，叶色灰绿，后叶片逐渐萎蔫，症状自植株外部叶片向内扩展。根部变淡褐色，水渍状，发软，有臭味，后向上扩展，叶鞘内有白色菌丝，并生有黑色菌核，小如绿豆，大如黄豆。植株地上部分逐渐枯黄而死（彩图1-9）。

（二）病原

病原菌为真菌界核盘菌属核盘菌 [*Sclerotinia sclerotiorum*（Lib.）de Bary]。菌核表面黑色，内部白色，萌发后多产生4~6个有柄的子囊盘，该盘初为白色，小芽状，后变淡红褐色至暗褐色，呈盘状，上生子囊。子囊圆筒形，无色，大小为（114.0~160.0）μm×（8.2~11.0）μm，内有子囊孢子4~8个。子囊孢子椭圆形、梭形，单胞，无色，大小为（8.0~13.0）μm×（4.0~8.0）μm。吕佩珂等（1999）记载，子囊孢子萌发的温限为0~35℃，适宜温度为5~10℃。在高湿度下能很好地萌发。菌丝在0~30℃都能生长，适宜温度为20℃。菌核形成所需温度与菌丝生长所需温度相同。菌核萌发的温限为5~20℃，15℃为适宜温度。菌核萌发需要吸收足够的水分，土壤高湿有利于萌发，所以田间相对湿度大则病害发生严重。

该菌寄主范围广泛，可为害伞形科、十字花科、豆科等41科383种植物（吕佩珂等，1999）。

（三）病害循环及发病条件

病菌主要以菌核随病残体在土壤中越冬。在干燥的土壤中可存活3年以上，但土壤积水1个月菌核即腐烂死亡。条件适宜时，菌核萌发产生子囊盘，子囊孢子借风雨、气流传播。病菌先侵染基部衰弱的老叶，当侵染力增强后再侵染健康叶片。该病害多在6月上旬开始发生，7月上旬达发病高峰。灌水多、湿度大或叶片距地面近、相互遮阴、通风不良等因素有利于病害的发生。在甘肃省陇西县等地死亡率20%~30%，是防风的主要病害。

（四）防治技术

1）栽培措施　及时拔除病株，病穴用生石灰消毒；初冬彻底清除病残组织，集中烧毁或沤肥；收获后，深翻土地，将病残组织及菌核翻埋于20cm以下土层，使子囊盘不能出土；施用充分腐熟的有机肥，提高寄主抗病力；与禾本科、葱蒜类等植物轮作。

2）土壤处理　栽植前用50%异菌脲可湿性粉剂、50%腐霉利可湿性粉剂、28%百·霉威可湿性粉剂按1kg/亩，加细土20kg，或50%多菌灵可湿性粉剂3kg/亩，加细土20kg，拌匀后撒于地面，耙入土中或撒于栽植穴内。

3）药剂防治　发病初期喷施35%多菌灵磺酸盐悬浮剂700倍液、25%咪鲜胺乳油1000倍液、40%菌核净可湿性粉剂800倍液、20%甲基立枯磷乳油1000倍液。

二、防风轮纹病

（一）症状

主要为害叶片。叶面初生淡褐色小点，扩大后呈椭圆形、近圆形或圆形病斑，边缘深褐色，中部灰褐色，有轮纹，并生有黑色小颗粒，即病菌的分生孢子器（彩图1-10）。病害严重时，叶片变黄、干枯。

（二）病原

病原菌为真菌界壳二胞属白芷壳二胞（*Ascochyta pomoides* Sacc.）。分生孢

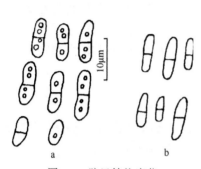

子器扁球形、近球形，黑褐色，直径94.1~116.5μm（平均106.7μm），高76.1~103.0μm（平均92.6μm）。分生孢子柱状，两端圆，直或稍弯曲，具1个隔膜，隔膜处缢缩或不缢缩，大小为（5.9~12.9）μm×（2.4~4.7）μm（平均8.7μm×3.3μm），偶有单胞。每个细胞内有1或2个油珠。

图 1-4　防风轮纹病菌

a. *Ascochyta pomoides* 分生孢子；

b. *Ascochyta* sp. 分生孢子

另外还有一种 *Ascochyta* sp. 分生孢子器与白芷壳二胞相似，但分生孢子较细，大小为（4.7~12.9）μm×（1.8~2.4）μm（平均9.5μm×2.3μm）。细胞内无油珠（图1-4）。

（三）病害循环及发病条件

病菌以分生孢子器随病残体于地表越冬。翌年环境条件适宜时释放分生孢子，借风雨传播引起初侵染和再侵染。7~8月发生较重。降雨多、露时长、灌水多、湿度大等因素有利于病害发生。甘肃省陇西县和岷县发病率为21%~30%，严重度1~2级，兰州市零星发生。

（四）防治技术

1）栽培措施　初冬彻底清除病残体，减少初侵染源。

2）药剂防治　发病初期，喷施75%百菌清可湿性粉剂600倍液、27%高脂膜乳剂100倍液、20%二氯异氰尿酸钠可湿性粉剂1000倍液、30%碱式硫酸铜悬浮剂400倍液及53.8%氢氧化铜干悬浮剂1000倍液。

三、防风斑点病

（一）症状

叶片、叶柄、嫩茎均受害。叶片受害后多在叶脉上形成椭圆形、不规则形、多角形病斑，褐色，病斑一般为6~13mm，有时自叶尖向内扩展呈"V"形，上生黑色小颗粒，即病菌的分生孢子器。在叶柄和嫩茎上产生椭圆形、长条形病斑，中部灰白色，边缘褐色。

（二）病原

病原菌为真菌界叶点霉属旱芹叶点霉（*Phyllosticta apii* Halsted.）。分生孢子器扁球形，黑褐色，直径53.8~98.5μm（平均81.5μm），高44.8~80.6μm（平均69.8μm），孔口明显。分生孢子单胞，无色，卵圆形、椭圆形，大小为（3.5~7.1）μm×（1.8~2.9）μm（平均5.1μm×2.6μm）。

（三）病害循环及发病条件

病菌以分生孢子器随病残体在地表越冬。翌年温湿度适宜时释放分生孢子，经风雨传播，引起初侵染及再侵染。7~8月为发病期。植株稠密、通风不良、多雨、多露时发生较重。甘肃省陇西县零星发生。

（四）防治技术

参考防风轮纹病。

四、防风白粉病

（一）症状

叶面初生大小不等的不规则形白色粉斑，后扩大至覆盖叶片的两面，粉层稀薄，后期粉层中产生黑色小颗粒，即病菌的闭囊壳（彩图1-11）。

（二）病原

病原菌为真菌界白粉菌属独活白粉菌（*Erysiphe heraclei* DC.）。分生孢子腰鼓形，少数桶形，大小为（25.9~38.8）μm×（12.9~16.5）μm（平均32.9μm×15.1μm）。闭囊壳扁球形、近球形，黑褐色，直径为76.0~147.8μm。附属丝丝状，大小为（26.9~129.9）μm×（4.7~5.9）μm（平均50.8μm×5.3μm）。子囊近卵形至球形，有或无短柄，大小为（51.7~61.2）μm×（35.3~42.3）μm（平均54.7μm×39.1μm）。囊内有子囊孢子4~6个，子囊孢子椭圆形、卵形，淡黄褐色，大小为（15.3~21.2）μm×（10.6~14.1）μm（平均18.4μm×12.4μm）。

此菌还可为害水防风。甘肃省漳县有发生。

（三）病害循环及发病条件

参考当归白粉病。

（四）防治技术

参考当归白粉病。

五、防风根腐病

（一）症状

植株受害后，长势较弱，中下部叶片发黄，基部叶片的叶鞘及根颈部变褐，有褐色及黑褐色条纹。后期根部变褐腐朽，维管束变褐，全株枯死。

（二）病原

病原菌为真菌界镰孢菌属（*Fusarium* sp.）的真菌。

（三）病害循环及发病条件

病菌以菌丝体、厚垣孢子在土壤、病残体及粪肥中越冬。翌春环境适宜时病菌从根部伤口侵入，后产生分生孢子，借灌溉水、耕作、风雨及地下害虫等传播。5月上旬开始发病，6~7月发生重。连续阴雨、高湿、地下害虫严重时，病害发生重。甘肃省陇西县轻度发生。

（四）防治技术

参考当归根腐病。

六、防风灰霉病

（一）症状

主要为害叶片和茎秆。叶片受害，在叶尖或叶缘产生大型、椭圆形或圆形病斑，淡褐色，其上产生灰色霉层。茎秆受害呈软腐状，上覆满灰色霉层，严重时病斑以上植株枯死。

（二）病原

病原菌为真菌界葡萄孢属（*Botrytis* sp.）真菌。分生孢子梗淡褐色、褐色，大小为（1061.5~1133.2）μm×（11.2~13.4）μm（平均1092.9μm×11.8μm），7~8个隔膜，顶部有2~3次分枝。分生孢子椭圆形，无色，圆形，大小为（5.88~8.20）μm×（4.7~7.1）μm（平均7.3μm×6.2μm）。

（三）病害循环及发病条件

一般在7月上旬开始发病，7月中下旬为发病高峰，甘肃省陇西县中度发生。

（四）防治技术

参考当归灰霉病。

七、防风茎枯病

（一）症状

主要为害茎秆。茎秆受害，先从中下部产生褐色小斑块，后向上扩展呈不规则条斑，直至中上部，呈褐色、紫褐色，严重时，整个茎秆变褐，后期中下部病部产生密集的黑色小颗粒，即病原菌的分生孢子器，初埋生，后突破表皮。植株地上部分生长势衰弱，严重时植株枯死。

（二）病原

病原菌为真菌界茎点霉属茴香茎点霉（*Phoma foeniculina* Sacc.）。分生孢子器近球形或扁球形，褐色，壁较厚，大小为（71.7~156.8）μm×（62.7~111.9）μm（平均108.8μm×90.0μm）。分生孢子单胞，无色，梭形、纺锤形、长椭圆形，大小为（7.06~14.11）μm×（1.76~2.35）μm（平均9.97μm×1.85μm）。

（三）病害循环及发病条件

病菌主要在病残体及土壤中越冬，成为初侵染源；通过雨水及农事操作等传播。7月中上旬发生，8月上旬为发病高峰。甘肃省陇西县轻度发生。

（四）防治技术

1）栽培措施 使用充分腐熟的有机肥；收获后彻底清除病残体，减少翌年初侵染源。充分施足氮、磷、钾肥，及时喷施多种微量元素肥料，提高植株抗病能力。

2）化学防治 发病初期可选用75%肟菌·戊唑醇水分散颗粒剂2000~4000倍液、40%氟硅唑乳油8000倍液、5%菌毒清水剂300~500倍液、10%苯醚甲环唑可湿性粉剂1000倍液、32.5%嘧菌酯·苯醚甲环唑800~1200倍液及70%代森锰锌400~800倍液喷雾防治。

八、防风细菌性叶斑病

（一）症状

叶片、叶柄均受害。叶背面初生淡黄白色聚集的小点，后扩大成2~3mm不规则形油渍状病斑，叶片皱缩、卷曲、变形。后期病斑及其周围的叶脉明显变为黑褐色油渍状，当病斑较大时常造成叶片皱缩。有的病斑变为红褐色油渍状，边缘有胶膜和胶粒。叶柄上亦产生褐色油渍状条斑（彩图1-12）。

（二）病原

病原菌为原核生物界假单胞菌属绿黄假单胞菌[*Pseudomonas viridiflava* (Burkholder) Dowson]。在NA培养基上菌落圆形，光滑，透明，淡黄绿色。革兰氏染色反应阴性，明胶液化、接触酶反应、氧化酶反应均为阳性。可以利用葡萄糖和蔗糖。

（三）病害循环及发病条件

病菌主要在病残体及土壤中越冬，成为翌年初侵染源；通过雨水及农事操作等传播。

（四）防治技术

参考当归细菌性斑点病。

第三节　北沙参病害

北沙参（*Glehnia littoralis* F. Schmikdt ex Miq.）为伞形科多年生植物。夏秋两季采挖，以根入药，味甘而微苦，性微寒，归肺、胃经，具有养阴清肺、益胃生津等功效。临床主要应用治疗由肺阴虚引起的干咳少痰、咯血等证，以及由胃阴虚引起的胃痛、胃胀、干呕等证，本品不宜与藜芦同时使用。主产于山东、江苏、河北和辽宁，甘肃省亦产。主要病害有褐斑病等。

一、北沙参褐斑病

（一）症状

主要为害叶片。叶片受害产生大中型（10~25mm）椭圆形、近圆形病斑，褐色、红褐色，边缘明显或不明显，后期组织变薄，其上产生黑色小颗粒，即病菌的分生孢子器（彩图1-13）。

（二）病原

病原菌为真菌界壳针孢属防风壳针孢（*Septoria saposhnikoviae* G. Z. Lu & J. K. Bai）。分生孢子器扁球形、近球形，黑褐色，直径107.5~170.2μm（平均140.3μm），高107.5~152.3μm（平均129.1μm）。分生孢子针状、线状，直或稍弯曲，基部稍粗，具2个以上隔膜。大小为（23.5~55.3）μm×（1.4~2.1）μm（平均37.3μm×1.7μm）（图1-5）。

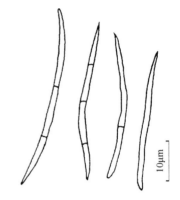

图1-5　北沙参褐斑病菌分生孢子

（三）病害循环及发病条件

病菌以分生孢子器在病残体中于地表越冬。翌年条件适宜时以分生孢子侵染寄主，有再侵染，一般在7~8月发生。潮湿环境中发生较重。在甘肃省岷县和陇西县轻度发生。

（四）防治技术

1）栽培措施　收获后彻底清除病残体，减少初侵染源。

2）药剂防治　发病初期喷施50%甲基硫菌灵·硫磺悬浮剂800倍液、75%百菌清可湿性粉剂600倍液、60%琥铜·乙铝锌可湿性粉剂500倍液、65%乙酸十二胍可湿性粉剂1000倍液、30%碱式硫酸铜悬浮剂400倍液及10%苯醚甲环唑水分散颗粒剂1500倍液。

二、北沙参黑斑病

（一）症状

主要为害叶片。叶片受害后，叶面产生大中型（10~23mm）黑褐色、黑色近圆形病斑，边缘明显或不明显，后期病斑上产生黑色小颗粒，即病菌的分生孢子器。

（二）病原

病原菌为真菌界壳二胞属（*Ascochyta* sp.）的真菌。分生孢子器近球形、扁球形，黑褐色，直径112.0~152.3μm（平均129.9μm），高107.5~134.4μm（平均117.4μm）。分生孢子无色、鞋底形、花生形、圆柱形，具一个隔膜，一个细胞稍宽大，一个细胞细长，隔膜处缢缩，大小为（15.3~24.7）μm×（5.9~8.2）μm（平均20.7μm×7.8μm），

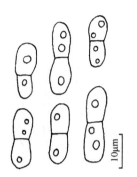

图1-6　北沙参黑斑病菌分生孢子

每个细胞内有1~2个油珠（图1-6）。

（三）病害循环及发病条件

病菌以分生孢子器随病残体在地表越冬。翌年环境条件适宜时以分生孢子引起初侵染。甘肃省陇西县零星发生。

（四）防治技术

参考北沙参褐斑病。

三、北沙参叶斑病

（一）症状

叶面初生淡褐色小点，扩大后呈中型（10~15mm）、近圆形病斑，灰褐色，边缘明显，后期其上产生黑色小颗粒，即病菌的分生孢子器（彩图1-14）。

（二）病原

病原菌为真菌界茎点霉属茴香茎点霉（*Phoma foeniculina* Sacc.）。分生孢子器淡褐色、淡红褐色，扁球形、近球形，直径80.6~152.3μm（平均117.5μm），高71.7~152.3μm（平均108.5μm）。分生孢子梭形、长椭圆形，一端较尖，无色，有些为2~3个孢子相连，大小为（3.5~11.8）μm×（1.8~5.3）μm（平均7.8μm×2.8μm）（图1-7）。

（三）病害循环及发病条件

病菌以分生孢子器在病残体中于地表越冬。翌年，条件适宜时，以分生孢子引起初侵染。在甘肃省陇西县有零星发生。

（四）防治技术

参考北沙参褐斑病。

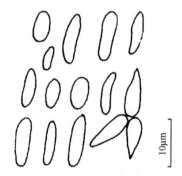

图 1-7　北沙参叶斑病菌分生孢子

四、北沙参细菌性褐斑病

（一）症状

主要为害叶片。叶面初生淡黄褐色油渍状小病斑，后扩大呈小型（2~5mm）多角形、不规则形斑点，初为淡褐色，后变黑褐色、红褐色，油渍状，发亮，周围有油渍状透明晕圈，病斑上有菌胶粒。发病严重时，叶脉变褐，叶色变黄。

（二）病原

病原菌为原核生物界细菌，属种待定。

（三）病害循环及发病条件

病菌越冬情况不详。多雨、潮湿环境中发生较多。甘肃省陇西县轻度发生。

（四）防治技术

1）栽培措施　收获后彻底清除病残体，减少初侵染源。
2）化学防治　发病初期喷施60%琥铜·乙铝锌可湿性粉剂500倍液、72%农用链霉素可溶性粉剂4000倍液、47%春·王铜可湿性粉剂700倍液及40%细菌快克可湿性粉剂600倍液。

第四节　川　芎　病　害

川芎（*Liqusticum chuanxiong* Hort.）为伞形科多年生草本植物，别名芎䓖、胡芎、香果、西芎。以根茎入药，味辛、性温，归肝、胆、心包经，具引气活血、散风止痛的功能，为血中气药，主要治疗气滞血瘀而引起的各种疼痛，是治疗头痛的要药。主产于四川、云南、贵州，以四川产者质优。甘肃有少量种植，主要病害有白粉病等。

一、川芎白粉病

（一）症状

叶片、叶柄、花梗及茎秆均受害。受害部位初生近圆形白色粉斑，后扩大覆盖全叶和嫩茎，呈厚厚的一层白粉。后期白粉层中产生黑色小颗粒，即病菌的闭囊壳（彩图1-15）。

（二）病原

病原菌为真菌界白粉菌属独活白粉菌（*Erysiphe heraclei* DC.）。菌丝上有刺突，不光滑。闭囊壳近球形、球形，黑褐色、黑色，直径71.7~107.5μm（平均96.1μm），个别达125.4μm。附属丝丝状，端部有分叉，弯曲，长宽为（120.9~192.6）μm×6.7μm（平均163.5μm×6.7μm）。闭囊壳内有子囊多个，子囊椭圆形，大小为（54.1~65.9）μm×（30.9~43.5）μm（平均60.6μm×37.9μm），有短柄。囊内有子囊孢子2~5个，椭圆形，淡黄色，大小为（16.5~28.3）μm×（10.6~15.3）μm（平均21.3μm×12.9μm）。

（三）病害循环及发病条件

病菌主要以闭囊壳随病残体在地表越冬。翌年条件适宜时产生子囊孢子，引起初侵染，病部产生的分生孢子借风雨传播，引起多次再侵染。多在7~8月发生。病菌的发育对湿度要求不严，在潮湿或干旱的环境中均可发生。甘肃省陇西县和岷县发病率12%~20%，严重度2级。

（四）防治技术

1）栽培措施　初冬彻底清除田间病残体，减少初侵染源。
2）药剂防治　发病初期喷施40%多·硫悬浮剂500倍液、20%三唑酮乳油2000倍液、2%农抗120水剂200倍液、12.5%烯唑醇可湿性粉剂1500倍液、40%氟硅唑乳油4000倍液和3%多抗霉素水剂8000倍液。

二、川芎枯萎病

（一）症状

发病初期，地上部分外围叶片出现褪色发黄，向心叶扩展，逐渐病株叶尖、叶缘焦枯，最后整株枯死。地下病块茎初呈褐色至红褐色，后期块茎髓部变黑或呈黄褐色浆糊状腐烂。根茎部表皮亦出现腐朽，其上生白色丝状物及霉层。

（二）病原

病原菌为镰刀菌属茄腐镰孢菌[*Fusarium solani*（Mart.）Sacc.]。据冯茜等（2008）报道，小型分生孢子数量多，卵形、肾形，壁较厚，大小为（2.6~6.4）μm×（5.1~20.6）μm（平均4.8μm×18.7μm）。大型分生孢子马特型，即孢子最宽处在中部，两端较钝，顶孢稍尖，壁较厚，2~6个隔，多数为3~4个隔，大小为（3.8~7.7）μm×（3.1~41.1）μm（平均6.3μm×33.6μm）。产孢细胞长筒形单瓶梗，长可达150μm，少分枝。厚垣孢子多，圆形，壁光滑或粗糙，在菌丝孢子顶端或中间单生、对生，大小为（5.9~12.9）μm×（5.2~13.0）μm（平均5.4~12.5μm）。

（三）发病规律和病害循环

病菌主要在土壤及病残体上越冬。川芎枯萎病在川芎的整个发育期均可发生。4月中下旬至5月下旬进入盛发期。

（四）防治技术

参考当归根腐病。

第五节　柴胡病害

柴胡为伞形科多年生草本植物，按性状不同，分别习称"北柴胡"（*Bupleurum chinense* DC.）和"南柴胡"（*B. scorzonerifolium* Willd.），北柴胡又称为柴胡、硬柴胡、铁苗柴胡、韭叶柴胡、蜻蜓腿等。南柴胡又称为狭叶柴胡、红柴胡和香柴胡等。柴胡以根入药，味苦而辛，性微寒，归肝、胆经。有发表退热、疏肝解郁、升举阳气的作用。主治感冒发烧、寒热往来、胸肋胀痛、月经不调等症。北柴胡主要分布在西北、东北和华北等地。南柴胡主要分布在东北各省，以及内蒙古自治区（内蒙古）、湖北、四川及安徽等地。甘肃省定西市种植面积较大。主要病害有斑枯病、锈病和根腐病等。

一、柴胡斑枯病

（一）症状

叶片、茎秆均受害。叶部产生直径为1~2.5mm的近圆形、椭圆形、半圆形小病斑，边缘紫褐色，稍隆起，中部黄褐色、灰褐色，之后变灰白色。叶片病斑的正背面均可产生黑色小颗粒，即病菌的分生孢子器。有些病斑自叶尖向下扩展呈"V"形，有些沿叶缘发生，造成中脉一侧枯死。发病严重时，病斑相互汇合，引起叶片枯死（彩图1-16）。

（二）病原

病原菌为真菌界壳针孢属（*Septoria* spp.）的3种真菌。

1）柴胡壳针孢（*Septoria bupleuri* Died.），分生孢子器近球形、球形，黑褐色，直径56.5~83.5μm（平均68.1μm），高52.9~74.1μm（平均63.9μm）。分生孢子针形，基部较圆，顶部较细、无色，有些稍弯曲，具1~3个隔膜，大小为（12.9~

25.9）μm×（1.2~2.9）μm（平均20.0μm×1.9μm）（图1-8）。内有顺序排列的小油珠。该菌在甘肃省干旱地区种植的北柴胡上发生普遍，且较严重。

2）*Septoria diffusa* Tassi，分生孢子器球形，近球形，黑褐色，直径53.8~107.5μm（平均84.0μm），高45.0~89.6μm（平均68.3μm），孔口明显。分生孢子针状、无色，有些稍弯曲，两端稍细，最少具1个隔膜，大小为（11.8~16.5）μm×（1.8~2.4）μm（平均13.3μm×1.9μm）（图1-9）。该菌在甘肃省南部高寒阴湿地区种植的南柴胡上发生较重。

3）*Septoria* sp.，分生孢子器形状同上，直径76.1~94.1μm（平均86.6μm），高76.1~85.1μm（平均79.1μm）。分生孢子线形、无色、稍弯曲，隔膜不明显，大小为（24.7~49.4）μm×（1.4~2.4）μm（平均35.8μm×1.8μm）（图1-10）。该菌在高寒山区种植的山岛柴胡上发生较重。

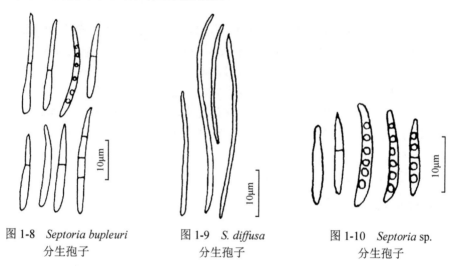

图1-8　*Septoria bupleuri*　　　　图1-9　*S. diffusa*　　　　图1-10　*Septoria* sp.
　　　 分生孢子　　　　　　　　　　分生孢子　　　　　　　　　　分生孢子

（三）病害循环及发病条件

病菌以菌丝体和分生孢子器随病残体在地表及土壤中越冬。翌年初夏以分生孢子借风雨传播进行初侵染，有再侵染。8月为发病盛期，病害多在高温多雨季节流行。甘肃省陇西县、灵台县、渭源县、漳县及安定区都有发生，发病率13%~21%，严重度1~2级。

（四）防治技术

1）栽培措施　与麦类等作物实行3年以上轮作；收获后彻底清除病残组织，集中烧毁或沤肥。

2）药剂防治　发病初期喷施50%多菌灵可湿性粉剂600倍液、70%甲基硫菌灵可湿性粉剂700倍液、10%苯醚甲环唑水分散颗粒剂1000倍液、78%波·锰锌可湿性粉剂600倍液及70%丙森锌可湿性粉剂600倍液。

二、柴胡锈病

（一）症状

主要为害叶片和茎秆。初期叶片及茎秆上产生少量椭圆形锈斑，后扩展至全株茎叶，叶片两面产生孢子堆。

（二）病原

病原菌为真菌界柄锈菌属柴胡柄锈菌（*Puccinia bupleuri* F. Rudolphi）。据庄剑云（2003）报道，该菌性孢子器叶两面生，锈孢子器主要生于叶背面，杯状，直径0.1~0.3mm；锈孢子近球形、椭圆形、多角形，大小为（17.0~25.0）μm×（15.0~20.0）μm，淡黄色至无色，表面密生细疣。夏孢子堆叶两面生，主要生于叶背面，圆形，直径0.1~0.5mm，裸露，肉桂褐色。夏孢子椭圆形、近球形，黄褐色，大小为（25.0~30.0）μm×（17.0~25.0）μm，有刺，芽孔3~4个，散生。冬孢子堆黑褐色，冬孢子椭圆形或矩圆形，大小为（27.0~40.0）μm×（20.0~28.0）μm，两端圆，隔膜处稍缢缩至不缢缩、光滑、栗褐色，柄无色，长30.0μm，脱落或易断。

（三）病害循环及发病条件

病菌冬孢子在种子上或随病残组织在田间越冬。翌年条件适宜时萌发侵染，以夏孢子进行再侵染，病害多在5~6月发生，阴雨、多露、高湿时发病重。甘肃省岷县零星发生，迭部县的黑柴胡上也有发生。

（四）防治技术

1）栽培措施 收获后彻底清除病残组织，集中烧毁或沤肥。

2）药剂防治 发病初期喷施15%三唑酮可湿性粉剂1000倍液、12.5%烯唑醇可湿性粉剂2000倍液、30%氟菌唑可湿性粉剂2000~3000倍液及25%丙环唑乳油3000倍液。

三、柴胡根腐病

（一）症状

病株的根、根茎部首先变褐，后须根及侧根亦变褐，并逐渐向上扩展，致叶片变黄、变褐，植株枯死。根茎部生有较厚的灰色至淡褐色菌丝层。

（二）病原

病原菌为真菌界丝核菌属（*Rhizoctonia* sp.）的真菌。菌丝无色、有隔，初期较细，后变粗，直径8.23μm，分枝直角或近直角，分枝基部缢缩，有1个隔膜，不产孢。

（三）病害循环及发病条件

病菌在病株残体及土壤中越冬。翌年条件适宜时以菌丝进行侵染为害。甘肃省灵台县和陇西县轻度发生。

（四）防治技术

1）土壤处理　栽植前用50%多菌灵可湿性粉剂4kg/亩或拌种双2kg/亩加细土20kg撒于地面，耙入土中。

2）药剂防治　发病初期用3%恶霉·甲霜水剂750~1000倍液、30%恶霉灵水剂1000倍液、60%琥铜·乙铝锌可湿性粉剂500倍液及50%苯菌灵可湿性粉剂1200倍液灌根。

第六节　羌活病害

羌活（*Notopterygium incisum* Ting ex H. T. Chang）为伞形科多年生草本植物，又名竹节羌、曲药。味辛而苦，性温，归膀胱、肾经，具有解表散寒、祛风、胜湿、止痛之效。用于风寒夹湿感冒、头痛、风湿痹痛、肩背酸痛等症。主产于四川、甘肃、云南等省。主要病害有轮纹病、褐斑病、白粉病、细菌性角斑病等。

一、羌活轮纹病

（一）症状

叶面初生淡黄褐色小点，扩大后呈中型（8~12mm）圆形、近圆形褐色病斑，略现轮纹，其上生有褐色小颗粒，即病菌的分生孢子器（彩图1-17）。

（二）病原

病原菌为真菌界壳二胞属（*Ascochyta* spp.）的2个种。

1）欧当归壳二胞 [*Ascochyta levistici*（Lebedeva）Melnik]。分生孢子器近球形，黑色，直径98.5~120.9μm（平均112.9μm），高89.6~112.0μm（平均104.8μm），孔口明显。分生孢子无色，长椭圆形、花生形、柱形，两端圆，具1个隔膜，隔膜处稍缢缩，大小为（11.8~17.6）μm×（3.5~4.7）μm（平均14.2μm×4.3μm），每个细胞内有1~2个油珠（图1-11）。

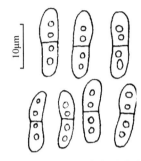

图1-11　羌活轮纹病菌分生孢子

2）*Ascochyta* sp.，分生孢子长椭圆形、椭圆形，无色，具0~1个隔膜，大小为（4.7~10.6）μm×（2.6~3.5）μm（平均7.6μm×3.2μm）。分生孢子器与欧当归壳二胞相近。

（三）病害循环及发病条件

病菌以分生孢子器在病残体上于地表越冬。翌年温湿度条件适宜时，分生孢子借风雨传播，引起初侵染，病部产生的分生孢子可再侵染。7~8月发生，阴湿条件下发生较重。甘肃省陇西县、兰州市轻度发生。

（四）防治技术

1）栽培措施　收获后彻底清除田间病残体，减少初侵染源。

2）药剂防治　发病初期喷施40%多·硫悬浮剂800倍液、70%代森锰锌可湿性粉剂500倍液、50%苯菌灵可湿性粉剂1200倍液、25%丙环唑乳油2500倍液、66.8%霉克多可湿性粉剂700倍液及78%波·锰锌可湿性粉剂600倍液。

二、羌活白粉病

（一）症状

主要为害叶片，叶两面受害。叶面初生近圆形白色小粉斑，后扩大至全叶，覆盖稀疏的白粉层。后期粉层中散生很多黑色小颗粒，即病菌的闭囊壳。

（二）病原

病原菌为真菌界白粉菌属独活白粉菌（*Erysiphe heraclei* DC.）。闭囊壳近球形、球形，黑褐色至黑色，直径85.1~125.4μm（平均99.3μm）。附属丝周生，最少10根，顶端有1~2次二叉状分枝。总长50.6~110.5μm（平均57.0μm），主轴长22.3~30.6μm（平均26.5μm），粗4.7μm。分枝部位不定，有些在中下部，有些在中上部。闭囊壳内有子囊2~3个，偶有1个。子囊近卵形、袋形，大小为（52.4~83.5）μm×（27.1~60.0）μm（平均68.2μm×44.2μm）。子囊内有子囊孢子2或4个，卵圆形、长椭圆形，淡黄色至无色，大小差异较大。有些为（20.0~28.2）μm×（10.6~16.5）μm（平均23.9μm×13.2μm），有些为（28.2~38.8）μm×（11.8~15.3）μm（平均34.8μm×13.3μm）。分生孢子无色，柱形，两端圆，大小为（28.2~38.8）μm×

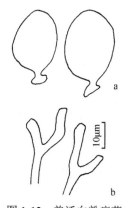

图1-12　羌活白粉病菌
a.子囊；b.附属丝顶端

（11.8~15.3）μm（平均34.8μm×13.3μm）（图1-12）。

（三）病害循环及发病条件

病菌以闭囊壳随病残体于地表越冬。翌年环境条件适宜时侵染寄主。病部产生的分生孢子借风雨传播，有多次再侵染。甘肃省兰州地区7月中下旬发生，8~9月为发病高峰，9月中旬至10月上旬产生闭囊壳。植株稠密、郁闭处发生严重，发病率41.5%，严重度3级，甘肃省陇西县亦中度发生。

（四）防治技术

1）栽培措施　初冬彻底清除病残体，减少初侵染源。

2）药剂防治　发病初期喷施2%抗霉菌素水剂200倍液、27%高脂膜乳油100倍液、3%多抗霉素水剂800倍液、45%噻菌灵悬浮剂1000倍液、40%氟硅唑乳油4000倍液及30%醚菌酯悬浮剂800~1000倍液。

三、羌活褐斑病

（一）症状

主要为害叶片。叶面初生淡褐色小点，后扩大呈中小型（1~10mm）圆形、近圆形、不规则形病斑，边缘深褐色，较宽，中部灰褐色、褐色，易破裂。有些病斑小，边缘较窄，具紫褐色隆起，中部白色至灰白色，上生黑色小丛点（彩图1-18）。

（二）病原

病原菌为真菌界链格孢属巴恩斯链格孢（*Alternaria burnsii* Uppal）。分生孢子梗3~5根丛生，褐色，屈膝状，多隔，有分枝，基部较粗，上部细，大小为（30.6~61.2）μm×（4.1~5.6）μm（平均49.2μm×4.6μm）。分生孢子倒棒状，淡褐色至褐色，中部较宽，具横隔膜2~5个，以及少数纵（斜）隔膜，隔膜处稍缢缩，孢身（22.3~40.0）μm×（7.1~14.1）μm（平均31.4μm×11.1μm）。喙长宽为（9.4~43.5）μm×（2.4~7.1）μm（平均22.0μm×4.7μm）（图1-13）。

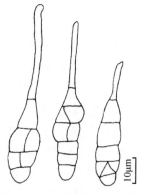

图1-13　羌活褐斑病菌
分生孢子

（三）病害循环及发病条件

病菌以菌丝体及分生孢子随病残体在地表和土壤中越冬。翌年条件适宜时，分生孢子借风雨传播，引起初侵染。降雨多、露时长、灌水多有利于孢子的萌发侵入和再侵染。甘肃省兰州市和陇西县轻度发生。

（四）防治技术

1）栽培措施　收获后彻底清除田间病残体，减少初侵染源。

2）药剂防治　发病初期喷施70%代森锰锌可湿性粉剂500倍液、50%异菌脲可湿性粉剂1000倍液、3%多抗霉素水剂600~900倍液、25%丙环唑乳油2500倍液、70%百菌清·锰锌可湿性粉剂600倍液及20%唑菌胺酯水分散颗粒剂1000~1500倍液。

四、羌活斑枯病

（一）症状

叶面产生中小型褐色近圆形病斑，其上产生黑色小颗粒，即病菌的分生孢子器。

（二）病原

病原菌为真菌界壳针孢属白芷壳针孢（*Septoria dearnessii* Ellis & Everh.）。分生孢子器扁球形、近球形，黑褐色，直径89.6~156.8μm（平均126.3μm），高80.6~147.8μm（平均116.5μm）。分生孢子针形，直或稍弯曲，隔膜不清，大小为（17.1~30.6）μm×（1.0~1.2）μm（平均24.4μm×1.1μm）。

（三）病害循环及发病条件

病菌以分生孢子器随病残体于地表越冬。翌年温湿度条件适宜时，病菌以分生孢子侵染寄主。甘肃省陇西县、岷县和兰州市零星发生。

（四）防治技术

参考羌活轮纹病。

五、羌活条斑病

（一）症状

茎秆上产生长短不等的褐色条斑，其上生有黑色小颗粒，即病菌的分生孢子器（彩图1-19）。

（二）病原

病原菌为真菌界茎点霉属（*Phoma* sp.）的真菌。分生孢子器球形、近球形，黑色，直径94.1~125.4μm，平均104.1μm，高71.7~107.5μm，平均91.8μm。分生孢子单胞，无色，椭圆形，大小为（3.5~4.7）μm×（2.4~2.9）μm，平均4.1μm×2.6μm。

（三）病害循环及发病条件

病菌以分生孢子器随病残体于地表越冬。翌年条件适宜时，分生孢子侵染寄主。甘肃省兰州市、陇西县零星发生。

（四）防治技术

参考羌活轮纹病。

六、羌活细菌性角斑病

（一）症状

叶片、叶柄、茎秆均可受害。叶面初生淡黄绿色油渍状小点，后扩大呈小型（2~5mm）多角形油渍状褐斑，边缘有较宽的黄色晕圈，后期病斑破裂，有些形成穿孔。有时在叶背散生很多油渍状小点（<1mm），主脉、侧脉呈淡褐色网状油脉，当小斑点融合成不规则形油渍状污斑时，叶正面呈边缘不明显的暗绿斑。在叶脉、叶柄和茎秆上发生时，产生长短不等的褐色条斑，其上有明显的菌胶膜。

（二）病原

病原菌为原核生物界细菌，属种不明。

（三）病害循环及发病条件

病菌越冬情况不详。8月发生，9月下旬为发病盛期。高湿、较低的温度下发生严重。甘肃省兰州市发病率32%，严重度3~4级。陇西县零星发生。

（四）防治技术

1）栽培措施　收获后彻底清除田间病残体，减少初侵染源；合理施肥，增施磷肥和钾肥，提高寄主抗病力。

2）药剂防治　发病初期喷施47%春·王铜可湿性粉剂600倍液、53.8%氢氧化铜干悬浮剂1200倍液、60%琥·乙膦铝可湿性粉剂500倍液、40%细菌快克可湿性粉剂600倍液、3%中生菌素可湿性粉剂600倍液、0.3%四霉素水剂600倍液及90%

新植霉素可湿性粉剂4000倍液。

第七节　欧当归病害

欧当归（*Levisticum officinale* Koch.）为伞形科多年生草本植物。以根及根茎入药，味辛，微甘，性微温，归肾、膀胱经。具有活血调经和利尿功效。临床应用主治经闭、痛经、头晕、头痛、肢麻、水肿、大便干燥等。河北、山东、河南、内蒙古、辽宁、陕西、山西、江苏、甘肃等省区均有种植。病害主要有：叶枯病、褐斑病和斑枯病等，其中斑枯病在甘肃局部地区发病率高达70%以上，严重度2~3级。

一、欧当归斑枯病

（一）症状

有2种类型的症状，第一种为多角形病斑，病斑受叶脉限制，叶面形成多角形病斑，初为暗绿色，边缘暗褐色，后中部变为灰白色，直径1~3mm，其上生有黑色小颗粒，即病菌的分生孢子器。严重时病斑汇合成片，使叶片局部或全部枯死。第二种为圆形病斑，叶面产生近圆形或圆形病斑，边缘黑褐色，中部褐色至灰白色，病斑大小差异较大，直径3~10mm，病斑上生有少量黑色小颗粒，即病菌的分生孢子器（彩图1-20）。发病严重时，病斑间的组织褪绿、变褐，形成大片枯死斑。

（二）病原

病原菌为真菌界壳针孢属（*Septoria* spp.）的2个种。

1）白芷壳针孢（*Septoria dearnessii* Ellis & Everh.）引起多角形病斑。该菌分生孢子器初埋生，后突破表皮，近球形，暗褐色，直径62.0~86.0μm。分生孢子无色，针形，直或微弯，两端钝圆，或略尖，具1~3个隔膜，大小为（11.0~26.0）μm ×（1.0~1.5）μm。

2）*Septoria* sp.引起圆形病斑。分生孢子器球形、近球形、扁球形，黑褐色，初埋生，后露出体表，直径85.1~174.7μm（平均121.7μm），高71.7~138.9μm（平均103.2μm）。分生孢子针形，直或稍弯曲，隔膜不清，大小为（28.2~51.8）μm×（1.4~1.8）μm（平均43.5μm×1.6μm），该菌分生孢子器及分生孢子的大小较白芷壳针孢几乎大一倍，二者有明显差异，故种待定。

（三）病害循环及发病条件

病菌以分生孢子器在病株残体上于地表越冬。翌年条件适宜时，分生孢子借气流传播引起初侵染，再侵染频繁。7~8月为发病高峰。多雨、潮湿的条件下发生较重。甘肃省陇西县、岷县及渭源县发病率53%~70%，严重度2~3级，是欧当归的主要病害。

（四）防治技术

1）栽培措施　合理密植，以利于通风透光，降低田间湿度；初冬彻底清除田间病残组织，减少越冬菌源。

2）药剂防治　发病初期喷施70%甲基硫菌灵可湿性粉剂500~700倍液、47%春·王铜可湿性粉剂800倍液、50%多菌灵可湿性粉剂600倍液、10%苯醚甲环唑水分散颗粒剂1000倍液、70%丙森锌可湿性粉剂600倍液及20%丙环唑微乳剂3000倍液。

二、欧当归叶斑病

（一）症状

叶面形成褪绿黄化的近圆形、不规则形病斑，在褪绿枯黄组织背面，产生少量灰色毛丛状物，即病菌的分生孢子梗和分生孢子，该病常常和斑枯病混合发生。

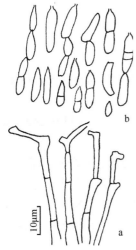

（二）病原

病原菌为真菌界芽枝孢属（*Cladosporium* sp.）的真菌。分生孢子梗较直、有隔、无色或淡褐色，多数10根（最多25根）以上丛生在一起，大小为（83.4~91.0）μm×（5.2~5.9）μm（平均90.5μm×5.6μm），顶端一节的上部一侧有膨大突起。分生孢子无色，多为单胞，少数2~3胞，椭圆形、长柱形，一端有一尖突，多串生，大小为（12.9~29.4）μm×（4.7~8.2）μm（平均16.6μm×6.2μm）（图1-14）。

（三）病害循环及发病条件

病菌以菌丝体随病残体在土壤中越冬。7~8月多雨、高湿时发生较重。甘肃省陇西县、岷县及兰州市轻度发生。

图1-14　欧当归叶斑病菌

a. 分生孢子梗；　b. 分生孢子

（四）防治技术

发病初期选用50%多菌灵可湿性粉剂500倍液、50%多·硫悬浮剂300倍液、65%硫菌·霉威可湿性粉剂和7%代森锰锌可湿性粉剂500倍液喷施。

三、欧当归叶枯病

（一）症状

主要为害叶片。发病初期，叶片褪绿发黄，在叶片背面的发黄组织上，产生很多黑色丛绒状小点，形成一层粗绒层，为病菌的分生孢子梗和分生孢子，严重时叶片枯黄而死。

（二）病原

病原菌为真菌界束梗单隔孢霉属（*Scolecotrichum* sp.）的真菌。分生孢子梗聚生于瘤突上，常5~15根丛生，梗长短不一，基部较粗，褐色，上部较细，淡褐色，有隔，大小为（24.7~72.9）μm×（4.7~5.9）μm（平均57.2μm×5.4μm）。分生孢子褐色、双胞，椭圆形、卵圆形，大小为（14.1~24.7）μm×（8.2~14.1）μm（平均20.2μm×10.4μm）（图1-15）。

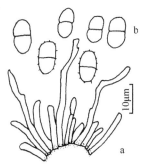

图1-15　欧当归叶枯病菌
a.分生孢子梗；b.分生孢子

（三）病害循环及发病条件

病菌越冬情况不详。甘肃省陇西县和兰州市零星发生。

（四）防治技术

1）栽培措施　初冬彻底清除田间病残体，集中烧毁或沤肥，减少初侵染源。

2）药剂防治　发病初期喷施50%甲基托布津可湿性粉剂500倍液、50%异菌脲可湿性粉剂1000倍液、80%代森锰锌可湿性粉剂600倍液和25%丙环唑乳油2500倍液。

四、欧当归褐斑病

（一）症状

主要为害叶片，叶面产生褐色近圆形、不规则形病斑，其上生有黑褐色霉层。

（二）病原

病原菌为真菌界链格孢属川芎链格孢（*Alternaria ligustici* J. Z. Zhang & T. Y. Zhang）。分生孢子梗褐色，常10根以上丛生。分生孢子长椭圆形、倒棒状、褐色，具横隔膜3~8个，纵斜隔膜1~4个，大小为（27.6~56.4）μm×（8.2~15.3）μm（平均41.8μm×12.2μm）。有喙或无喙，喙长9.5~32.9μm（平均16.6μm）。

（三）病害循环及发病条件

病菌主要以菌丝体在病残体上越冬。翌年条件适宜时产生分生孢子，随风雨、气流传播引起初侵染，有再侵染。甘肃省陇西县和兰州市轻度发生。

（四）防治技术

参考欧当归叶枯病。

五、欧当归轮纹病

（一）症状

叶面初生淡褐色小点，扩大后形成大中型（10~25mm）椭圆形、近圆形病斑，淡褐色至褐色，稍现轮纹，后期其上生黑色小颗粒，即病菌的分生孢子器。

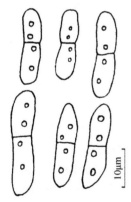

图1-16　欧当归轮纹病菌
分生孢子

（二）病原

病原菌为真菌界壳二胞属欧当归壳二胞[*Ascochyta levistici*（Leb.）Melnik]。分生孢子器扁球形，黑色至黑褐色，直径112.0~165.7μm（平均138.6μm），高103.2~152.3μm（平均126.7μm）。分生孢子花生形、圆柱形，直或稍弯曲，无色，两端钝圆，具1个隔膜，隔膜处缢缩，大小为（16.5~27.1）μm×（5.3~7.1）μm（平均21.6μm×6.2μm）。每个细胞内有2个油珠（图1-16）。

（三）病害循环及发病条件

病菌以分生孢子器随病残体在地表越冬。翌年环境条件适宜时，释放分生孢子，借风雨传播，进行初侵染。7月中旬开始发生，8~9月为发病盛期，降雨多、露时长、湿度大时发生严重。甘肃省陇西县和兰州市轻度发生。

（四）防治技术

参考欧当归斑枯病。

六、欧当归细菌性叶斑病

（一）症状

叶片和叶柄均可受害。叶面初生淡褐色油渍状小点，后扩大成2~3mm圆形、椭圆形、长条形病斑，明显隆起，边缘黑褐色，较宽，中间灰白色，外缘有明显油渍状晕环。后期病斑中部常开裂，形成穿孔，边缘有菌胶膜和菌胶粒。病斑及其周围的叶脉明显变为褐色油渍状，当病斑较大时常造成叶片皱缩，变形。叶柄上亦产生褐色油渍状条斑，严重时呈山脊状突起。

（二）病原

病原菌为原核生物界细菌，属种不详。

（三）病害循环及发病条件

病菌越冬情况不详。8~9月为发病盛期。甘肃省兰州市发病率30%~35%，严重度2~3级。

（四）防治技术

参考当归细菌性油脉病。

第八节　白　芷　病　害

白芷[*Angelica dahurica*（Fisch. ex Hoffm.）Benth. & Hook. f.]为伞形科多年生草本植物，又名禹白芷、祁白芷、兴安白芷等。以根入药，性温，味辛，归肺、胃、大肠经。具有解表散寒、祛风止痛、通鼻窍、燥湿止带、消肿排脓的功效，临床用于治疗风寒感冒、头痛、牙痛、鼻塞不通、涕流不止、赤白带下、疮痈肿毒等症，亦可作香料。主产于河南、河北、黑龙江、吉林、辽宁、内蒙古、山西等省区，甘肃省也有种植。主要病害有斑枯病、叶斑病和灰霉病等。

一、白芷斑枯病

（一）症状

叶片、叶柄、花序及茎秆等均受害。叶面初生似水渍状小点，后扩大呈小型

（1~4mm）近圆形、多角形病斑，灰褐色，后变灰白色，其上生黑色小颗粒，即病菌的分生孢子器，病斑常相互连接成不规则形大斑（彩图1-21）。茎秆、叶柄上的病斑为条斑。病害从基部叶片向上逐渐扩展，严重时叶片多变黄褐色枯死。

（二）病原

病原菌为真菌界壳针孢属（*Septoria*）的2个种。

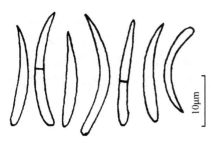

图1-17 白芷斑枯病菌分生孢子

1）白芷壳针孢（*Septoria dearnessii* Ellis & Everh.）。分生孢子器扁球形，淡褐色至黑褐色，直径67.2~112.0μm（平均88.4μm），高58.2~89.6μm（平均73.0μm），孔口明显。分生孢子无色，粗线状，弯曲成弓状，中部宽，两端尖细，具1个隔膜，大小为（11.8~25.9）μm×（1.4~2.1）μm（平均18.0μm×1.9μm）（图1-17）。

病菌在马铃薯琼脂培养基（PDA）上，菌落生长极其缓慢，据观察在原菌饼上有大量酵母状孢子，菌落较硬，菌落颜色紫褐色，菌丝粗壮，不产生分生孢子器，分生孢子直接萌发形成小孢子，所以菌落扩展缓慢。菌丝生长适宜温度15~25℃，产孢适宜温度15℃，孢子萌发适宜温度20℃；连续光照有利于菌丝生长、孢子萌发和病菌产孢。病菌生长适宜pH7.0，产孢的适宜pH7.5，分生孢子萌发适宜pH7.0；分生孢子在相对湿度75%~99.5%和水滴中均可萌发，以对照水滴中萌发最好；白芷叶片浸渍液、葡萄糖液和土壤浸渍液对分生孢子的萌发具有促进作用（王艳，2014）。

2）*Septoria* sp.。分生孢子器直径98.5~138.9μm（平均119.8μm），高89.6~116.5μm（平均105.3μm）。分生孢子直或稍弯曲，无色，隔膜不清晰，大小为（42.3~65.9）μm×（1.5~1.8）μm（平均53.5μm×1.6μm）。

在PDA培养基上，菌落灰黑色，分生孢子器半埋生于培养基中，孢子器较多，有大量孢子角，孢子角肉粉色，产孢量大。此菌分生孢子两端和中间细胞均可萌发长出无色芽管（王艳，2014）。

（三）病害循环及发病条件

病菌以菌丝体和分生孢子器随病残体在地表或在种株基部残桩上越冬。种子也可带菌。翌年温湿度条件适宜时，分生孢子器释放分生孢子，借风雨传播，进行初侵染。病部产生的分生孢子可引起再侵染。多在6月中旬开始发病，7~8月病害加重。氮肥过多、植株茂密、通风不良则发病严重。甘肃省陇西县和兰州市发病率约65%，严重度2级。

（四）防治技术

1）栽培措施　收获后彻底清除田间病残组织，集中烧毁或沤肥，减少初侵染源。避免防风等伞形科植物为前茬；合理密植，降低田间湿度；增施磷、钾肥，提高植株抗病力。

2）药剂防治　发病初期喷施1∶1∶100波尔多液、80%代森锰锌可湿性粉剂800倍液、77%氢氧化铜可湿性粉剂600倍液、50%多菌灵可湿性粉剂500倍液、10%苯醚甲环唑水分散颗粒剂1000倍液及78%波·锰锌可湿性粉剂600倍液。

二、白芷叶斑病

（一）症状

叶面初生淡褐色小点，扩大后呈大中型（8~21mm）椭圆形、近圆形病斑，褐色至灰褐色，中部颜色较灰，上生黑色小颗粒，即病菌的分生孢子器。病斑边缘不明显、不整齐。

（二）病原

病原菌为真菌界壳二胞属白芷壳二胞（*Ascochyta phomoides* Sacc.）。分生孢子器扁球形、近球形，黑褐色，直径120.9~165.7μm（平均146.5μm），高107.5~143.3μm（平均125.4μm）。分生孢子双胞，无色，花生形、柱形，两端圆，直或稍弯曲，隔膜处缢缩，大小为（8.2~14.4）μm×（3.5~5.3）μm（平均10.6μm×4.4μm）（图1-18）。

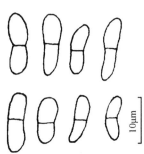

图1-18　白芷叶斑病菌
分生孢子

（三）病害循环及发病条件

病菌以菌丝体和分生孢子器随病残体在地表越冬。翌年环境条件适宜时，以分生孢子进行初侵染和再侵染。多雨、潮湿环境条件下发病较重。甘肃省陇西县和岷县零星发生。

（四）防治技术

参考白芷斑枯病。

三、白芷灰霉病

（一）症状

病害多沿叶鞘的边缘形成很长的褪绿条斑，后向内扩展形成大片灰褐色条斑，微微发红，并逐渐变为褐色、黑褐色，上生灰色毛状物，即病菌的分生孢子梗及分生孢子。

（二）病原

病原菌为真菌界葡萄孢属（*Botrytis* sp.）的真菌。菌丝褐色，粗14.1~22.3μm，多隔，壁上有突起。分生孢子梗褐色，长400.0μm，宽14.1~22.0μm。分生孢子球形、近球形，淡褐色，大小为（3.5~4.7）μm×3.5μm。

（三）病害循环及发病条件

参考当归灰霉病。甘肃省陇西县和岷县轻度发生。

（四）防治技术

1）栽培措施　合理密植，以利于通风透光，促进植株生长健壮；收获后彻底清除病残体，减少初侵染来源。

2）药剂防治　发病初期喷施50%腐霉利可湿性粉剂1000~1500倍液、2%抗霉菌素水剂200倍液、25%咪鲜胺乳油2000倍液、65%硫菌·霉威可湿性粉剂1000倍液及40%嘧霉胺悬浮剂800~1200倍液。

四、白芷细菌性角斑病

（一）症状

叶面初生油渍状小点，扩大后呈多角形褐色病斑，油渍状。后期病斑中部变为灰白色，上有菌胶膜，叶脉亦变为褐色油渍状。

（二）病原

病原菌为原核生物界假单胞菌属丁香假单胞菌（*Pseudomonas syringae ran Hall*）。刘汉珍等（2002）报道，该菌革兰氏染色阴性，菌体呈短杆状，大小为（0.5~0.8）μm×（1.5~3.0）μm，有1至数根极生丛鞭毛，无芽孢，好氧，在NA培养基上28℃培养2天，形成圆形菌落，白色，边缘整齐，表面光滑，不透明，黏稠状，菌落直径2.0~3.0mm。在金氏B培养基上划线后,紫外灯下可见黄绿色荧光。

（三）病害循环及发病条件

病菌主要在病残体和土壤中越冬，借雨水和农事操作等传播。高温有利于病害的发生。甘肃省岷县发病率32%，严重度1~2级。

（四）防治技术

1）栽培措施　初冬彻底清除田间病残体，集中烧毁或沤肥，减少初侵染源。

2）化学防治　发病初期喷施60%琥·乙膦铝可湿性粉剂500倍液、27%铜高尚悬浮剂500倍液、50%氯溴异氰尿酸可溶性粉剂1200倍液、3%中生菌素可湿性粉剂600倍液、0.3%四霉素水剂600倍液及90%新植霉素可湿性粉剂4000倍液。

第九节　蛇床子病害

蛇床子[*Cnidium monnieri*（L.）Cuss.]为伞形科一年生草本植物，又名马床、秃子花、野茴香、蛇床实、蛇床仁、蛇珠、野萝卜子等。以果实入药，味辛而苦，性温，有小毒，归胃经，具有杀虫止痒、燥湿祛风、温肾壮阳的作用，临床主要用于治疗阴部湿痒、肾虚阳痿、宫冷不孕等症，全国各地均产，以河北、山东、浙江、江苏、四川等地产量较大。此外，广西、四川、陕西、山西及甘肃亦有种植。主要有斑枯病等。

蛇床子斑枯病

（一）症状

叶部产生圆形、椭圆形病斑，边缘深褐色，稍隆起，中部淡褐色，其上生黑色小颗粒，即病菌的分生孢子器。

（二）病原

病原菌为真菌界壳针孢属防风壳针孢（*Septoria saposhnikoviae* G. Z. Lu & J. K. Bai）。分生孢子器扁球形、近球形，黑褐色，直径98.5~107.5μm，平均103.0μm，高85.1~89.6μm（平均87.3μm）。分生孢子针形，偶尔稍弯曲，隔膜不清晰，大小为（24.8~38.8）μm×（0.9~1.4）μm（平均32.2μm×1.1μm）。

（三）病害循环及发病条件

病菌越冬情况不详。甘肃省陇西县和岷县零星发生。

（四）防治技术

参考白芷斑枯病。

第十节　明党参病害

明党参（*Changium smyrnioides* Wolff）为伞形科多年生草本植物。性味甘，微苦，微寒。具润肺化痰、养阴和胃、平肝、解毒等功效。主产于江苏、安徽、浙江及江西等省，甘肃省有少量引进栽培。主要病害有白粉病。

明党参白粉病

（一）症状

叶片、花梗、苞叶及茎秆均受害。受害部位覆盖薄薄的一层白粉，植株长势不旺，叶色发灰。

（二）病原

病原菌为真菌界粉孢霉属（*Oidium* sp.）的真菌。分生孢子桶形、柱形，无色，大小为（24.7~44.7）μm×（11.8~18.8）μm（平均31.5μm×13.9μm）。

（三）病害循环及发病条件

病菌越冬情况不详。甘肃省陇西县轻度发生。

（四）防治技术

参考当归白粉病。

第十一节　藁 本 病 害

藁本（*Ligusticum sinense* Oliv.）为伞形科多年生草本植物，又名槁茇、地新、山茝、山园荽等。性味甘、辛、温，归膀胱经，具祛风散寒、除湿止痛等功效，主治风寒感冒、巅顶疼痛、风湿肢节痹痛等症。主产于陕西、甘肃、河南、四川、湖北及湖南等省。主要病害有白粉病。

藁本白粉病

（一）症状

叶片、叶柄及茎秆均受害。初期叶面产生近圆形小粉斑，后逐渐扩大至叶两面及茎秆，其上覆盖厚厚的一层白粉，病株长势衰弱，叶片细而不挺。后期在白粉层中产生黑色小颗粒，即病菌的闭囊壳。

（二）病原

病原菌为真菌界白粉菌属独活白粉菌（*Erysiphe heraclei* DC.）。详见当归白粉病。

（三）病害循环及发病条件

参考当归白粉病。甘肃省陇西县发生严重，发病率100%，严重度3级。

（四）防治技术

参考当归白粉病。

第二章　豆科药用植物病害

第一节　黄（红）芪病害

黄芪为多年生豆科草本植物，有蒙古黄芪[*Astragalus membranaceus*（Fisch.）Bunge var. *mongholicus*（Bunge.）P. K. Hsiao]和膜荚黄芪[*A. membranaceus*（Fisch.）Bunge]两种。均以根入药，味甘、性微温，归肺、脾经，有补气健脾、开阳举陷、益卫固表、利水消肿、托毒生肌之效，临床多用于治疗气虚自汗、疮疡难溃难收、内脏下垂、水肿等症状，《本经》认为黄芪药用为"补虚小儿百病"，故在小儿疾病中，黄芪应用甚广。主产于内蒙古、山西及甘肃等省区，甘肃省陇西县、定安区和渭源县等地有大面积种植，其中陇西县具有"中国黄芪之乡"称号。另外，红芪（*Hedysarum polybotrys* Hand.-Mazz）又名多序岩黄芪，在甘肃省陇西县及陇南地区亦有种植。主要病害有白粉病、霜霉病、斑枯病及根腐病等。

一、黄（红）芪白粉病

（一）症状

叶片、叶柄、嫩茎及荚果均受害。在叶正、背面均产生白粉。初期产生小型白色粉斑，后扩大至全叶，菌丝层厚，似毡状，即病菌的分生孢子梗和分生孢子。后期白粉层中产生黑色小颗粒，即病菌的闭囊壳（彩图2-1）。病株叶色发黄，干枯脱落。严重时全株枯死。在白粉层中常见有一种更小的黑色颗粒，即白粉菌的寄生菌。

（二）病原

病原菌为真菌界束丝壳属黄芪束丝壳[*Trichocladia astragali*（DC.）Neger]。闭囊壳球形、近球形，黑褐色，直径94.6~161.1μm（平均116.4μm）。子囊椭圆形、长椭圆形，多为6~8个，大小为（62.7~85.0）μm×（31.3~53.7）μm，有柄。子囊孢子椭圆形、长椭圆形，多为4个，淡黄色至鲜黄色，大小为（24.6~35.8）μm×（15.7~20.2）μm。附属丝丝状，无色，无隔，常弯曲，顶端有1~2次分枝，长宽为（165.7~645.0）μm×（17.9~31.4）μm（平均450.0μm×22.4μm），有9~24根（图2-1）。蒙古黄芪、膜荚黄芪及红芪上的病原菌相同。此外，据中国科学院中国孢子植物志编辑委员会（1987）报道，豌豆白粉菌（*Erysiphe pisi* DC.）可为害黄芪。但在甘肃省未发现豌豆白粉菌为害黄芪。

　　研究中发现，黄芪白粉菌的寄生菌在发病部位较普遍，其寄生菌为白粉寄生孢（*Ampelomyces* sp.）。此菌分生孢子器长椭圆形、安瓿瓶形，顶部有突起，褐色，有短梗，大小为（35.8~53.8）μm×（22.4~29.1）μm（平均46.9μm×27.0μm）。分生孢子单胞、无色，近圆形、椭圆形、肾形，大小为（5.3~9.4）μm×（3.5~4.7）μm（平均7.6μm×4.1μm）（图2-2），数量很大。

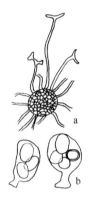

图2-1　黄（红）芪白粉病菌

a. 闭囊壳及附属丝；b. 子囊及子囊孢子

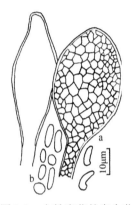

图2-2　白粉病菌的寄生菌

a. 分生孢子器；b. 分生孢子

（三）病害循环及发病条件

　　病菌以闭囊壳随病残体在地表越冬或以菌丝体在根芽上越冬。翌年温湿度适宜时，释放子囊孢子进行初侵染，病部产生的分生孢子借风雨传播，有多次再侵染。据田间观察，甘肃省黄芪白粉病在6月下旬已开始零星发病，7月发展缓慢，8月中旬至9月上旬为盛发期，直至采挖。海拔2000m以下地区发生较重。据观察，多雨季节，田间湿度高，病害增长缓慢。温度高有利于病害的发生和流行。黄芪白粉病在甘肃省陇西县、渭源县和岷县均严重发生，发病率35.5%~93.0%，严重度2~4级。红芪发病很轻，发病率低于5%，抗白粉病。

（四）防治技术

　　1）栽培措施　施足底肥，氮、磷、钾比例适当，不可偏施氮肥，以免植株徒长；合理密植，以利于通风透光；初冬彻底清除田间病残体，减少初侵染源。

　　2）药剂防治　发病初期喷施25%腈菌唑乳油2500~3000倍液、75%拿敌稳3000倍液、25%三唑酮可湿性粉剂1000倍液及10%苯醚甲环唑700倍液有良好的防效。

二、黄（红）芪霜霉病

（一）症状

该病害具有局部侵染和系统侵染特征。在一至二年生黄芪植株上表现为局部侵染，主要为害叶片，发病初期叶面边缘形成模糊的多角形或不规则形病斑，淡褐色至褐色，叶背相应部位生有白色至浅灰白色霉层，即病原菌孢囊梗和孢子囊，发病后期霉层呈深灰色，严重时植株叶片发黄、干枯、卷曲，中下部叶片脱落，仅剩上部叶片（彩图2-2）。在多年生植株上多表现为系统侵染，即全株矮缩，仅有正常植株的1/3高，叶片黄化变小，其他症状与上述局部侵染症状相同（彩图2-2）。

（二）病原

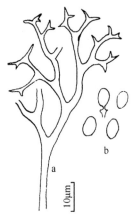

图2-3　黄（红）芪霜霉病菌
a.孢囊梗；b.孢子囊

病原菌为色藻界霜霉属黄芪霜霉菌（*Peronospora astragalina* Syd.）。孢囊梗自气孔伸出，多为单枝，偶有多枝，无色，全长（224.0~357.4）μm×（6.1~8.2）μm（平均285.6μm×7.5μm），主轴长占全长2/3，上部二叉状分枝4~6次，末端直或略弯，呈锐角或直角张开，大小为（7.7~15.9）μm×（1.5~2.5）μm（平均10.5μm×2.2μm）。孢子囊卵圆形，一端具突，无色，大小为（18.0~28.3）μm×（14.1~20.6）μm（平均20.4μm×19.1μm）。藏卵器近球形，淡黄褐色，大小为（43.7~61.7）μm×（43.7~61.7）μm（平均51.2μm×47.3μm）。雄器棒状，侧生，单生，大小为（30.8~39.8）μm×9.0μm。卵孢子球形，淡黄褐色，直径23.1~36.0μm（平均31.5μm）（图2-3）。孢子囊在水滴中10~12h后开始萌发，萌发的温限为5~30℃，最适20℃。孢子囊在水滴中能很好地萌发，相对湿度100%时，36h仅5.5%，低于95%不萌发；pH4.98~9.18时均可萌发，最适pH为7.28。黄芪叶片榨出液对孢子囊萌发有较强的刺激作用。该菌可为害蒙古黄芪、膜荚黄芪和红芪。

（三）病害循环及发病条件

病菌随病残体在地表及土壤中越冬或在多年生植株体内越冬。翌年环境适宜时，病残体和土壤中越冬病菌侵染寄主，引起初侵染。在甘肃省陇西县5月上旬系统侵染的植株返青后不久即显症，成为田间发病中心，亦是引起局部侵染的初侵染源。病部产生的孢子囊借风雨传播，引起再侵染。7月上中旬开始发病，7月中下旬病情缓慢发展，在8月上旬至9月中旬为盛发期，直至采挖。降雨多、露时长、湿度大有利于病害发生。在岷县、漳县及渭源县等高海拔地区，7~8月的夜间露时多在9~11h，叶面水膜的存在有利于孢子囊的萌发和侵染，所以，在海拔2000m以上地区发生较重。通常中、上部叶片发病重，下部叶片发生较轻。发病后期病残组织内形成大量的卵孢子，卵孢子随病叶等病残组织落入土中越冬，成为翌年的初侵染源。发病率14.5%~41.0%，严重度1~3级。六年生苗发病率为23%~25%，且都是系统侵染。

（四）防治技术

1）栽培措施　合理密植，以利于通风透光；增施磷、钾肥，提高寄主抵抗力；收获后彻底清除田间病残体，减少初侵染源。

2）药剂防治　发病初期喷施72.2%霜霉威盐酸盐水剂800倍液、66.8%霉多克500倍液、60%百泰1000倍液、52.5%抑快净750倍液、70%安泰生可湿性粉剂400倍液、72%克露可湿性粉剂400倍液，对黄芪霜霉病防治效果好。当霜霉病和白粉病混合发生时，喷施40%乙膦铝可湿粉剂200倍液加15%三唑酮可湿粉剂2000倍液。

三、黄芪斑枯病

（一）症状

主要为害叶片。叶片受害多在侧脉间产生近圆形、多角形、不规则形褐色至黑褐色病斑，边缘有较宽的淡黄褐色褪绿区。叶背病斑明显呈多角形，微微下陷，灰绿色，其上生大量黑色小颗粒，叶正面黑色小颗粒少，均为病菌的分生孢子器（彩图2-3）。

（二）病原

病原菌为真菌界壳针孢属*Septoria psammophila* Sacc.。分生孢子器扁球形、近球形，黑褐色至黑色，直径76.1~112.0μm（平均94.0μm），高71.7~107.5μm（平均89.6μm），埋生或半埋生，有孔口，初期在孔口周围有粗壮的菌丝。分生孢子无色，细棒状、粗线状，直或弯曲，具4~7个隔膜，大小为（49.4~109.4）μm×（2.9~4.1）μm（平均81.4μm×3.9μm）（图2-4）。

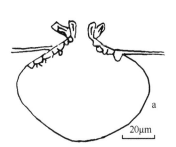

图2-4　黄芪斑枯病菌

a.分生孢子器；b.分生孢子

（三）病害循环及发病条件

病菌以分生孢子器随病残体在地表越冬。翌年条件适宜时释放分生孢子，借风雨传播引起初侵染，再侵染频繁。分生孢子在9℃即可萌发。一般6月下旬开始发病，8月中下旬迅速蔓延。降雨多、露时长则病害发生重。甘肃省漳县、渭源县、陇西县、岷县和临洮县均有发生，发病率24%~72%，严重度1~3级。

（四）防治技术

1）栽培措施　收获后彻底清除田间病残体，减少初侵染源。

2）药剂防治　发病初期喷施30%碱式硫酸铜悬浮剂400倍液、50%甲基硫菌灵·硫磺悬浮剂800倍液、70%丙森锌600倍液、20%二氯异氰尿酸钠可湿性粉剂400倍液、53.8%氢氧化铜干悬浮剂1000倍液、60%琥铜·乙铝锌可湿性粉剂500倍液及10%苯醚甲环唑水分散颗粒剂800倍液。

四、黄芪灰斑病

（一）症状

叶面初生淡黄绿色小点，后扩大呈圆形、近圆形病斑，边缘淡褐色、中部灰白色，组织变薄，后期其上产生黑色小颗粒，即病菌的分生孢子器。

（二）病原

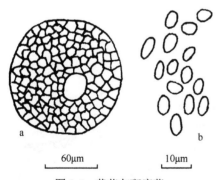

病原菌为真菌界叶点霉属黄芪生叶点霉（*Phyllosticta astragalicola* Mass.）。分生孢子器近球形、扁球形，直径156.8~197.1μm（平均180.3μm），高170.2~174.6μm（平均171.3μm），孔口明显，壁薄易破。分生孢子单胞，无色，椭圆形、长椭圆形，大小为（3.5~8.2）μm×（1.8~4.1）μm（平均6.2μm×2.8μm）（图2-5）。

60μm　　　　10μm

图2-5　黄芪灰斑病菌

a.分生孢子器；b.分生孢子

（三）病害循环及发病条件

病菌以分生孢子器随病残体在地表越冬。翌年温湿度适宜时，以分生孢子引起初侵染。病斑上产生的孢子可进行再侵染。甘肃省定西市各县区均有发生，发病率13.0%~24.5%，严重度1级。

（四）防治技术

参考黄芪斑枯病。

五、黄芪轮纹病

（一）症状

叶片受害初生淡黄色小点，扩大后呈圆形褐色病斑，稍现轮纹，后期其上产生黑色小颗粒，即病菌的分生孢子器。

（二）病原

病原菌为真菌界壳二胞属（*Ascochyta* sp.）的真菌。分生孢子器近球形，黑褐色，直径161.2~183.6μm，孔口明显。分生孢子无色，椭圆形、梭形，两端细，0~1个隔，大小为（7.6~12.9）μm×（2.4~4.1）μm，隔膜处缢缩或不缢缩，内有油珠（图2-6）。

（三）病害循环及发病条件

病菌以分生孢子器随病残体在地表越冬。翌年条件适宜时，以分生孢子引起初侵染。甘肃省陇西县零星发生。

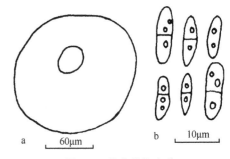

图 2-6　黄芪轮纹病菌
a.分生孢子器；b.分生孢子

（四）防治技术

参考黄芪斑枯病。

六、黄芪叶斑病

（一）症状

主要为害叶片，中下部老叶先发病，沿叶缘向内扩展产生长条形至半圆形病斑，黄褐色至褐色，边缘色较深，微微隆起，中部稍显轮纹，后期病斑上产生灰黑色霉层。

（二）病原

病原菌为真菌界枝孢霉属（*Cladosporium* sp.）的真菌。分生孢子梗淡橄榄色至橄榄色，常3~7根丛生于子座上，具1~3个隔膜，顶端膨大或向一侧膨大，长宽

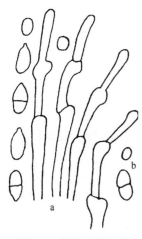

图 2-7　黄芪叶斑病菌

a.分生孢子梗；b.分生孢子

（43.5~236.5）μm×（8.4~11.2）μm（平均202.3μm×10.8μm）。分生孢子淡橄榄色，椭圆形、长椭圆形、近圆形，具0~1个隔膜，大小为（4.8~21.2）μm×（2.4~11.8）μm，双胞，分生孢子中部缢缩（图2-7）。

（三）病害循环和发病条件

病菌越冬情况不详。定西市各县均有发生，发病率4.0%~17.5%，严重度1~2级。

（四）防治技术

1）栽培措施　收获后彻底清除田间病残体，减少初侵染源。

2）药剂防治　发病初期喷施50%多霉灵可湿性粉剂1000倍液、77%氢氧化铜可湿性粉剂500倍液、65%硫菌·霉威可湿性粉剂1000倍液、50%腐霉利可湿性粉剂1000倍液、3%多抗霉素水剂600倍液及40%氟硅唑乳油4000倍液。

七、黄芪褐斑病

（一）症状

主要为害叶片。叶面产生小型（1~2mm）不规则形黄褐色斑点，边缘不明显，斑上生有稀疏的黑色霉层。此病常与芽枝孢混合发生，易于混淆。

（二）病原

病原菌为真菌界链格孢属（*Alternaria* sp.）的真菌。分生孢子梗淡褐色至褐色，单生或数根丛生，稍弯曲，产孢痕明显。分生孢子黄褐色、褐色，倒棍棒状、螺壳状，具2~5个横隔膜，1~3个纵隔膜，大小为（9.3~48.2）μm×（5.2~14.7）μm。有短喙（图2-8）。

（三）病害循环和发病条件

病原菌以菌丝体及分生孢子在地表或土壤中越冬。翌年条件适宜时，侵染寄主，病斑

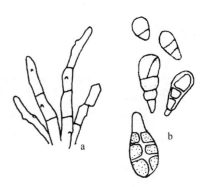

图 2-8　黄芪褐斑病菌

a.分生孢子梗；b.分生孢子

上产生的分生孢子可进行再侵染。甘肃省漳县、渭源县及陇西县均有发生，发病率12.0%~21.0%，严重度1~2级。

（四）防治技术

1）栽培措施　彻底清除田间病残体，减少初侵染源。

2）药剂防治　发病初期喷施70%代森锰锌可湿性粉剂500倍液、70%百菌清·锰锌可湿性粉剂600倍液、50%异菌脲可湿性粉剂1000倍液、10%多抗霉素可湿性粉剂1000倍液、25%丙环唑乳油2000倍液及25%嘧菌酯悬浮剂1000~2000倍液。

八、黄芪根腐病

（一）症状

植株地上部分长势衰弱，植株瘦小，叶色较淡至灰绿色，严重时整株叶片枯黄、脱落。根茎部表皮粗糙，微微发褐，有很多横向皱纹，后产生纵向裂纹及龟裂纹。根茎部变褐的韧皮部横切面有许多空隙，如泡沫塑料状，并有紫色小点，呈褐色腐朽，表皮易剥落。木质部的心髓初生淡黄色圆形环纹，扩大后变为淡紫褐色至淡黄褐色，向下蔓延至根下部的心髓。地上部分萎蔫、失绿，自下而上枯死，根顶端发软，产生白色致密的菌丝，缠绕根的顶端，病部以上根正常。有些茎基部亦变灰白色、淡褐色，形成菌索的白纹羽，其上生致密的白色菌丝。有些根的中部或中下部变褐，表面生有白色菌丝，根的中下部全部变褐、腐烂，生有白色菌丝层（彩图2-4）。此病常常与黄芪茎线虫病混合发生。

（二）病原

病原菌为真菌界镰孢菌属（*Fusarium* spp.）的多个种。

1）尖镰孢（*F. oxysporum* Schlecht.）。在PDA培养基上菌落白色，絮状，致密，明显隆起，菌背米白色。中部有些为灰橙黄色、淡灰黑色至淡紫灰色。大型分生孢子弯月形，具1~5个隔膜，多为3~4个。大小为（20.0~38.8）μm×（2.9~4.7）μm（平均29.9μm×3.8μm），长宽比7.9：1。小型孢子多为单胞，个别为双胞，椭圆形，两端较细，大小为（7.1~12.9）μm×（2.4~3.3）μm（平均9.7μm×2.5μm），小型孢子易结球。产孢梗为单瓶梗，很短，菌丝中产生厚垣孢子，串生或单生（图2-9A）。

2）茄镰孢[*F. solani*（Mart.）App. & Wollenw]。菌落土灰色至淡黄色，稀薄，平铺，菌表似灰粉状。菌丝无色，大型分生孢子马特型，较肥，最宽处在孢子中上部2/3处，稍弯曲，具3~4个隔膜，大小为（23.5~36.5）μm×（3.5~4.7）μm（平均30.1μm×4.1μm）。小型孢子椭圆形、肾形、长椭圆形，无色，单胞或双胞，

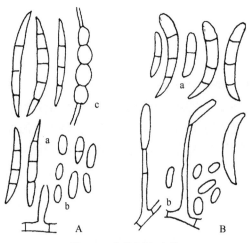

图 2-9　黄芪根腐病菌

A.尖镰孢；B.茄镰孢

a.分生孢子；b.分生孢子梗；c.厚垣孢子

大小为（5.9~11.8）μm×（2.4~4.1）μm（平均7.6μm×2.7μm）。产孢结构单瓶梗，较长，大小为16.8~28.2μm（平均21.1μm），有些很长（图2-9B）。另外还有少量木贼镰孢[*F. eguiseti*（Corda）Sacc.]和锐顶镰孢（*F. acuminatum* Ell. & Ever.）。

（三）病害循环及发病条件

病菌在土壤中可长期营腐生生活，存活5年。自根部伤口入侵，地下害虫、线虫及中耕等造成的各种机械伤口均有利于病菌侵入。病菌借水流、土壤翻耕和农具等传播。低洼积水、杂草丛生、通风不良、雨后气温骤升、连作等病害发生重。甘肃省陇西县和渭源县发生严重，发病率35%以上，严重度2~4级。幼苗受害率为18.5%~26.0%。

（四）防治技术

1）栽培措施　平整土地，防止低洼积水；实行5年以上轮作；合理密植，以利于通风透光；栽植、中耕及采挖时尽量减少伤口。采挖时剔除病根和伤根；防治地下害虫，减少虫伤；彻底清除田间病残体，减少初侵染源。

2）育苗地及大田土壤处理　育苗地用20%乙酸铜可湿性粉剂300g/亩，或50%多菌灵可湿性粉剂4kg/亩，加细土30kg拌匀撒于地面、耙入土中。栽植时栽植沟（穴）亦用此药土处理。

3）药液蘸根　栽植前1天用3%恶霉·甲霜水剂700倍液、50%多菌灵·磺酸盐可湿性粉剂500倍液、20%乙酸铜可湿性粉剂900倍液蘸根10min，晾干后栽植，或用10%咯菌腈15mL，加水1~2kg，喷洒根部至淋湿为止，晾干后栽植。

九、黄芪茎基腐病

（一）症状

植株长势较弱，叶色灰绿，似失水状，根茎部产生不规则形黑褐色病斑，有些病斑几乎可围绕整个根茎部，表面有淡褐色丝状物。

（二）病原

病原菌为真菌界丝核菌属立枯丝核菌（*Rhizoctonia solani* kühn.）。病菌在PDA培养基上菌落淡褐色、棕褐色，稀疏，生长迅速。菌丝褐色，壁厚，粗5~8μm，较直，分枝呈直角，基部缢缩，分枝基部有1个隔膜，常形成不规则形黑褐色小菌核。大小为232.9~304.7μm。用改进式海登汉氏苏木精染色，菌丝呈紫黑色，上部细胞中有3~8个蓝黑色细胞核。5℃菌丝不能生长，10~15℃生长缓慢，25~29℃为适宜生长温度，超过29℃急剧下降，37℃不能生长（张建文，2005）。

在培养基中加入半乳糖、树胶醛糖等碳源对菌丝生长有促进作用，而加入氯醛糖和乳糖则有很强的抑制作用。在碳源缺乏的情况下，菌落白色。培养基中加入大豆蛋白胨、蛋白胨等氮源对菌丝生长有促进作用，而碳酸铵和尿素则有抑制作用。

该菌寄主范围很广，人工接种，可侵染小麦、玉米、蚕豆、大豆、荞麦、胡麻、向日葵、油菜、茄子、辣椒、番茄、豇豆、菜豆、苜蓿、箭舌豌豆及萝卜等多种作物，但发病程度不同。小麦、玉米、荞麦抗病性较强，而苜蓿、胡麻、向日葵、茄子和番茄等抗病性弱（张建文，2005）。

（三）病害循环及发病条件

病菌以菌核在病残体及多种寄主上越冬，病菌腐生性较强，在土壤中可存活2~3年。在适宜的条件下，菌核萌发产生菌丝侵染幼苗或菌丝直接侵染幼苗。病菌通过流水、农具及带菌肥料传播。病菌既耐干旱又喜潮湿，所以在高寒阴湿及干旱地区均有发生，甘肃省漳县和渭源县发生普遍，发病率4%~11%，严重度1~2级。

（四）防治技术

1）栽培措施　留种苗时剔除病苗，保证种苗的质量；与禾本科植物实行2年以上轮作，切勿与马铃薯、胡麻及蚕豆等作物连作；收获后彻底清除田间病残体，减少初侵染源。

2）药液蘸根处理　用30%苯噻氰乳油1000倍液、20%乙酸铜可湿性粉剂900倍液、20%甲基立枯磷乳油1200倍液、50%异菌脲可湿性粉剂800倍液、95%恶霉灵精品3000倍液蘸根10min，晾干后栽植。

3）育苗地及大田土壤处理　用40%拌种双可湿性粉剂，按4.5kg/亩，或用30%苗菌敌可湿性粉剂，2.5kg/亩，加细土30kg混匀，撒于地面，耙入土中。

十、黄芪绒斑病

（一）症状

主要为害叶片，发病时自叶片一侧产生大型淡灰色、淡灰褐色、椭圆形、长椭圆形病斑，微微下陷，其上形成很多细密的白色丝状体，即病原菌的分生孢子梗和分生孢子。

（二）病原

病原菌为真菌界小卵孢菌属（*Ovularia* sp.）的真菌。其分生孢子梗无色，稍弯曲，基部有1个隔膜，长宽为（71.7~84.6）μm×（4.7~5.9）μm。分生孢子椭圆形，无色，光滑，大小为（4.1~8.2）μm×（3.5~5.9）μm（平均7.0μm×4.7μm）。

（三）病害循环及发病条件

病菌随病残体越冬，成为翌年的初侵染源。通过气流、雨水或农事操作传播。在甘肃省陇西县、渭源县和漳县均有发生，发病率6.0%~11.0%，严重度1~2级。

（四）防治技术

1）栽培措施　轮作倒茬；合理密植，增施磷肥、钾肥和钙肥，提高寄主抗病力。

2）化学防治　发病初期喷施65%硫菌·霉威可湿性粉剂1000倍液、10%苯醚甲环唑可湿性粉剂1000倍液、40%嘧霉胺可湿性粉剂1200倍液、50%异菌脲可湿性粉剂1200倍液及40%氟硅唑乳油8000倍液。

十一、黄芪茎线虫病

（一）症状

植株地上部分生长衰弱，植株矮缩，叶片变小，叶色发黄，严重时萎黄枯死。根头及根的中上部局部组织表皮粗糙，皱缩（横皱），变褐色，其内组织干腐，如糟糠状，后向内、向下扩展，致根的大部分腐朽。此病常常与根腐病混合发生。

（二）病原

病原菌为线虫门腐烂茎线虫（*Ditylenchus destructor* Thorne）。详见当归腐烂茎线虫病。另外还有少量剑线虫（*Xiphinema* Cobb）、盘线虫（*Rotylenchus* Filipjev）、拟短体线虫（*Pratylenchoides* Winslow）等均可为害黄芪。

（三）病害循环及发病条件

参考当归腐烂茎线虫病。甘肃省定西市南部各县均有发生，发病率4%~5%，严重度1~2级。

（四）防治技术

参考当归腐烂茎线虫病。

十二、黄芪细菌性角斑病

（一）症状

主要为害叶片，其次为叶柄。叶面形成较大的多角形黄绿色油渍状病斑，后变为灰绿色至淡褐绿色，干燥后病斑上有明显的菌胶膜和菌胶粒。此病常与壳针孢斑枯病混合发生。

（二）病原

病原菌为原核生物界细菌，属种待定。

（三）病害循环及发病条件

病菌越冬情况不详。甘肃省定西市南部各县均有发生，发病率16.6%~25.5%，严重度1~2级，渭源县、岷县、漳县均有发生。

（四）防治技术

1）栽培措施　收获后彻底清除田间病残体，减少初侵染源；深耕将病残体翻入土壤深层。

2）化学防治　发病初期喷施72%农用链霉素可溶性粉剂4000倍液、60%琥铜·乙膦铝可湿性粉剂500倍液、53.8%氢氧化铜干悬浮剂1200倍液、30%碱式硫酸铜悬浮剂400倍液及40%细菌快克可湿性粉剂600倍液。

十三、红芪锈病

（一）症状

主要为害叶片。病叶正面出现褪绿，背面出现淡黄色小疱斑，疱斑表面破裂后露出锈黄色夏孢子，严重时布满全叶，后期产生小型（1mm）半球形突起病斑，初期褐色，后变黑色，表皮破裂后散出黑色粉状物，为冬孢子（彩图2-5）。

（二）病原

病原菌为真菌界单胞锈菌属的驴豆单胞锈菌（*Uromyces onobrychidis* Lev.）。叶背面出现的淡黄色小疱斑为夏孢子堆；夏孢子近球形、椭圆形、桃形，壁较厚，黑褐色，单胞，壁上有小突起，23.5~27.1μm（平均24.7μm）。叶背面产生黑褐色半球形突起病斑为冬孢子堆；冬孢子圆形，椭圆形，无色，壁较厚，顶部稍突起，有柄，柄基部细，上部（接着孢子处）粗，大小为（9.4~21.2）μm×（3.6~4.9）μm（平均14.2μm×4.2μm）；冬孢子大小为（16.5~23.5）μm×（16.5~20.0）μm（平均20.9μm×17.8μm）。

（三）病害循环及发病条件

甘肃省武都区普遍发生，宕昌县中度发生。生长季节以夏孢子反复侵染为害。在甘肃省武都区8~9月为盛发期。田间种植密度过大、氮肥过多、高湿多雨有利于发病。

（四）防治技术

1）栽培措施　彻底清除田间病残体及地块周围转主寄主，降低越冬菌源基数；合理密植，降低田间湿度；增施磷肥和钾肥，提高寄主抗病力。

2）化学防治　发病初期喷施25%三唑酮600~800倍液、43%戊唑醇悬浮剂4000倍液及75%肟菌·戊唑醇水分散颗粒剂2000~4000倍液。

第二节　甘草病害

甘草（*Glycyrrhiza uralensis* Fisch.）为豆科多年生草本植物，又名美草、蜜草。中药甘草主要为乌拉尔甘草（*G. uralensis* Fisch.）、胀果甘草（*G. inflata* Bat.）和光果甘草（*G. glabra* L.）。甘草以根和根茎入药，性平、味甘，归心、肺、脾、胃经，素有"中药国老"之称，不宜与京大戟、芫花、甘遂、海藻同用，有清热解毒、润肺止咳、补脾益气、调和诸药的功效，临床应用十分广泛。甘肃、宁夏回族自治区（宁夏）和内蒙古所产甘草品质上乘。在甘肃省主要分布于庆阳市及河西走廊一线。敦煌、瓜州、民勤、高台、靖远等地野生甘草面积较大，近年来，肃州、陇西、瓜州、民勤及榆中等地栽培甘草亦迅速增加。主要病害有褐斑病、锈病和根腐病等。

一、甘草褐斑病

（一）症状

主要为害叶片。叶部产生中小型（2~8mm）病斑，通常在叶脉一侧或主脉与侧脉分叉处的三角区发生，呈多角形、不规则形、长条形，褐色至黑褐色，病斑边缘清晰或不清晰，斑上有黑色点状霉状物（彩图2-6）。严重发病时，病斑相互连接，叶片变为淡红褐色至紫黑色，大量脱落。叶柄上病斑长条形、长椭圆形，淡紫红色至淡紫褐色。

（二）病原

病原菌为真菌界假尾孢属甘草尾孢[*Cercospora glycyrrhizae*（Săvulescu & Sandu）Chupp）]。采自甘肃省陇西县标样：分生孢子梗簇生（多5根以上），淡褐色至褐色，具0~3个隔膜，大小为（14.1~34.1）μm×4.7μm。产孢孢痕不明显。分生孢子无色、淡青褐色，透明，直或稍弯曲，基部平截，顶端钝圆，具3~9个隔膜，多为5~6个，大小为（44.7~134.4）μm×（1.8~4.1）μm，平均71.0μm×3.4μm。采自渭源县标样：子座近球形、椭圆形，淡灰褐色，大小为（37.6~62.3）μm×（29.4~47.0）μm（平均50.7μm×39.8μm）。子座上有分生孢子梗9~34根，灰褐色，成束，无隔，稍弯曲，顶部较圆，稍膨大，大小为（25.9~44.7）μm×（3.5~4.7）μm（平均32.7μm×3.8μm）。分生孢子无色，鼠尾状、鞭状，直或稍弯曲，基部粗，上部细，0~4个隔膜，多为1~2个隔膜，基部平截，大小为（37.6~72.9）μm×（3.2~4.7）μm（平均52.6μm×3.6μm）（图2-10）。两地病菌形态有一定差异。

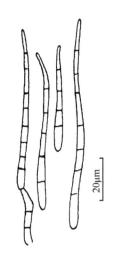

图2-10　甘草褐斑病菌分生孢子

（三）病害循环和发病条件

病菌以菌丝体和分生孢子梗在病残体上于地表越冬。翌年条件适宜时，分生孢子借风雨传播引起初侵染。病斑上产生的分生孢子可进行再侵染。7~8月高温季节，降雨多、露时长、湿度大时病害发生严重。陇西县、渭源县及岷县等地发病率58%~80%，严重度2~3级，引起大量落叶。甘肃省凉州区、民勤县、靖远县、金塔县和环县等地也普遍发生。育苗地发生较轻，二年生生产田发生严重。

（四）防治技术

1）栽培措施　当年生长后期，地上部分枯死后及时割掉地上枝蔓，集中堆放、覆盖。翌年春末前处理完枝蔓，以免降雨后孢子飞散；适当密植，以利于通风透光；增施磷、钾肥，提高寄主抵抗力；初冬彻底清除田间病残组织，减少初侵染源。

2）药剂防治　发病初期喷施70%代森锰锌可湿性粉剂600倍液、50%苯菌灵可湿性粉剂1000倍液、50%甲基硫菌灵可湿性粉剂500倍液、77%氢氧化铜可湿性粉剂800倍液、25%咪鲜胺乳油2000~3000倍液及50%氯溴异氰尿酸可溶性粉剂1000倍液，注意均匀喷药，中下部叶片不可遗漏。

二、甘草锈病

（一）症状

叶片及茎秆均受害。初期叶片正面症状不明显，叶背面产生灰白色、灰黄色圆形疱斑，后增大呈半球状，表面光亮，表皮破裂后露出黄褐色夏孢子堆并散出夏孢子。系统侵染后，整株叶片全部覆盖夏孢子堆，引起全株叶片枯死。后期在叶片两面产生黑褐色冬孢子堆，并散出黑粉状冬孢子（彩图2-7）。

（二）病原

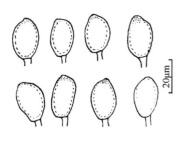

图2-11　甘草锈病冬孢子

病原菌为真菌界柄锈菌属甘草单胞锈菌[*Uromyces glycyrrhiza*（Rabenh.）Magn.]。夏孢子球形、近球形、椭圆形，淡黄色至淡黄褐色，表面有小刺，大小为（20.0~35.3）μm×（17.6~23.5）μm（平均26.9μm×20.0μm）。冬孢子卵圆形、椭圆形，单胞，褐色，表面光滑，顶端明显加厚，有无色短柄，孢子大小为（20.0~32.9）μm×（15.3~18.8）μm（平均28.1×18.6μm）（图2-11）。

（三）病害循环及发病条件

病菌为单主寄生菌，以菌丝及冬孢子在植株根、根状茎和地上部分枯枝上越冬。翌春开始侵染，二年生甘草5月即开始显症，育苗地多在7月发生，栽培甘草病害重于野生甘草。据调查，光果甘草抗病性较强，乌拉尔甘草次之，胀果甘草高度感病。温暖、潮湿及多雨天气病害发生重。甘肃省民勤县及凉州区等地发病率达80%以上，严重度2~3级。酒泉市、武威市及定西市都有发生。

（四）防治技术

1）栽培措施　与甘草褐斑病相同。

2）药剂防治　发病初期喷施20%三唑酮乳油2000倍液、25%嘧菌酯悬浮剂1000~2000倍液、12.5%烯唑醇可湿性粉剂2000倍液、25%丙环唑乳油3000倍液及40%氟硅唑乳油4000~6000倍液。

三、甘草轮纹病

（一）症状

叶面产生中型（8~12mm）圆形、椭圆形病斑，褐色，其上有轮纹，后期病斑上生有黑色小颗粒，即病菌的分生孢子器（彩图2-8）。

（二）病原

病原菌为真菌界壳二胞属驴豆壳二胞（*Ascochyta onobrychidis* Bond. - Mont.）。分生孢子器扁球形、近球形，黑褐色，直径179.2~201.6μm（平均189.9μm），高143.3~170.2μm（平均157.7μm）。分生孢子具0~1个隔膜，无色，圆柱形、长椭圆形，两端圆，隔膜处缢缩或不缢缩，大小为（8.2~15.3）μm×（4.7~5.9）μm（平均11.8μm×5.2μm）（图2-12）。

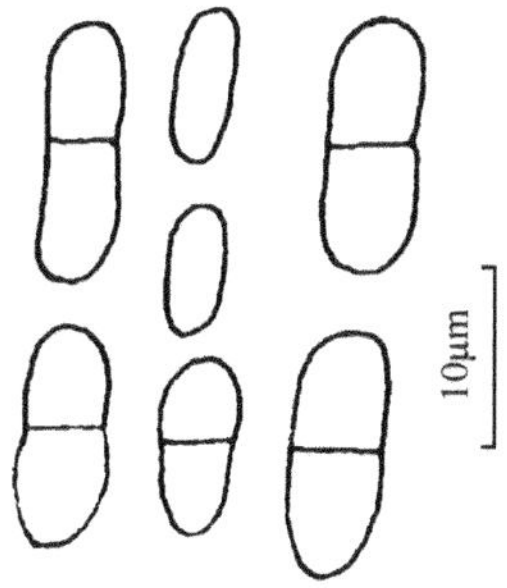

图 2-12　甘草轮纹病菌分生孢子

（三）病害循环及发病条件

病菌以分生孢子器随病残体在地表越冬。翌年温湿度适宜时，释放分生孢子，借风雨传播引起初侵染。降雨多、露时长、植株稠密、湿度大，再侵染频繁，发病重。甘肃省岷县多在7~8月轻度发生，发病率15%~20%，严重度1~2级。

（四）防治技术

1）栽培措施　收获后彻底清除田间病残组织，减少初侵染源。

2）药剂防治　发病初期喷施75%百菌清可湿性粉剂600倍液、10%苯醚甲环唑水分散颗粒剂1500倍液、47%春·王铜可湿性粉剂800倍液、27%高脂膜乳剂200倍液及50%苯菌灵可湿性粉剂1000~1200倍液。

四、甘草灰霉病

（一）症状

主要为害叶片。病害多自叶尖或叶片中部产生大中型（10~22mm）圆形、半圆形病斑，红褐色、粉红褐色，病斑表面稍显粉状（彩图2-9）。病健组织交界处不明显，叶背有稀疏的褐色丝状物。

（二）病原

病原菌为真菌界葡萄孢属灰葡萄孢（*Botrytis cinerea* Pers.）。分生孢子梗褐色，有隔，长宽（1343.7~1432.0）μm×（12.9~23.5）μm，顶部分枝垂直，分枝末端聚生分生孢子。分生孢子单胞，无色，卵圆形、椭圆形，大小为（18.8~25.9）μm×（10.6~15.3）μm（平均21.7μm×12.9μm），孢子有小柄。

（三）病害循环及发病条件

病菌以菌丝体及菌核随病残体在地表越冬。翌年环境条件适宜时产生分生孢子，借风雨传播引起初侵染。另外，温棚黄瓜、番茄、茄子、辣椒上灰霉病的病原菌也是初侵染源，所以温棚周围的甘草灰霉病发生较重。低温、阴雨、多雾、露时长则病害发生严重。甘肃省岷县发病率46%，严重度2~3级。陇西县和渭源县等地普遍发生。

（四）防治技术

1）栽培措施　合理密植，以利于通风透光，促进植株生长健壮；种植地远离黄瓜、番茄等温棚。初冬彻底清除病残体，减少初侵染源。

2）药剂防治　发病初期喷施50%腐霉利可湿性粉剂1000~1500倍液、2%抗霉菌素水剂200倍液、25%咪鲜胺乳油2000倍液、65%硫菌·霉威可湿性粉剂1000倍液及40%嘧霉胺悬浮剂800~1200倍液。

五、甘草白粉病

（一）症状

叶片、叶柄及嫩茎均受害。初期叶部产生圆形小型（4~6mm）白色粉斑，后扩大连片，以致整个叶片覆盖白粉，病部组织变黄，引起落叶，未见产生闭囊壳（彩图2-10）。

（二）病原

病原菌为真菌界白粉菌属（*Erysiphe* sp.）的真菌。分生孢子单胞，无色，圆柱形、腰鼓形，大小为（23.5~36.5）μm×（10.6~15.3）μm（平均29.2μm×12.1μm）。闭囊壳球形、近球形，大小为33.0~68.8μm（平均50.6μm）；附属丝菌丝状，长宽（5.5~52.2）μm×（2.5~4.8）μm（平均22.6μm×3.5μm）；子囊多个，袋状，大小为（23.2~35.1）μm×（14.5~24.4）μm（平均30.2μm×18.6μm）。

（三）病害循环及发病条件

病菌以闭囊壳在病残体上越冬。翌年释放子囊孢子进行初侵染。分生孢子借气流传播，不断引起再侵染。管理粗放、植株生长衰弱，有利于发病。在干旱及潮湿条件下均能发生。甘肃省岷县和民勤县等地均有发生。

（四）防治技术

1）栽培措施　收获后彻底清除病残组织，减少越冬菌源。
2）药剂防治　发病初期喷施20%三唑酮乳油2000倍液、50%硫磺悬浮剂300倍液、2%武夷霉素水剂200倍液、12.5%烯唑醇可湿性粉剂2500倍液及40%氟硅唑乳油4000倍液。

六、甘草根腐病

（一）症状

为害根部后，初期维管束变褐色，发病根部外观与正常植株无异，后期整个根部变黑、腐朽，易从土中拔出，地上部分叶片由下而上逐渐枯黄，直至全株死亡，病部腐烂维管束变褐（彩图2-11）。

（二）病原

病原菌为真菌界镰孢菌属尖镰孢菌（*Fusarium oxysporum* Schlecht）。在培养基上，小型分生孢子多，卵圆形或肾形，着生于单瓶梗上，在瓶梗顶端聚生成假头状，单胞，0~1个隔，大小为（3.1~9.2）μm×（2.9~3.7）μm。大型分生孢子稍弯，向两边均匀变尖，多为3个隔，大小为（13.5~38.7）μm×3.2μm。

（三）病害循环及发病条件

参考黄芪根腐病的发病规律和病害循环。

（四）防治技术

参考黄芪根腐病。

七、甘草链格孢黑斑病

（一）症状

多自叶尖或叶缘发生，向内扩展呈半椭圆形至椭圆形病斑，褐色、淡褐色，后期中部变黑褐色，生有少量霉层。

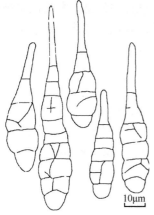

图 2-13　甘草链格孢黑斑病菌
　　　　　分生孢子

（二）病原

病原菌为真菌界链格孢属（*Alternaria* sp.）真菌。分生孢子倒棍棒状，孢子大小为（32.9~71.7）μm×（10.6~15.3）μm（平均47.1μm×12.9μm），有短喙，具4~8个横隔膜及少数纵隔膜。隔膜处缢缩（图2-13）。

（三）病害循环及发病条件

参考苦参链格孢叶斑病的发病规律和病害循环。

（四）防治技术

参考苦参链格孢叶斑病。

第三节　决 明 病 害

决明[*Cassia tora*（L.）Roxb]为豆科一年生半灌木状草本植物。以种子入药，味辛而苦，性寒，归肝、胆经，具清肝明目等功效，临床主要用于治疗目赤肿痛、瘰疬、乳痛、肿痛。全国各地均产，主产于江苏、浙江、安徽、河南等地。主要病害有灰斑病、斑枯病等。

一、决明灰斑病

（一）症状

主要为害叶片。叶部产生大中型（5~15mm）病斑，多自叶尖向内扩展，呈圆形、近圆形，边缘黑褐色，中部灰色，叶色呈污褐色，叶尖易枯死。后期其上生有黑色小颗粒，即病菌的分生孢子器。

（二）病原

病原菌为真菌界壳二胞属（*Ascochyta* sp.）的真菌。分生孢子器扁球形、近球形、黑褐色，直径89.6~95.1μm（平均91.8μm），高80.6μm。分生孢子有2种类型。

Ascochyta sp. ①：分生孢子椭圆形、长椭圆形、圆柱形，无色，0~1个隔膜，大小为（4.7~7.1）μm×（2.1~2.9）μm（平均6.2μm×2.4μm）。与山蚂蟥壳二胞相近（图2-14a）。

Ascochyta sp. ②：分生孢子圆柱状，无色，多具1个隔膜，偶有2个隔膜，大小为（8.23~16.6）μm×（2.4~2.9）μm（平均9.4μm×2.4μm），该菌为主要类型（图2-14b）。

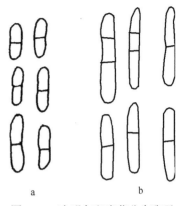

图2-14　决明灰斑病菌分生孢子

a. *Ascochyta* sp. ①；b. *Ascochyta* sp. ②

（三）病害循环及发病条件

病菌以分生孢子器随病残体在地表越冬。翌年条件适宜时以分生孢子引起初侵染。甘肃省陇西县多在7、8月中度发生。潮湿、较高温度下发病重。

（四）防治技术

参考甘草轮纹病。

二、决明斑枯病

（一）症状

叶部产生小型（2~5mm）圆形病斑，褐色，稍隆起。自基部叶片开始发病，逐渐向上蔓延。后期病部产生少量黑色小颗粒，即病菌的分生孢子器。

（二）病原

病原菌为真菌界壳针孢属（*Septoria* sp.）的真菌。分生孢子器扁球形、近球形，黑褐色，直径89.6~94.1μm（平均91.8μm），高80.6μm。分生孢子鞭状，无色，直或稍弯曲，基部较粗，隔膜不清晰，大小为（15.3~28.2）μm×（1.2~1.8）μm

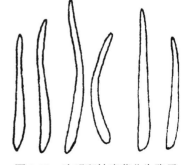

图2-15　决明斑枯病菌分生孢子

（平均20.1μm×1.3μm）（图2-15）。

（三）病害循环及发病条件

病菌以分生孢子器随病残体在地表越冬。翌年条件适宜时以分生孢子引起初侵染。7~8月为发病盛期。多雨、潮湿、植株过密、通风不良等条件易发病。甘肃省陇西县轻度发生。

（四）防治技术

1）栽培措施　彻底清除田间病残体，减少越冬菌源。

2）药剂防治　发病初期喷施50%多菌灵可湿性粉剂600倍液、50%甲基硫菌灵·硫磺悬浮剂800倍液、53.8%氢氧化铜干悬浮剂1000倍液、10%苯醚甲环唑水分散颗粒剂1000倍液及47%春·王铜可湿性粉剂800倍液。

三、决明褐斑病

（一）症状

主要为害叶片。病斑多生于叶片上部及叶缘。叶面产生中型（5~10mm）圆形、近圆形病斑，边缘黑褐色，较宽，中部灰褐色，其上产生呈轮纹状排列的灰黑色小颗粒，即病菌的分生孢子器。

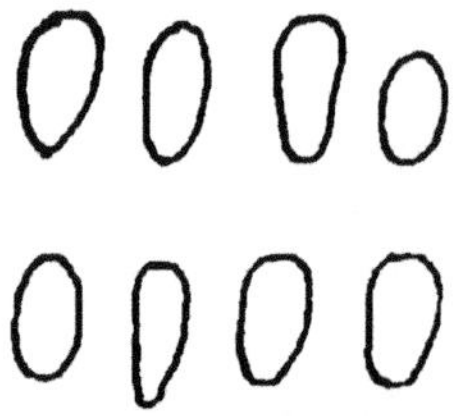

图2-16　决明褐斑病菌分生孢子

（二）病原

病原菌为真菌界叶点霉属（*Phyllosticta* sp.）的真菌。分生孢子器近球形、扁球形，黄褐色，直径103.0~161.2μm（平均129.9μm），高98.5~134.4μm（平均119.6μm）。分生孢子单胞，无色，椭圆形、圆柱形，大小为（3.5~5.9）μm×（2.4~3.5）μm（平均5.2μm×2.9μm）（图2-16）。

（三）病害循环及发病条件

病菌以分生孢子器随病残体在地表越冬。翌年环境条件适宜时释放分生孢子，经风雨传播引起初侵染。病害自基部叶片开始发病，逐渐向上蔓延。降雨多、潮湿有利于病害发生。甘肃省岷县及陇西县零星发生。

（四）防治技术

参考决明斑枯病。

四、决明灰霉病

（一）症状

叶片受害多自叶尖开始向下呈"V"形扩展，褐色至灰褐色，叶背生有较长的稀疏的灰色毛状物。

（二）病原

病原菌为真菌界葡萄孢属灰葡萄孢（*Botrytis cinerea* Pers.）。分生孢子梗褐色，有隔，长宽为14.1~16.5μm，壁上有小突起，顶端分枝呈对称直角状。孢子聚生于顶端，多为卵圆形、椭圆形、长椭圆形，单胞，无色，大小为（9.4~14.1）μm×（5.9~8.2）μm（平均11.2μm×7.6μm）（图2-17）。

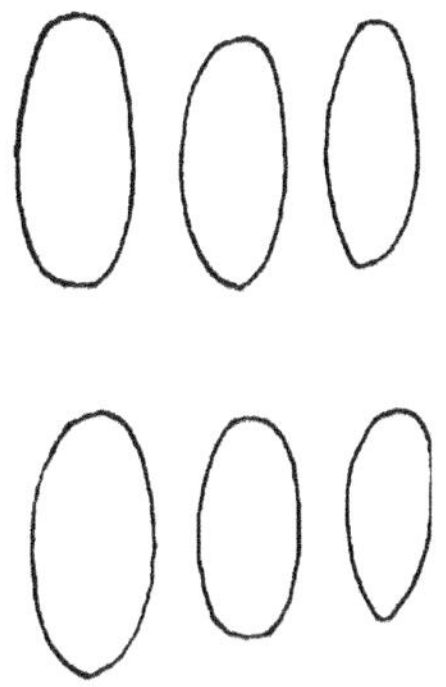

图2-17　决明灰霉病菌分生孢子

（三）病害循环及发病条件

病菌以菌丝体、菌核随病残体在土壤中越冬，或在温棚黄瓜、番茄等蔬菜上为害存活。翌年环境适宜时，菌核萌发产生分生孢子，或温棚中的分生孢子经风雨传播进行初侵染。病斑上产生的孢子可再侵染。低温、潮湿及阴雨有利于该病的发生。甘肃省岷县和兰州市轻度发生。

（四）防治技术

1）栽培措施　重病地实行轮作；轻病地深翻土地；栽植地远离黄瓜和番茄等温棚及大棚菜地。收获后彻底清除田间病残体，减少初侵染源。

2）药剂防治　发病初期喷施65%硫菌·霉威可湿性粉剂1000倍液、2%抗霉菌素水剂200倍液、25%咪鲜胺乳油2000倍液、28%百·霉威可湿性粉剂600倍液及50%腐霉利可湿性粉剂1000倍液。

第四节　望江南病害

望江南[*Senna occidentalis*（L.）Link]为豆科多年生草本植物，又名羊角豆、山绿豆、假决明等，以种子和茎、叶入药。性味苦，寒。有小毒。具有肃肺、清肝、利尿、通便、解毒消肿之效。分布于中国东南部、南部及西南部各省区。主要病害有褐斑病。

望江南褐斑病

（一）症状

主要为害叶片。叶部产生中型（8~10mm）褐色病斑，圆形、近圆形，边缘明显至不明显，病部产生稀疏黑色小颗粒，即病菌的分生孢子器。

图2-18　望江南褐斑病菌
分生孢子

（二）病原

病原菌为真菌界壳二胞属（*Ascochyta* sp.）的真菌。分生孢子器近球形、扁球形，黑色，直径89.6~161.2μm（平均120.9μm），高89.6~129.9μm（平均106.4μm）。分生孢子花生形、肾形、近圆柱形，两端圆，直或弯曲，无色，具0~1个隔膜，隔膜处稍缢缩，大小为（5.9~11.8）μm×（2.1~3.5）μm（平均8.8μm×2.9μm）（图2-18）。

（三）病害循环及发病条件

病菌以分生孢子器随病残体在地表越冬。翌年条件适宜时释放分生孢子，借风雨传播进行初侵染。甘肃省陇西县零星发生。

（四）防治技术

参考甘草轮纹病。

第五节　苦参病害

苦参（*Sophora flavescens* Alt.）为豆科亚灌木，又名苦识、水槐。以根和种子入药，味苦而寒，归心、肝、胃、大肠、膀胱经，有清热、燥湿、杀虫之功效，治疗热毒血痢、赤白带下等症。全国各地均有分布。病害有叶斑病、褐斑病等，均轻度发生。

一、苦参链格孢叶斑病

（一）症状

主要为害叶片。叶部受害多自叶尖及边缘向内扩展呈半圆形、椭圆形病斑，边缘褐色，中部灰色，后期其上生有黑色霉层（彩图2-12）。

（二）病原

病原菌为真菌界链格孢属黑链格孢（*Alternaria atrans* Gi.）。分生孢子梗褐色，直或稍弯曲，具3~6个隔膜，大小为（37.6~65.9）μm×（4.1~5.9）μm，平均47.9μm×4.8μm。分生孢子褐色，卵形、蚕蛹形、宽倒棒形，具3~6个横隔膜，1~4个纵（斜）隔膜，大小为（21.2~57.6）μm×（10.6~17.6）μm（平均35.4μm×15.6μm）。无喙、有喙或有假短喙，长0~18.8μm（平均9.9μm）（图2-19）。

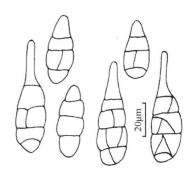

图2-19　苦参叶斑病菌分生孢子

（三）病害循环及发病条件

病菌以菌丝体及分生孢子在病残体上于地表及土壤中越冬。翌年环境条件适宜时，分生孢子经风雨传播，引起初侵染。病斑上产生的分生孢子可引起再侵染。高温、降雨多、露时长及湿度大则病害发生重。甘肃省陇西县轻度发生。

（四）防治技术

1）栽培措施　深翻土地，将病菌埋于土壤深层；增施有机肥和磷、钾肥，提高寄主抗病力；初冬彻底清除田间病残体，减少初侵染源。

2）药剂防治　发病初期喷施70%代森锰锌可湿性粉剂500倍液、75%百菌清可湿性粉剂600倍液、50%异菌脲可湿性粉剂1200倍液、25%丙环唑乳油3000倍液、3%多抗霉素水剂600~900倍液及25%嘧菌酯悬浮剂1200倍液。

二、苦参格孢腔菌叶斑病

（一）症状

叶部受害，多自叶尖变褐，向内均匀扩展，边缘清晰或不清晰，后期病斑呈灰褐色，其上生有黑色小颗粒，即病菌的子囊壳。

（二）病原

病原菌为真菌界格孢腔菌属（*Pleospora* sp.）的真菌。子囊壳球形、近球形，黑褐色，大小为（116.5~161.2）μm×（89.6~125.4）μm（平均126.9μm×110.5μm），内有子囊多个（3个以上）。子囊近椭圆形，有短柄，大小为（49.4~76.4）μm×（31.8~41.2）μm（平均58.6μm×36.9μm）。内有子囊孢子4~6个，淡黄褐色，圆

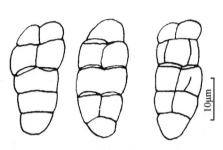

图2-20 苦参格孢腔菌叶斑病菌子囊孢子

柱状，桑葚形，具3~5个横隔膜，2~4个纵（斜）隔膜，大小为（27.1~35.3）μm×（11.8~14.1）μm（平均29.0μm×13.5μm）（图2-20）。

（三）病害循环及发病条件

病菌越冬情况不详，陇西轻度发生。

（四）防治技术

1）栽培措施　收获后彻底清除田间病残组织，减少初侵染源。

2）药剂防治　发病初期喷施50%多菌灵可湿性粉剂500倍液、70%代森锰锌可湿性粉剂600倍液、10%苯醚甲环唑水分散颗粒剂1000倍液及75%百菌清可湿性粉剂600倍液。

三、苦参褐斑病

（一）症状

叶部受害自叶尖向下扩展，形成大型褐色病斑，后期在叶背产生密集的粉状小黑点，即病菌的分生孢子座。

（二）病原

病原菌为真菌界附球孢属（*Epicoccum* sp.）的真菌。分生孢子座球状、扁球状，黑褐色，大小为（44.8~89.6）μm×（35.8~76.1）μm（平均69.4μm×59.9μm）。分生孢子球形、扁球形，表面有突起，有短柄，大小为（11.8~20.0）μm×（9.4~17.6）μm（平均15.0μm×13.0μm）（图2-21）。

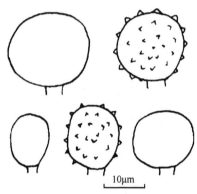

图2-21 苦参褐斑病菌分生孢子

（三）病害循环及发病条件

病菌越冬情况不详。此菌是一种弱寄生菌，常与苦参格孢腔菌叶斑病混合发生。即在寄主抵抗力下降后，在衰弱的组织上及格孢腔菌为害的病斑上产生。在阴湿的环境中发生较重。甘肃省陇西县及岷县轻度发生。

（四）防治技术

参考苦参链格孢叶斑病。

四、苦参灰（圆）斑病

（一）症状

主要为害叶片。叶片受害初生褐色小圆点，扩展后呈大中型圆斑，此斑明显分为3层，中心黄褐色，有橙红色颗粒状小突起，呈同心轮纹状排列，中层褐色、黑褐色，外圈灰白色，有轮纹，外围褐色边缘。严重发生时，病斑相互愈合，以致覆盖全叶，提早脱落。

（二）病原

病原菌为真菌界叶点霉属槐生叶点霉（*Phyllosticta sophoricola* Hollos.）。该菌分生孢子器扁球形、椭圆形，褐色，大小为（89.6~224.0）μm×（80.6~197.1）μm（平均131.9μm×110.2μm）。分生孢子单胞，无色，椭圆形、长椭圆形，较均匀，孢子量极大，大小为（3.5~5.9）μm×（1.8~3.5）μm（平均4.9μm×2.5μm）。纯培养菌落略突起，正面白色，背面黄色。培养1周后生长在基质内的菌丝产生大量的黑色颗粒状物（分生孢子器），向外呈放射状排列。

（三）病害循环及发病条件

病菌以分生孢子器或菌丝在病残体或土壤中越冬，成为翌年初侵染源。一般在7月开始发病。通过雨水和农事操作等传播。

（四）防治技术

1）栽培措施　初冬清除病残体，减少下一个生长季节的初侵染源；合理密植，增施磷肥、钾肥和钙肥，提高寄主抗病力。

2）化学防治　发病初期喷施30%碱式硫酸铜悬浮剂400倍液、50%甲基硫菌灵·硫磺悬浮剂800倍液、20%二氯异氰尿酸钠可湿性粉剂400倍液、60%琥铜·乙铝锌可湿性粉剂500倍液及10%苯醚甲环唑水分散颗粒剂1000倍液。

五、苦参白粉病

（一）症状

主要为害叶片、叶柄和果荚。发生时在叶片正面出现极小的白色小粉团，随着病害的发展，粉团不断扩大和加厚，颜色变深，呈灰白色或灰褐色，严重时布满整个叶片；叶柄和果荚上症状与叶片类似。

（二）病原

病原为真菌界粉孢霉属（*Oidium* sp.）的真菌。菌丝白色，分隔不明显，有分枝，宽2μm。粉孢子圆柱形或长卵圆形，大小为（14~18）μm×（5~7）μm。

（三）病害循环及发病条件

病菌越冬情况不详；通过气流传播；7月中下旬开始发病，9月中旬达高峰期。在甘肃省岷县及兰州市均有发生。

（四）防治技术

参考甘草白粉病。

第六节　扁茎黄芪（沙菀子）病害

扁茎黄芪（*Astragalanatus complanatus* R.ex Bge.）为豆科植物，以其种子入药，味甘，性温，归肝、肾经，具温补肝肾、固精、缩尿、明目等功效，主治肾虚腰痛、眩晕目昏等症。分布于东北、华北、黄土高原地区。主要病害有斑枯病。

一、扁茎黄芪斑枯病

（一）症状

叶面产生小型（1~3mm）多角形、近圆形褐色病斑，稍隆起。发病严重时病斑相互连接，形成大片污斑。后期小病斑变为灰白色，其上产生黑色小颗粒，即病菌的分生孢子器。

（二）病原

病原菌为真菌界壳针孢属（*Septoria* sp.）的真菌。分生孢子器近球形、扁球形，黑色，直径71.1~89.6μm（平均82.7μm），高71.1~89.6μm（平均77.3μm）。分生孢子无色、线形、弯曲，隔膜不清晰，大小为（25.9~47.0）μm×（0.8~0.9）μm（平均33.8μm×0.83μm）（图2-22）。

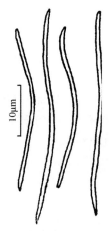

图2-22　扁茎黄芪斑枯病菌
　　　　分生孢子

（三）病害循环及发病条件

病菌以分生孢子器随病残体在地表越冬。翌年条件适宜时以分生孢子引起初侵染，有再侵染。8月多雨、潮湿时病害易发生。甘肃省岷县轻度发生。

（四）防治技术

参考决明斑枯病。

二、扁茎黄芪叶斑病

（一）症状

叶部产生小型斑点，灰白色，稍下陷，上生黑色小丛点。

（二）病原

病原菌为刺桐链格孢（*Alternaria erythrinae* Agostini）。分生孢子倒棍棒状，具3~7个横隔膜，1~2个纵（斜）隔膜。孢身长（29.4~50.6）μm×（8.2~12.9）μm（平均38.8μm×10.5μm）。喙长23.5~37.63μm（平均27.34μm）（图2-23）。

（三）病害循环及发病条件

病害循环及发病条件不详。岷县、陇西轻度发生。

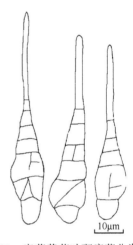

图 2-23　扁茎黄芪叶斑病菌分生孢子

（四）防治技术

参照苦参链格孢叶斑病。

第三章　桔梗科药用植物病害

第一节　党参病害

党参 [*Codonopsis pilosula*（Franch.）Nannf.] 为桔梗科多年生缠绕或直立草本植物。以根入药，性平，味甘，归脾、肺经，具有补中益气、养血生津之功效。主要用于治疗脾肺虚弱、气血两亏、体倦无力、食少便溏、虚喘咳嗽、内热消渴、久泻脱肛等症。根据其外形和产地不同，分为以下几种：西党，又名岷党、晶党，主产于甘肃（渭源、陇西、岷县及漳县等）、四川（南坪和松潘）及陕西。其原植物为党参的变种素花党参 [*C. pilosula*（Franch.）Nannf. var. *pilosula*（Franch.）Nannf.]，质量优良。潞党，主产于山西（长治、壶关及晋城等）和河南（新乡）。东党，主产于辽宁、吉林及黑龙江。潞党和东党为同一种，原植物为党参。条党，主产于四川、湖北与陕西接壤的地区，又名单支党、八仙党，其原植物为川党参（*C. tangshen* Oliv.）（高微微，2003）。另外还有白党，主产于云南、四川和贵州。甘肃省渭源县是我国党参之乡，年种植党参约$6.7 \times 10^3 hm^2$，生产白条党参，其药用价值很高。主要病害有白粉病、斑枯病、根腐病和灰霉病等。

一、党参白粉病

（一）症状

叶片、叶柄及果实均受害。初期叶片两面产生白色小粉点，后扩展至全叶，叶面覆盖稀疏的白粉层，后期在白粉中产生黑色小颗粒，即病菌的闭囊壳（彩图3-1）。病株长势弱，叶色发黄卷曲。

（二）病原

病原菌为真菌界单囊壳属党参单囊壳[*Sphaerotheca codonopsis*（Golov.）Z. Y. Zhao]。闭囊壳球形、近球形，褐色至暗褐色，大小为（74.1~87.0）μm×（74.1~87.1）μm（平均82.5μm×81.8μm）。附属丝较少，4~6根，丝状，弯曲，粗细不匀，有隔，无色至淡褐色，长宽为（72.9~122.3）μm×（2.9~4.7）μm（平均77.5μm×3.8μm），附属丝长度大于闭囊壳直径。囊内有单个子囊，近球形、卵形，无柄，大小为（61.2~72.9）μm×（54.1~56.5）μm（平均67.8μm×55.5μm）。囊内有子囊孢子4个、6个或8个，无色，长卵圆形、椭圆形，大小为（17.6~24.7）μm×（14.1~

16.5）μm（平均21.2μm×15.5μm）。分生孢子桶形、腰鼓形，单胞，无色，大小为（21.2~30.6）μm×（12.4~14.1）μm（平均27.9μm×13.4μm）（图3-1）。

（三）病害循环及发病条件

病菌以闭囊壳随病残体在地表越冬。翌年以子囊孢子进行初侵染，甘肃省渭源县7月中旬发病，8月下旬至9月上旬为发病盛期，9月中下旬开始出现闭囊壳。在干旱及潮湿条件下均发病，但在阴湿条件下发病严重。植株密集、叶片交织、通风不良处发病严重。甘肃省渭源县、临洮县和兰州市等地发病普遍，严重度2~3级，是党参的主要病害之一。

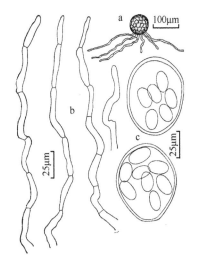

图3-1　党参白粉病菌（仿赵震宇，1987）

a.子囊果；b.附属丝；c.子囊及子囊孢子

（四）防治技术

1）栽培措施　收获后彻底清除病残组织，集中烧毁或沤肥，减少初侵染来源。

2）药剂防治　发病初期喷施20%三唑酮乳油2000倍液、12.5%烯唑醇可湿性粉剂2000倍液、30%嘧菌酯悬浮剂2000~2500倍液、50%多菌灵磺酸盐可湿性粉剂800倍液及40%氟硅唑乳油3500倍液。

二、党参斑枯病

（一）症状

叶面形成小型（3~6mm）多角形、圆形、近圆形褐色病斑。边缘紫褐色、深褐色，中部淡褐色至灰白色，有不明显的轮纹，病斑周围常有黄色晕圈。后期在病斑中部产生黑色小颗粒，即病菌的分生孢子器（彩图3-2）。

（二）病原

病原菌为真菌界壳针孢属党参壳针孢（*Septoria codonopsidis* Ziling）。分生孢子器叶两面生，黑褐色，扁球形、近球形，直径53.8~76.6μm（平均64.1μm），高40.3~62.7μm（平均55.3μm）。分生孢子无色，针形，线状，直或弯曲，基部较圆、顶部细，具1~4个隔膜，大小为（15.3~38.8）μm×（0.9~1.2）μm（平均26.1μm×1.1μm）（图3-2）。

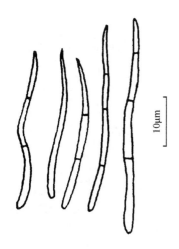

图3-2　党参斑枯病菌分生孢子

（三）病害循环及发病条件

病菌以菌丝体及分生孢子器随病残体在地表及土壤中越冬。翌年条件适宜时，以分生孢子器吸水释放分生孢子进行初侵染。孢子借风雨传播，再侵染频繁，10~27℃，只要有水膜就可侵染。多雨、露时长则发病严重，植株密度大发病亦重。8~9月上旬为发病盛期。甘肃省渭源县、陇西县、漳县及兰州市均有发生，发病率20%~25%，严重度1~2级。

（四）防治技术

1）栽培措施　合理栽植，不可过密，以利于通风透光；增施磷、钾肥，提高寄主抗病力。收获后彻底清除田间病残体，集中处理，减少初侵染源。

2）药剂防治　发病初期喷施50%多菌灵可湿性粉剂600倍液、10%苯醚甲环唑水分散颗粒剂1500倍液、30%氧氯化铜悬浮剂800倍液、50%混杀硫悬浮剂500倍液及78%波·锰锌可湿性粉剂600倍液。

三、党参根腐病

（一）症状

靠近地面的根上部及须根、侧根受害后，产生红褐色至黑褐色病斑，后逐渐蔓延到主根至全根。最后植株由下向上变黄枯死；如发病较晚，秋后可留下半截病参。翌年春季，病参芦头虽可发芽出苗，但不久继续腐烂，植株地上部分叶片也相应变黄并逐渐枯死，根部腐烂，上有少许白色绒状物；栽植无症种苗，发病初期，根部外表正常，纵剖根，内部维管束组织变褐色，地上部分叶片出现急性萎蔫，很快全株萎蔫枯死（彩图3-3）。

（二）病原

病原菌为真菌界镰孢菌属（*Fusarium* spp.）的多个种。

（三）病害循环及发病条件

病菌在土壤和带菌的参根上越冬。上年已感染的参根在5月中下旬出现症状，6~7月为发病盛期。当年染病后发病较晚，一般6月中下旬出现病株，8月为发病高峰，田间可持续为害至9月。在高温多雨、低洼积水、藤蔓繁茂、湿度大及地下害虫多的连作地块发病重。多发生于二年生植株。甘肃省临洮县、陇西县及渭源县发生较重，是党参的主要病害。

（四）防治技术

1）栽培措施　　与禾本科植物实行3年以上轮作。初冬彻底清除田间病株残体，减少初侵染源；深翻土地，将病菌压于土壤深层；平整土地，避免低洼积水。发现病株及时拔除，病穴用生石灰消毒，并全田施药。

2）培育无病育苗　　选择生荒地育苗；或进行苗床土处理，具体为整地时用50%多菌灵可湿性粉剂3kg/亩，拌细土20~30kg，顺沟施入；或用20%乙酸铜可湿性粉剂200g拌细土20kg，撒于地面，耙入土中，进行土壤处理。

3）防治地下害虫　　及时防治蛴螬等地下害虫，以利于减少虫伤口，减轻发病。

4）药剂防治　　①种苗处理：种苗用70%甲基硫菌灵可湿性粉剂1000倍液或50%多菌灵可湿性粉剂500倍液浸苗5~10min，沥干后栽植。②病株灌药：发现病株后，用50%多菌灵可湿性粉剂600倍液、3%恶霉·甲霜水剂700倍液、30%苯噻氰乳油1200倍液和3%多抗霉素水剂600倍液灌根。

四、党参灰霉病

（一）症状

主要为害叶片、茎蔓、残花和花托。首先为害靠近地面隐蔽的叶片、茎蔓，茎叶受害后出现大片软腐，其上生有明显可见的灰褐色霉层。在残花及花托的尖端产生淡褐色至灰褐色不规则形病斑，其上产生灰褐色及褐色绒状霉层（彩图3-4）。

（二）病原

病原菌为真菌界葡萄孢属灰葡萄孢（*Botrytis cinerea* Pers.）。菌丝褐色，有隔，粗壮，粗14.1~17.6μm。分生孢子梗直，有分枝，深褐色。分生孢子椭圆形、长椭圆形，无色至淡褐色，单胞，大小为（8.2~17.6）μm×（5.9~9.4）μm（平均11.7μm×7.4μm）。

（三）病害循环及发病条件

病菌以菌丝、菌核在病残体及土壤中越冬。翌春条件适宜时，在菌丝及菌核上产生分生孢子，借风雨传播进行初侵染，再侵染频繁。一般在5月下旬开始发病，一直到6月底出现发病高峰，当7月上旬至8月气温升高，病害减轻，进入9月天气转凉，雨水多时使发病加重，出现第二个发病高峰。低温、多雨、植株密集、低洼处发生较重。甘肃省漳县、渭源县、临洮县及岷县等地均发生较重。

（四）防治技术

1）栽培措施　初冬彻底清除田间病残体，减少初侵染源。

2）药剂防治　发病初期喷施28%百·霉威可湿性粉剂600倍液、65%硫菌·霉威可湿性粉剂1000倍液、10%苯醚甲环唑微乳剂650倍液、40%嘧霉胺悬浮剂650倍液及50%腐霉利可湿性粉剂600倍液。

第二节　沙 参 病 害

沙参（*Adenophora stricta* Miq.）为桔梗科多年生草本植物，又名泡参、泡沙参。以根入药，性味甘，微寒，归脾、胃经。具养阴清肺、化痰、益气等功效。用于肺热燥咳、阴虚劳嗽、干咳痰黏、气阴不足等症。分布于中国江苏、安徽、浙江、江西、湖南等地。主要病害有锈病和白星病等。

一、沙参锈病

（一）症状

叶片、叶柄、枝条、花蕾均受害。叶面初生褐色小点，后扩大为圆形、近圆形褐色病斑，稍下陷。叶背隆起为球形、半球形黑褐色冬孢子堆，表面绒状，表皮破裂后露出黑褐色粉团，孢子结合紧密，不易分散。孢子堆常相互连接成3~6mm大的孢子堆。枝条上形成扁球形、条形隆起，常连成较大的瘤状突起。幼嫩枝条特别敏感，染病后常呈龙头拐杖状。

（二）病原

病原菌为真菌界柄锈菌属沙参柄锈菌（*Puccinia adenosphora* Diet.）。冬孢子双胞，褐色，椭圆形、棍棒形，大小为（37.6~65.9）μm×（8.2~18.8）μm（平均47.6μm×16.9μm），顶部尖厚，为4.7~10.6μm，基部较细，隔膜处明显缢缩。柄无色，长宽为（42.3~105.8）μm×（9.4~10.2）μm（平均68.2μm×9.8μm）（图3-3）。

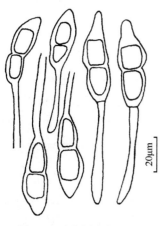

图3-3　沙参锈病菌冬孢子

（三）病害循环及发病条件

病菌越冬情况不详。甘肃省岷县中度发生，8月为发病高峰。多雨、阴湿条件下发病重。一般发病率约30%，严重度2级。

（四）防治技术

1）栽培措施　初冬彻底清除病残体，减少初侵染源。

2）药剂防治　发病初期喷施15%三唑酮可湿性粉剂1000倍液、50%硫磺悬浮剂300倍液、12.5%烯唑醇可湿性粉剂1500倍液及25%丙环唑乳油3000倍液。

二、沙参疫病

（一）症状

花、叶片受害后产生近圆形病斑，灰色至灰褐色，边缘不明显，略显水渍状，病部生有稀疏的白色霉层。

（二）病原

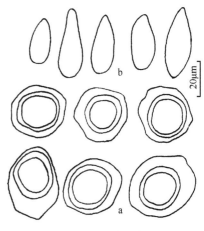

病原菌为色藻界疫霉属（*Phytophthora* sp.）的菌。菌丝无色，无隔，粗细不匀，病组织中的卵孢子球形、近球形，淡褐色，大小为（23.5~44.7）μm×（21.7~43.4）μm（平均33.1μm×26.6μm）。孢子囊单胞，无色，长椭圆形、瓜子形，形态多样，一端尖细，大小为（18.8~75.9）μm×（15.3~24.7）μm（平均34.0μm×19.2μm），长宽比1.8∶1，乳突不明显（图3-4）。

图3-4　沙参疫病菌
a.卵孢子；b.孢子囊

（三）病害循环及发病条件

病菌越冬情况不详。甘肃省岷县零星发生。植株稠密、通风不良处发病重。

（四）防治技术

1）栽培措施　收获后彻底清除病残体，减少初侵染源。

2）药剂防治　发病初期喷施53.8%精甲霜·锰锌可湿性粉剂700倍液、69%烯酰·锰锌可湿性粉剂600倍液、72%霜脲锰锌可湿性粉剂600~700倍液、78%波·锰锌可湿性粉剂500倍液及50%氯溴异氰尿酸可湿性粉剂1000倍液。

三、沙参白星病

（一）症状

叶部产生中型近圆形、长椭圆形病斑，边缘深褐色，中部褐色，表面灰红色

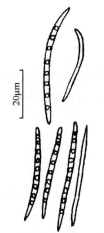

图3-5　沙参白星病菌分生孢子

似粉状。后期病部生有黑色小颗粒，即病菌的分生孢子器。

（二）病原

病原菌为真菌界壳针孢属沙参壳针孢（*Septoria adenophorae* Thüm）。分生孢子器扁球形，黑色，直径63.5~80.0μm。分生孢子细杆状、针状，直或稍弯曲，大小为（20.0~43.5）μm×（1.2~1.8）μm（平均30.1μm×1.3μm），隔膜不清晰，内有很多油珠（图3-5）。

（三）病害循环及发病条件

病菌以分生孢子器随病残体在地表越冬。翌年温湿度条件适宜时，以分生孢子进行初侵染，孢子借风雨传播。8月为发病盛期。多雨、露时长、湿度大病害发生严重。甘肃省岷县轻度发生。

（四）防治技术

1）栽培措施　冬前彻底清除田间病残体，减少初侵染源。

2）药剂防治　发病初期喷施53.8%氢氧化铜干悬浮剂1000倍液、50%甲基硫菌灵·硫磺悬浮剂800倍液、30%苯噻氰乳油1300倍液及10%苯醚甲环唑水分散颗粒剂1000倍液。

四、沙参黑斑病

（一）症状

主要为害叶片，叶面初生淡褐色小点，后扩大为圆形、近圆形病斑，黑褐色至黑色，其上有轮纹及稀疏的霉状物。

（二）病原

病原菌为真菌界链格孢属茄链格孢[*Alternaria solani*（Ellis & Martin）Jones & Grout]。分生孢子梗单生或丛生，淡黄褐色。分生孢子倒棍棒状，淡褐色，具6~10个横隔膜，

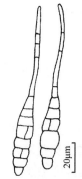

图3-6　沙参黑斑病菌分生孢子

少数纵（斜）隔膜，隔膜处缢缩或不缢缩，孢身（50.7~83.5）μm×（12.9~18.8）μm（平均68.4μm×14.5μm）。喙长宽为（61.2~108.2）μm×（2.4~2.9）μm，喙长于孢身（图3-6）。

（三）病害循环及发病条件

病菌以菌丝体及分生孢子随病残体在地表越冬。翌年温湿度条件适宜时，产生分生孢子进行初侵染，孢子借风雨传播，再侵染频繁。甘肃省岷县在7~8月零星发生。

（四）防治技术

1）栽培措施　初冬彻底清除田间病残体，减少初侵染源。

2）药剂防治　发病初期喷施80%代森锰锌可湿性粉剂600倍液、70%百菌清·锰锌可湿性粉剂600倍液、3%多抗霉素水剂600~900倍液、25%丙环唑乳油2500倍液及50%异菌脲可湿性粉剂1000~1200倍液。

五、沙参灰霉病

（一）症状

叶片、花器均受害。在枯黄的叶片及残花上产生不规则水渍状病斑，淡褐色，其上生有稀疏的霉状物。

（二）病原

病原菌为真菌界葡萄孢属灰葡萄孢（*Botrytis cinerea* Pers.）。分生孢子梗褐色、较粗，顶端膨大，有分枝。分生孢子单胞，无色，卵圆形至椭圆形，大小为（8.2~12.9）μm×（7.1~8.8）μm（平均10.6μm×7.6μm）。

（三）病害循环及发病条件

病菌以菌丝、菌核在病残体及土壤中越冬，或在温棚的黄瓜、番茄、辣椒等蔬菜上为害。翌春条件适宜时，在菌丝及菌核上产生分生孢子或温棚中的孢子，借风雨传播进行初侵染，再侵染频繁。低温、多雨、植株密集处发生较重。温棚及大棚附近地发病重。甘肃省岷县轻度发生。

（四）防治技术

1）栽培措施　及时摘除残花、病叶，集中烧毁；摘除下部老叶，以利于通风透光，初冬彻底清除田间病残体，减少初侵染源。

2）药剂防治　发病初期喷施50%腐霉利可湿性粉剂1200~1500倍液、65%硫菌·霉威可湿性粉剂1000~1500倍液、36%灰霉特可湿性粉剂500倍液、40%嘧霉胺悬浮剂800~1000倍液及25%咪鲜胺乳油2000倍液。

第三节　桔　梗　病　害

桔梗 [*Platycodon grandiflorus*（Jacq.）A. DC.]为桔梗科多年生草本植物。以根入药，味甘、苦、辛，性微温，归肺经。具宣肺、散寒、祛痰、利咽、排脓等功效，临床用来治疗咳嗽痰多、胸闷不畅、咽喉肿痛、失音、肺痛血脓等症。各地均有栽培，主产于安徽、四川、江苏及山东等省，甘肃省也有少量种植。主要病害有叶斑病、菌核病及细菌性褐斑病等。

一、桔梗叶斑病

（一）症状

叶面产生中小型（4~6mm）圆形、近圆形病斑，边缘黑褐色，稍隆起，中部灰褐色至淡褐色，微微下陷，生有稀疏轮纹。后期病斑上生有黑色小颗粒，即病菌的分生孢子器（彩图3-5）。

（二）病原

病原菌为真菌界叶点霉属桔梗叶点霉（*Phyllosticta platycodonis* J. F. Lue & P. K. Chi）。分生孢子器扁球形、近球形，褐色至黑褐色，直径85.9~104.7μm（平均94.1μm），高82.3~89.4μm（平均85.5μm）。分生孢子单胞，无色至淡褐色，卵圆形、椭圆形，大小为（4.7~7.1）μm×（2.4~4.1）μm（平均5.6μm×3.4μm）。

（三）病害循环及发病条件

病菌以分生孢子器随病残组织在地表越冬。翌年温湿度条件适宜时，以分生孢子引起初侵染，再侵染频繁。植株栽植密度大、多雨、潮湿时发病重。甘肃省陇西县和岷县均有发生，发病率20%左右，严重度1级。

（四）防治技术

1）栽培措施　初冬彻底清除田间病残体，减少初侵染源。
2）药剂防治　发病初期喷施75%百菌清可湿性粉剂600倍液、30%碱式硫酸铜悬浮剂400倍液、50%多菌灵可湿性粉剂500倍液及40%多·硫悬浮剂500倍液。

二、桔梗炭疽病

（一）症状

叶片、茎秆均受害。叶面产生中型（7~10mm）不规则形病斑，边缘深褐色，中部黄褐色，其上生有稀疏的小丛点，即病菌的分生孢子盘。病斑易脱落形成穿孔。茎秆上初呈褐色、黑褐色椭圆形病斑，略现皱缩，严重时扩展至全部枝条，其上覆盖密集的黑色小颗粒。有些病株倒伏。

（二）病原

病原菌为真菌界炭疽菌属（*Colletotrichum* sp.）的真菌。分生孢子盘黑褐色，刚毛较直，褐色，5~12根，生于盘中或边缘（四周），大小为（21.2~96.4）μm×（2.3~3.5）μm（平均47.0μm×3.2μm）。分生孢子半月形、圆柱形，单胞，无色至淡青色，大小为（14.1~20.0）μm×（2.9~3.5）μm（平均17.3μm×3.3μm）。菌核黑色，不规则形。

（三）病害循环及发病条件

病菌在病残组织内越冬。翌年条件适宜时侵染寄主，甘肃省陇西县多在7月中旬发病，8月高温、高湿时发生较重。

（四）防治技术

1）栽培措施　合理密植，降低田间湿度；收获后彻底清除田间病残体，集中烧毁或沤肥。

2）种子处理　用40%甲醛100~150倍液浸种10min。

3）药剂防治　发病初期喷施70%代森锰锌可湿性粉剂500倍液、50%退菌特可湿性粉剂600倍液、4%嘧啶核苷类抗生素200倍液、25%溴菌腈可湿性粉剂500倍液及25%咪鲜胺乳油1000倍液。

三、桔梗灰霉病

（一）症状

叶片受害多自叶缘向内扩展产生大中型（10~15mm）半椭圆形病斑，或自叶尖向内扩展呈"V"形病斑，边缘褐色，中部淡黄褐色至灰褐色，稍现轮纹，病健交界处不明显，病部有稀疏的灰色霉状物（彩图3-6）。

（二）病原

病原菌为真菌界葡萄孢属（*Botrytis* sp.）的真菌。分生孢子梗褐色，下部较粗，色深，上部较细，色淡，大小为（367.3~631.5）μm×（17.9~22.4）μm（平均519.0μm×19.3μm），上部有直角分枝。分生孢子无色，单胞，椭圆形，大小为（9.4~12.9）μm×（7.6~8.8）μm（平均10.2μm×8.0μm），个别孢子为褐色，大小为6.0μm×4.5μm。

（三）病害循环及发病条件

病菌以菌丝及菌核随病残体在田间越冬。翌年温湿度适宜时，产生分生孢子引起初侵染。甘肃省陇西县7月上中旬轻度发生。

（四）防治技术

参考党参灰霉病。

四、桔梗菌核病

（一）症状

主要为害茎秆。发病后，植株长势较弱，根茎部产生大型褐色斑，可围绕一周，向上扩展，茎的下半部变褐，上部有褐色、紫褐色条斑，茎秆内部有黑色颗粒状菌核，病株上的叶片逐渐枯黄而死，但不脱落。后期在中上部枝茎表面也产生很多黑色小菌核。

（二）病原

病原菌为真菌界核盘菌属（*Sclerotinia* sp.）的真菌。

（三）病害循环及发病条件

病菌主要以菌核在病残体和土壤中越冬，成为翌年的初侵染源。第二年温湿度条件适宜时萌发侵入寄主。一般7月上旬为初发期，7月下旬至8月上旬为发病高峰。甘肃省陇西县轻度发生。

（四）防治技术

1）栽培措施　初冬清除病残体，深翻地，将菌核翻入土壤深层，减少越冬菌源；增施磷、钾肥，提高寄主抗病力；合理密植、通风透光；在多雨情况下，应适时排水，降低田间湿度。

2）化学防治　发病初期喷施40%菌核净可湿性粉剂1500~2000倍液、50%腐霉利可湿性粉剂1000~1200倍液及40%嘧霉胺悬浮剂1000倍液加40%多菌灵磺酸盐可湿性粉剂1500倍液。

五、桔梗细菌性褐斑病

（一）症状

主要为害叶片和茎秆。发病时叶面产生小型（1~2mm）圆形、长椭圆形病斑，中部灰色至灰黄色，边缘紫褐色至黑褐色，隆起，油渍状，表面有菌胶膜；叶片背面淡灰褐色至淡黄褐色，略下陷，有些形成穿孔。茎秆上产生椭圆形褐色油渍状病斑，也可以形成菌胶膜。

（二）病原

病原菌为原核生物界假单胞菌属（*Pseudomonas* sp.）的细菌。菌体呈短杆状，革兰氏染色阴性，有1至数根极鞭，有荚膜，无芽孢，大小为（0.51~0.73）μm×（1.45~4.20）μm。

（三）病害循环及发病条件

病菌在病残体及土壤中越冬，成为翌年初侵染源；病原菌经雨水和农事操作传播。7~8月为发病盛期，甘肃省岷县发生普遍。

（四）防治技术

1）栽培措施　初冬彻底清除田间病残体，集中烧毁或沤肥，减少初侵染源。

2）化学防治　发病初期喷施30%碱式硫酸铜悬浮剂400倍液、47%春·王铜可湿性粉剂600倍液、60%琥铜·乙铝锌可湿性粉剂500倍液、78%波·锰锌可湿性粉剂500倍液、40%细菌快克可湿性粉剂600倍液及72%农用链霉素可溶性粉剂4000倍液。

第四章　茄科药用植物病害

第一节　枸　杞　病　害

枸杞（*Lycium chinense* Mill）和宁夏枸杞（*L. barbarum* L.）属茄科落叶灌木。主要以果实入药，根皮亦可入药。味甘，性平，归肝、肾经。果实有补肾滋腰膝、滋肝明目、生精益气等功效，临床主要用于治疗肝肾阴虚及早衰症，如视力减退、内障目昏、头晕目眩、腰膝酸软等症。宁夏、青海、河北和陕西等省区有种植，以宁夏中宁地区所产枸杞为佳。甘肃省靖远、景泰栽植面积较大，这两个县与宁夏相邻，生态条件相似，故质量亦好。

主要病害为白粉病、瘿螨病和根腐病等。

一、枸杞白粉病

（一）症状

叶片、花、果柄、嫩梢均受害。初期叶两面散生或聚生大小不等的白色粉斑，后逐渐扩大，相互连接，严重时，整个叶面、果柄、幼嫩枝条覆盖一层白色粉层，病叶卷缩（彩图4-1）。9月下旬白粉层中产生黑色小颗粒，即病菌的闭囊壳。

（二）病原

病原菌为真菌界节丝壳属多胞穆氏节丝壳[*Arthrocladiella mougeotii*（Lev.）Vassilk var. *polysporae* Z. Y. Zhao]。闭囊壳多散生，近球形，黑褐色，直径112.0~183.6μm（平均144.5μm）。附属丝丝状，无色，有隔，最少12根，多生于顶部，长宽为（72.9~112.9）μm×（4.7~7.1）μm（平均89.3μm×5.9μm），上部有1~2次分枝。闭囊壳内有子囊4个以上，子囊袋状，有短柄，大小为（42.3~64.7）μm×（22.3~34.1）μm（平均55.6μm×25.3μm）。囊内有子囊孢子2~3个，子囊孢子卵圆形、椭圆形，淡黄褐色，大小为（12.9~25.9）μm×（11.8~15.3）μm（平均21.8μm×14.6μm）。分生孢子桶形、圆柱形，两端平，壁光滑，大小为（21.2~29.4）μm×（8.2~12.9）μm（平均25.8μm×10.5μm）（图4-1）。另外还有穆氏节丝壳[*Arthrocladiella mougeotii* var. *mougeotii*（Lev.）Vassilk]。此菌子囊内仅有2个子囊孢子。

（三）病害循环及发病条件

　　病菌以闭囊壳附于病残组织上在地表越冬。翌年初夏条件适宜时，释放子囊孢子进行初侵染。生长季节病部产生的分生孢子，借气流传播进行再侵染。据观察，干旱条件发病很重，但在郁闭、潮湿的环境下发生更重。病害多在6月中旬以后发生，8~9月为发病高峰，10月初产生闭囊壳。各产地均普遍发生，发病率44%~72%，严重度2~3级。甘肃省靖远县和景泰县严重发生。

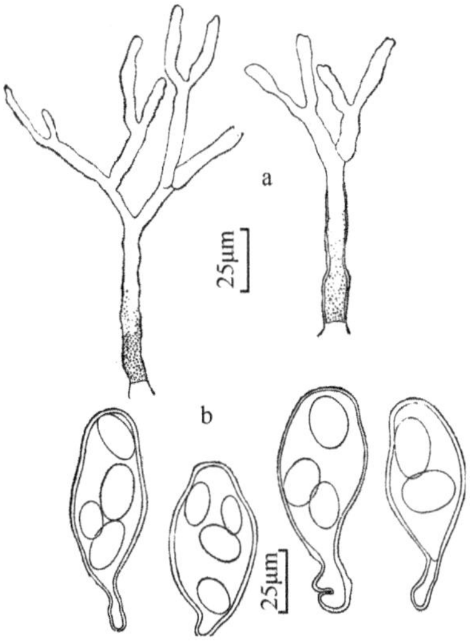

（四）防治技术

　　1）栽培措施　收获后彻底清理田间病残组织，烧毁或沤肥，减少初侵染源。

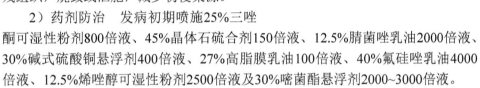

图4-1　枸杞白粉病菌（仿赵震宇，1987）

a.附属丝；b.子囊及子囊孢子

　　2）药剂防治　发病初期喷施25%三唑酮可湿性粉剂800倍液、45%晶体石硫合剂150倍液、12.5%腈菌唑乳油2000倍液、30%碱式硫酸铜悬浮剂400倍液、27%高脂膜乳油100倍液、40%氟硅唑乳油4000倍液、12.5%烯唑醇可湿性粉剂2500倍液及30%嘧菌酯悬浮剂2000~3000倍液。

二、枸杞轮纹病

（一）症状

叶面初生褐色小点，后扩大成中型（8~12mm）近圆形、椭圆形病斑，边缘褐色稍隆起，中部灰白色稍现轮纹，其上生有稀疏的黑色小颗粒，即病菌的分生孢子器。

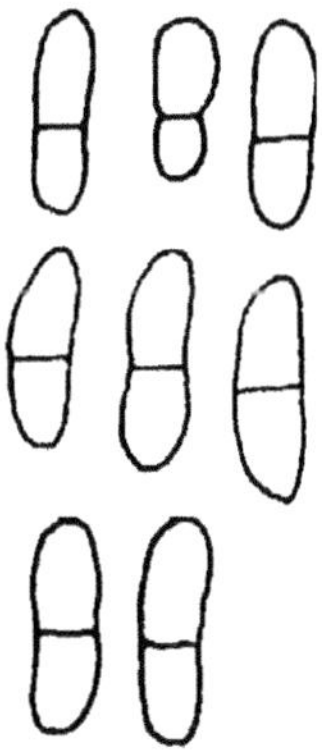

（二）病原

病原菌为真菌界壳二胞属枸杞壳二胞（*Ascochyta lycii* Rostrup）。分生孢子器扁球形、近球形，深褐色，先埋生于组织内，后外露，直径112.0~228.4μm（平均154.8μm），高89.6~156.8μm（平均124.9μm）。分生孢子双胞，个别单胞，无色，花生形，短杆状，直或稍弯曲，隔膜处稍缢缩，大小为（5.9~11.8）μm×（2.6~4.1）μm（平均8.2μm×3.0μm）（图4-2）。

图4-2　枸杞轮纹病菌分生孢子

（三）病害循环及发病条件

病菌以菌丝体及分生孢子器随病残组织在地表越冬。翌春温湿度条件适宜时，萌发产生孢子进行初侵染。分生孢子借气流传播，潮湿、通气不良的条件下发病较重。甘肃省陇西县零星发生。

（四）防治技术

1）栽培措施　收获后彻底清除田间病残组织，集中烧毁或沤肥，减少初侵染源。

2）药剂防治　发病初期喷施50%甲基硫菌灵·硫磺悬浮剂800倍液、75%百菌清可湿性粉剂600倍液、53.8%氢氧化铜干悬浮剂1200倍液及10%苯醚甲环唑水分散颗粒剂1500倍液。

三、枸杞早疫病

（一）症状

叶面产生圆形、近圆形、椭圆形中小型（4~8mm）病斑，边缘褐色至黑褐色，稍翘起，中部淡黄褐色至灰白色，其上生有黑色小丛点。有些病斑多自叶缘产生，中型（10~15mm），椭圆形，淡黄褐色，有轮纹，其上生有黑色霉状物，病健组织交界处不明显。

（二）病原

病原菌为真菌界链格孢属（*Alternaria* spp.）的真菌。①茄链格孢 [*Alternaria solani*（Ellis & Martin）Jones & Grout]：分生孢子淡褐色至褐色，倒棍棒状，具7~9个横隔膜，1~3个纵（斜）隔膜，孢身大小为（60.0~68.2）μm×（10.6~14.2）μm（平均63.5μm×12.2μm），隔膜处稍缢缩，喙长25.9~56.5μm（平均38.0μm）。②*Alternaria* sp.：分生孢子梗丛生，有隔，淡褐色，直或稍弯曲，基部较粗，色深，上部较细，色淡，长宽（31.8~76.4）μm×（5.9~8.2）μm（平均52.7μm×6.6μm）。分生孢子倒棒状，直，淡褐色至褐色，基部宽，具横隔膜3~7个，少数纵（斜）隔膜。隔膜处缢缩或不缢缩，孢身（22.3~97.6）μm×（8.2~18.8）μm（平均46.2μm×12.7μm）。喙长3.53~42.3μm（平均21.1μm）。

（三）病害循环及发病条件

病菌以菌丝体及分生孢子随病残体在地表越冬。翌年环境适宜时，产生分生孢子进行初侵染。分生孢子借气流传播，有再侵染。甘肃省景泰县和靖远县等地轻度发生。

（四）防治技术

1）栽培措施　收获后彻底清理田间病残体，集中烧毁或沤肥，减少初侵染源。

2）药剂防治　发病初期喷施70%代森锰锌可湿性粉剂600倍液、50%异菌脲可湿性粉剂1000倍液、10%多抗霉素可湿性粉剂1000倍液及70%丙森锌可湿性粉剂600倍液。

四、枸杞根腐病

（一）症状

初期病株叶色灰绿，中午萎蔫，早晚尚可恢复。其后不再恢复，叶片变枯黄，缓慢死亡。根茎部稍稍肿胀，韧皮部变红褐色，发软，外部有白色菌丝，木质部有红褐色细条纹，有时渗入深层。主根及侧根的韧皮部变软发褐死亡。表皮纵裂，韧皮部中有很多白色粉质小点，易自木质部上剥落（彩图4-2）。

（二）病原

病原菌为真菌界镰孢菌属（*Fusarium* spp.）的真菌，根据甘肃省靖远和景泰两地病株分离，病原有以下种类。

1）尖镰孢菌（*Fusarium oxysporum* Schl.），在PDA培养基上菌落白色、粉色至紫色。7天后菌落直径90mm，隆起呈羊毛状，菌背产生粉色或紫色色素。菌丝无色，有隔。产孢梗单瓶梗，大小为（8.2~16.5）μm×1.8μm（平均11.8μm×1.8μm）。大型分生孢子镰刀形，中间粗，两端尖细，具3~5个横隔膜，多为3个隔，大小为（23.5~32.9）μm×（2.4~3.5）μm（平均27.5μm×2.7μm），足胞明显。小型分生孢子椭圆形、长椭圆形，单胞，无色，假头状，大小为（3.5~14.1）μm×（1.8~2.9）μm（平均6.8μm×2.5μm）。厚垣孢子很多，单生、对生、间生或顶生，球形，大小为5.5~10.0μm。

2）茄镰孢菌[*F. solani*（Mart.）Sacc.]，在PDA培养基上菌落淡蓝色，菌表白色，粉团状，中等繁茂，较致密，有蓝色放射状线条，菌背呈蓝色放射状线条。菌丝无色、淡绿色，粗细1.2~4.7μm，产孢梗单瓶梗大小为（48.2~81.2）μm×1.8μm（平均64.4μm×1.8μm）。大型分生孢子无色、淡绿色，较宽，最宽处不在孢子中部，两端圆，马特型，2~5个隔膜，多为3个隔膜，大小为（21.2~37.6）μm×（3.9~4.8）μm（平均28.4μm×4.2μm）。小型分生孢子单胞，少数为双胞，椭圆形、肾形，无色，大小为（7.1~14.1）μm×（2.9~4.1）μm（平均9.1μm×3.7μm）。

3）木贼镰孢[*F. eqiseti*（Corda）Sacc.]，气生菌丝棉絮状，初期桃红色，多数菌株后期变黄褐色，并产生褐色色素。大型分生孢子镰刀形，顶细胞延长渐细，足细胞明显，呈小梗状，3~5个分隔，大小为（26.0~52.5）μm×（3.0~5.0）μm。小型分生孢子常缺失，纺锤形或肾形。产孢细胞单瓶梗、短。厚垣孢子球形，多串生或聚生成堆，9~16μm，初为浅褐色，后期颜色逐渐变深。有报道（鲁占魁，1994）认为串珠镰孢和同色镰孢也为害枸杞。

（三）病害循环及发病条件

镰孢菌在土壤中越冬时，可在土壤中营腐生生活，存活时间长。翌年条件适宜时进行侵染。多在6月中下旬开始发病，7~8月扩展蔓延。病菌自伤口或直接侵入。地势低洼积水、高温、高湿是诱发病害的重要原因。另外，栽植过密、光照不足、中耕锄草时伤根、肥料烧根等均加重发病。甘肃省靖远县和景泰县都有发生，局部地区死亡率达7%。

（四）防治技术

1）栽培措施　建园时平整土地，避免低洼积水；选择无病健苗栽植；施用充分腐熟的有机肥，不用生粪，以免烧根；中耕锄草时，尽量减少伤根，减少伤口侵染。

2）土壤处理　50%多菌灵可湿性粉剂4kg/亩，拌细土20~30kg，撒于地面、耙入土中，或20%乙酸铜可湿性粉剂200~300g/亩，或施药土于定植穴内。发现病株立即挖除，病穴用石灰消毒或改换新土再补苗。

3）药剂防治　发病初期用50%多菌灵可湿性粉剂400倍液、50%甲基硫菌灵可湿性粉剂600倍液、20%乙酸铜可湿性粉剂800倍液、30%苯噻氰乳油1000倍液及3%恶霉·甲霜水剂750~1000倍液灌根，每株500~1000mL。

五、枸杞黑果病

（一）症状

果实、苞叶、果柄均受害。发病初期，常在变红的果实上形成失去光泽的小型不规则形病斑，稍稍下陷，发灰，在病斑上产生墨绿色霉层。其后，病斑扩大，乃至覆盖整个果面，呈黑霉状。苞叶、叶柄受害亦产生黑色霉状物，发病严重时整个枝条上的果实均受害变黑，但仍悬挂在枝条上。

（二）病原

病原菌为真菌界枝孢属（*Cladosporium* sp.）的真菌。分生孢子梗淡褐色，有隔，较直，顶部膨大体很少。枝孢无色、淡褐色，棒状或稍弯曲，大小为（12.9~28.2）

μm×（3.5~7.1）μm（平均13.8μm ×4.8μm）。分生孢子单胞、双胞，无色至淡褐色，卵圆形、椭圆形、短杆状，单胞孢子大小为（8.2~12.9）μm×（4.7~7.1）μm（平均9.9μm×6.3μm），双胞为（12.9~15.3）μm×（5.9~6.5）μm（平均14.5μm×6.1μm）。此菌分生孢子壁薄，无疣，故不是常见的枸杞大孢枝孢（*C. macrocarpum*）和多主枝孢，亦非茄生枝孢，种待定。

（三）病害循环及发病条件

病菌以菌丝体和分生孢子随病果在地表越冬。翌年气候条件适宜时，病组织上产生分生孢子，借风雨传播侵染寄主，有再侵染，但蔓延速度较慢。病害多在8月多雨时发生，在一般灌溉条件下发生很轻。栽植过密，田间湿度大，有利于发病。甘肃省靖远县和景泰县发病率5%~10%，严重度1~2级。

（四）防治技术

1）栽培措施　采收时发现病果立即摘除，另外装袋拿出园外深埋，切勿随地乱抛；冬季彻底清除田间植株上和地面上的病果，集中销毁，减少翌年初侵染源。

2）药剂防治　发病初期喷施70%甲基硫菌灵可湿性粉剂800倍液、70%代森锰锌可湿性粉剂500倍液、70%百菌清·锰锌可湿性粉剂600倍液、86.2%氧化亚铜可湿性粉剂1000倍液及50%腐霉利可湿性粉剂1000倍液。

六、枸杞亚裂壳枝枯病

（一）症状

植株发病后，长势衰弱，叶片少量或大量脱落。枝条发病，初期产生小突起，后纵向扩展为紫褐色条斑，表皮纵向开裂，向外翻卷，呈梭状、眼状，表皮下露出一层黑色结构紧密的绒状体。发病严重时，眼斑相互连接，呈长2cm的条纹，表皮大量翻卷，外露的木质部横裂成几段，枝条枯死。

（二）病原

病原菌为真菌界亚裂壳属（*Excipulina* sp.）的真菌。菌丝无色至淡黄色，有隔膜，粗5.9~7.0μm，密集呈瘤座。菌丝顶部产生孢子，无明显分化的梗，像锈菌的柄一样聚生在一起，此柄状细胞大小为（14.1~17.6）μm×（7.1~9.4）μm（平均16.5μm×7.8μm）。分生孢子无色至淡黄褐色，长椭圆形、地螺形，具1~5个横隔膜，多数为3个隔膜，隔膜处明显缢缩，大小为（36.5~51.7）μm×（14.1~17.6）μm（平均43.9μm×16.4μm）（图4-3）。

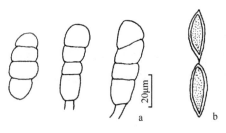

图 4-3　枸杞亚裂壳枝枯病菌及病斑
a. 分生孢子；b. 梭状斑

（三）病害循环及发病条件

病菌越冬情况不详。甘肃省靖远县零星发生。

（四）防治技术

发现病株，立即剪除病枝条销毁，减少侵染源；增施有机肥，适时灌水，提高植株抗病力。

七、枸杞茎点霉枝枯病

（一）症状

植株发病后长势衰弱，萎缩，叶色发黄，有些叶片脱落。枝条表面呈灰白色，发亮，枯死，其上生有很多黑色小颗粒，即病菌的分生孢子器。果实很小或不坐果，果实脱落，仅留苞叶和果柄。

（二）病原

病原菌为真菌界茎点霉属（*Phoma* sp.）的真菌。分生孢子器扁球形、近球形、矩圆形，黑褐色，壁较宽，直径134.8~277.7μm（平均202.9μm），高94.1~192.6μm（平均148.2μm）。分生孢子单胞，无色，卵圆形、椭圆形，大小为（5.9~9.4）μm×（4.1~6.3）μm（平均7.3μm×5.3μm）。

（三）病害循环及发病条件

病菌在病株上以菌丝体及分生孢子器越冬。翌春条件适宜时，释放分生孢子，借气流传播进行初侵染，有再侵染。此病仅在管理粗放、水肥水平很低的园内发生，尤其是土壤偏旱的园内，病害发生较重。甘肃省靖远县零星发生。

（四）防治技术

参考枸杞亚裂壳枝枯病。

八、枸杞褐斑病

（一）症状

主要为害叶片，偶尔也为害果柄。叶面初生褐色小点，后扩大成圆形、近圆形褐色至灰褐色病斑，大小为2~8mm，边缘明显隆起，中部略现轮纹，后期中部产生少量黑色小颗粒。发病严重时，病斑相互连接，发黄易脱落。花蕾受害多自顶端向下变褐、干枯死亡，或产生长条形淡褐色病斑，最后全部变为淡褐色而枯死，甚至整束花蕾枯死。病株上的果实很小乃至脱落，或不形成果实，中下部叶片落光（彩图4-3）。

（二）病原

病原菌为真菌界小黑梨孢属枸杞小黑梨孢（*Stigmella lycii* X.R. Chen & Yan Wang）。菌丝埋生于寄主组织中，有隔，具分枝，无色至淡褐色。分生孢子器埋生，成熟时破裂，球形，黑色，直径161.5~172.3μm，器壁薄，孔口不明显。分生孢子幼时无色，成熟时淡褐色，转格状，卵圆形、椭圆体、梨形、桑葚形、螺壳形，大小为（19.9~52.8）μm×（12.8~32.9）μm，由12~35个小孢子组成，小孢子不规则形、亚球形，无色至淡黄色，大小为（2.55~11.47）μm×（2.55~10.97）μm。此菌为新种（图4-4）。

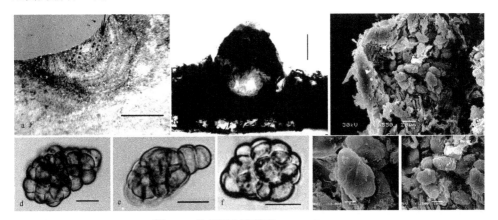

图4-4　枸杞褐斑病原菌 *Stigmella lycii*

a.叶片症状及分生孢子器；b、c.叶片上分生孢子器（b.光镜；c.扫面电镜）；d~f.分生孢子（光镜）；g、h.分生孢子（电镜）。标尺：a=400μm；b=50μm；c~f=8μm

（三）病害循环及发病条件

病菌在病残体上越冬，翌年成为初侵染源。主要发生于甘肃省靖远县和景泰县。发病普遍，严重度3~4级。

（四）防治技术

参考枸杞轮纹病。

九、枸杞瘿螨病

（一）症状

主要为害叶片、嫩梢和幼果。叶片受害后，同时向叶两面隆起，叶背初生淡黄绿色小点，后增大呈厚饼状，或中部下陷呈环状，病斑直径3~5mm，高1~1.5mm，淡黄绿色至淡紫灰色。叶正面多呈半球状隆起，淡紫色至紫黑色，发亮，病斑直径2~4mm，高1~2mm，较叶背瘿瘤稍高、稍小。叶片变畸形、扭曲，尤其是新梢受害后，严重影响植株的生长势，产量和质量明显下降（彩图4-4）。

（二）病原

病原为动物界瘿螨科枸杞瘿螨（*Aceria macrodonis* Keifer）。成螨淡槿色至橙黄色，伸展时呈萝卜形，前端较宽，后端较细，长129.8~210.5μm（平均167.5μm），宽44.8~58.2μm（平均50.2μm）。蜷缩时呈近半球形、弯月形，明显变短。近头胸部有2对足，足的末端均有1根羽状爪。体侧具4对刚毛，尾毛较长，与体宽相近。体表有许多环沟（最少54条）。卵球形、近球形，初无色后淡黄褐色，透明，大小为（35.8~44.8）μm×（31.4~35.8）μm（平均41.3μm×34.3μm）。

（三）病害循环及发病条件

该虫以成螨在一至二年生枝条的鳞芽内及树皮缝隙内越冬。翌年枸杞冬芽开绽露绿时，越冬成螨开始出蛰活动。5月下旬至6月上旬枸杞展叶时，转移到新叶上产卵，孵出的幼螨钻入叶组织内为害，6月中旬，甘肃省景泰县即出现虫瘿，7月下旬至9月中旬为高峰期。11月中旬成螨开始越冬。据调查，品种间抗病性有差异，中国枸杞受害较轻，日本枸杞发生严重，一片叶上可产生100~180个瘿瘤，一个瘿瘤内有多个瘿螨，整个枝条上的叶片均严重受害。环境适宜时，瘿瘤外爬满成螨（30头以上）并近距离传播，非常活跃。蚜虫、木虱的体躯和附肢上可黏附螨瘿进行传播。

甘肃省景泰县和靖远县发生严重，叶发病率60%~80%，严重度2~3级；陇西县、永靖县、临夏县、东乡县和兰州市均有发生。

（四）防治技术

重点在成螨越冬前及越冬后出瘿成螨大量出现时防治。用0.9%齐螨素乳油2000倍液加50%辛硫磷乳油1000倍液加效力增（农药增效剂）喷施。也可喷施1.8%阿维菌素3000倍液、50%杀螨丹胶悬剂600倍液、50%硫磺悬浮剂300倍液、30%固体石硫合剂150倍液。或采用超低容量喷施50%敌丙油雾剂与柴油1∶1混合，每亩200g，效果好。

第二节　曼陀罗病害

曼陀罗（*Datura stramonium* L.）属茄科一年生草本植物，又名洋金花、大喇叭花、山茄子等。我国各省区均有分布，多野生。常见种有曼陀罗（*D. stramonium* L.）、毛曼陀罗（*D. innoxia* Mill.）和白花曼陀罗（*D. metel* L.）3种。其叶、花及籽均可入药，味辛，性温，有大毒。主要病害有黑斑病和轮纹病。

一、曼陀罗黑斑病

（一）症状

主要为害叶片。叶面初生淡褐色小点，后扩大呈近圆形、椭圆形至不规则形病斑，大小为6~10mm，边缘隆起，褐色，中部灰色至灰褐色，有明显的不规则同心轮纹，其上生有黑色霉状物，即病菌的分生孢子梗和分生孢子。白花曼陀罗病斑边缘有一较宽的黑绿圈。发病严重时，病斑相互连接，叶片提前枯死。

（二）病原

病原菌为真菌界链格孢属粗链格孢 [*Alternaria crassa*（Sacc.）Rands]。菌丝褐色，有隔。分生孢子梗单生或几根束生，褐色，稍弯曲，多隔，大小为（92.9~111.7）μm×7.0μm。分生孢子淡青黄色、淡褐色至褐色，倒棒状，向上渐窄，具4~8个横隔，多为5~6个隔，很少产生纵隔膜。孢身大小为（29.4~84.7）μm×（10.6~16.5）μm（平均59.7μm×12.2μm），隔膜处稍缢缩。喙长14.1~56.5μm（平均30.5μm）。孢身与喙之间的界限不明显，喙长多为孢身长的2/3或等长（图4-5）。

白花曼陀罗、毛曼陀罗均受害。毛曼陀罗上的分生孢子较大，孢身大小为（65.9~102.1）μm×（14.1~24.7）μm（平均82.4μm×19.6μm），喙长23.5~84.7μm（平均56.5μm）。种待定。

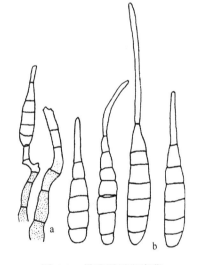

图4-5　曼陀罗黑斑病菌

a.分生孢子梗；b.分生孢子

（三）病害循环及发病条件

病菌以菌丝体及分生孢子在病残体上越冬。翌年温湿度条件适宜时，分生孢子借风雨传播，进行初侵染，再侵染频繁。岷县多在6月下旬开始发生，7~8月为发病盛期，发病率50%~85%，严重度2级。多雨、多露、高温有利于病害发生和流行。甘肃省陇西县、天水市和兰州市等地也有发生。

（四）防治技术

1）栽培措施　深翻土地，将病菌埋于土壤深层；增施有机肥和磷、钾肥，提高寄主抗病力；初冬彻底清除田间病残体，减少初侵染源。

2）药剂防治　发病初期喷施70%代森锰锌可湿性粉剂500倍液、75%百菌清可湿性粉剂600倍液、50%异菌脲可湿性粉剂1200倍液、25%丙环唑乳油3000倍液、3%多抗霉素水剂600~900倍液及25%嘧菌酯悬浮剂1200倍液。

二、曼陀罗轮纹病

（一）症状

主要为害叶片和蒴果。叶片受害初生灰白色小点，后扩大呈圆形、近圆形病斑，直径3~10mm，边缘褐色，中部灰白色，稍现轮纹，其上生有黑色小颗粒，即病菌的分生孢子器。蒴果上产生褐色圆形病斑，其上有由小黑点组成的轮纹（彩图4-5）。白花曼陀罗、毛曼陀罗均受害，症状相同。

（二）病原

病原菌为真菌界壳二胞属曼陀罗壳二胞（*Ascochyta daturae* Sacc.）。分生孢子器扁球形、近球形，黑色，大小差异较大，分生孢子器直径62.7~179.7μm（平均114.7μm），高62.7~134.4μm（平均101.2μm）。分生孢子无色，具0~1个隔膜，花生形、圆柱形、椭圆形、长椭圆形，大小为（5.9~12.9）μm×（2.4~4.1）μm（平均9.0μm×3.0μm）。有些标样上的分生孢子器直径125.4~232.9μm（平均169.2μm），高107.5~170.2μm（平均136.4μm），分生孢子具0~2个隔膜，大小为（4.7~16.5）μm×（2.9~5.9）μm（平均11.5μm×4.6μm）（图4-6）。

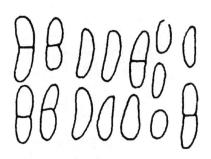

图4-6　曼陀罗轮纹病菌分生孢子

（三）病害循环及发病条件

病菌以分生孢子器在病残体上越冬。翌年温湿度条件适宜时,释放分生孢子,借风雨传播,进行初侵染,再侵染频繁。甘肃省岷县多在7~8月发生,发病率43%~80%,严重度1~2级。

（四）防治技术

1）栽培措施 深耕时将病原菌翻于土壤深层;收获后彻底清除田间病残体,减少初侵染源。

2）药剂防治 发病初期喷施50%苯菌灵可湿性粉剂1200倍液、80%代森锰锌可湿性粉剂600倍液、10%苯醚甲环唑水分散颗粒剂1500倍液、70%丙森锌可湿性粉剂600倍液及65%乙酸十二胍可湿性粉剂1000倍液。

第三节 酸 浆 病 害

酸浆 [*Physalis alkekengi* L.var. *franchetii*（Mast.）Makino]为茄科多年生草本植物,又名挂金灯、灯笼草等,以全草入药。味苦,微寒。具有清热解毒和利尿祛湿的功效。我国产于黑龙江、吉林及其他个别地区。主要病害有白斑病。

酸浆白斑病

（一）症状

叶面产生中小型（2~7mm）圆形、近圆形病斑,边缘褐色,中部灰白色,有时病斑上有轮纹,后期病部变薄,其上生有黑色小颗粒,即病菌的分生孢子器。

（二）病原

病原菌为真菌界叶点霉属酸浆叶点霉（*Phyllosticta physaleos* Sacc.）。分生孢子器扁球形、近球形,黄褐色,直径71.7~107.5μm（平均93.3μm）,高62.7~98.5μm（平均77.6μm）。分生孢子单胞,无色,椭圆形、长椭圆形、卵圆形,大小为（4.7~7.1）μm×（2.4~4.1）μm（平均5.1μm×3.1μm）（图4-7）。

（三）病害循环及发病条件

病菌以分生孢子器随病残体在地表越冬。翌年温湿

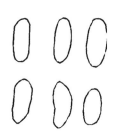

图 4-7 酸浆白斑病菌
分生孢子

度条件适宜时，释放分生孢子，借风雨传播侵染寄主。甘肃省岷县零星发生。

（四）防治技术

1）栽培措施　收获后彻底清除田间病残体，减少初侵染源。

2）药剂防治　发病初期喷施75%百菌清可湿性粉剂800倍液、30%碱式硫酸铜悬浮剂400倍液、50%琥胶·肥酸铜可湿性粉剂500倍液及77%氢氧化铜可湿性粉剂500倍液。

第四节　龙 葵 病 害

龙葵（*Solanum nigrum* L.）为茄科一年生草本植物，以全草入药。性味苦、寒，有小毒。具清热解毒、利水消肿等功效。主要病害为黑斑病。

龙葵黑斑病

（一）症状

主要为害叶片。叶面产生中型（4~10mm）圆形、近圆形、不规则形病斑，边缘黑色，中部灰黑色、黑褐色，有同心轮纹，其上生有黑灰色霉层。发病严重时，病斑相互连接，造成叶片大片枯死。

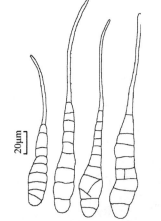

图4-8　龙葵黑斑病菌分生孢子

岷县和武威市等地轻度发生。

（二）病原

病原菌为真菌界链格孢属粗链格 [*Alternaria crassa*（Sacc.）Rands]。分生孢子梗单生或簇生，直或稍弯曲。分生孢子多为单生，梭形，倒棒状，淡褐色，具横隔膜5~10个，多为8~9个，纵隔膜0~2个，孢身长（53.8~98.5）μm×（13.4~17.9）μm（平均68.3μm × 14.8μm），隔膜处稍缢缩。喙长35.8~94.1μm（平均59.0μm）（图4-8）。

（三）病害循环及发病条件

详见曼陀罗黑斑病。甘肃省兰州市、陇西县、

（四）防治技术

参考曼陀罗黑斑病。

第五节　莨菪病害

莨菪（*Hyoscyamus niger* L.）属茄科二年生草本植物，又名天仙子、横唐，多生于林边、田野、路旁等处，有少量栽培。主产于内蒙古、河北、河南、东北及西北诸省区。种子入药，有毒，具有解痉、止痛、安神、杀虫的作用。主要病害有轮纹病。

莨菪轮纹病

（一）症状

主要为害叶片。叶面初生淡褐色小点，扩大后呈中小型（5~7mm）圆形、近圆形病斑，边缘暗褐色，较宽，中部灰褐色、灰白色，有轮纹，微微现红，其上生有许多黑色小颗粒，即病菌的分生孢子器。后期病斑变薄，开裂。叶脉受害形成红褐色条斑。

（二）病原

病原菌为真菌界壳二胞属酸浆壳二胞（*Ascochyta hyoscyami* Pat.）。分生孢子器初埋生于组织内，后露出体外，扁球形、球形，黑色至黑褐色，直径89.6~192.6μm（平均146.0μm），高82.6~179.2μm（平均129.2μm）。分生孢子无色，圆柱形、花生形，两端较圆，多数具1个隔膜，少数具2个隔膜，隔膜处稍缢缩，双胞大小为（15.3~29.4）μm×（4.7~7.1）μm（平均22.3μm×6.5μm），三胞大小为（27.1~32.9）μm×（4.7~7.1）μm（平均30.3μm×5.7μm）（图4-9）。

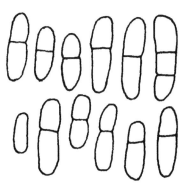

图4-9　莨菪轮纹病菌分生孢子

（三）病害循环及发病条件

病菌以分生孢子器随病残体在地表越冬。翌年环境条件适宜时，释放分生孢子，进行初侵染，借风雨传播，再侵染频繁。降雨多、湿度大、露时长则发生严重。甘肃省岷县发病普遍，严重度3级。陇西县及兰州市轻度发生。

（四）防治技术

参考曼陀罗轮纹病。

第六节　大千生（假酸浆）病害

大千生[*Nicandra physalodes*（L.）Gaertn.]为茄科多年生植物，又名假酸浆，以全草、果及种子入药。性平、味甘，微苦。具有镇静、祛痰、清热解毒等功效。四川凉山、攀枝花等市州及云南、西藏自治区（西藏）、贵州、 甘肃 、新疆维吾尔自治区（新疆）、河北等省区有栽培或野生。主要病害有叶斑病。

大千生叶斑病

（一）症状

有3种症状类型。

1）嵌纹型：叶面产生中型（10mm）圆形、近圆形灰褐色病斑，有明显的嵌纹，其上生有细小的黑色小颗粒，即病菌的分生孢子器。病斑周围有较宽的褪绿区，稍显土橙色，并生有细小的褐色砂点。

2）轮纹型：叶面产生中小型（4~10mm）椭圆形、近椭圆形病斑，边缘深褐色，隆起，较宽，中部褐色，微微发红，有轮纹，其上生有褐色至灰褐色小点，即病菌的分生孢子器。病斑易破裂形成穿孔。

3）眼斑型：叶面产生中小型（5~7mm）圆形、近圆形黑色病斑，中部有一灰白色中心，其上生有稀疏的小黑点，即病菌的分生孢子器。

（二）病原

病原菌为真菌界壳二胞属（*Ascochyta* sp.）的3个种（图4-10）。据观察不同类型症状，病原形态有差别（表4-1）。

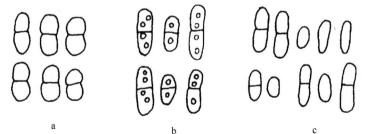

a　　　　　　　　b　　　　　　　　c

图4-10　大千生叶斑病菌分生孢子

a.嵌纹型；b.轮纹型；c.眼斑型

表4-1　大千生壳二胞3种症状类型的病原形态比较

病原菌	嵌纹型	轮纹型	眼斑型
分生孢子器	直径49.3~62.7μm（平均56.0μm）；高45.0~53.7μm（平均49.3μm）	直径94.1~138.9μm（平均113.9μm）；高80.6~129.9μm（平均99.8μm）	直径31.4~44.8μm（平均38.1μm）；高31.4~40.3μm（平均35.8μm）
分生孢子	大小为（7.1~9.4）μm×（3.5~4.7）μm（平均7.9μm×4.1μm）（1.9∶1）内无油珠	大小为（5.9~11.8）μm×（3.5~5.9）μm（平均8.8μm×4.2μm）（2.1∶1）内有油珠	大小为（4.7~10.6）μm×（2.4~3.5）μm（平均7.7μm×3.1μm）（2.5∶1）内无油珠
形态	（图4-10a）	（图4-10b）	（图4-10c）

注：以上3种类型孢子大小、形态有明显差异，且病状不同，种待定

（三）病害循环及发病条件

病菌以分生孢子器随病残体在地表越冬。翌年温湿度条件适宜时，释放分生孢子，借风雨传播，有再侵染。甘肃省岷县多在8月流行，以轮纹型为主，发病率65%，严重度2级，是大千生的主要病害。

（四）防治技术

1）栽培措施　收获后彻底清除病残体，集中烧毁或沤肥，减少初侵染源；深耕土壤，将病菌埋于土壤深层。

2）药剂防治　发病初期喷施70%乙铝·锰锌可湿性粉剂500倍液、50%甲基硫菌灵·硫磺悬浮剂800倍液、30%碱式硫酸铜悬浮剂400倍液、78%波·锰锌可湿性粉剂600倍液及70%丙森锌可湿性粉剂600倍液。

第五章　蓼科药用植物病害

第一节　大　黄　病　害

大黄为蓼科多年生草本植物，包括掌叶大黄（*Rheum palmatum* L.）、唐古特大黄（*Rheum tanguticum* Maxim. ex Balf.）和药用大黄（*Rheum officinale* Baill.），以干燥根及根茎入药，其味苦，性寒，归脾、胃、大肠、肝、心包经，具泻热通肠、凉血解毒、逐瘀通经等功效。为临床常用药，生用时，大黄泻下力强，用于治疗实热、便秘等症，酒制大黄活血作用较好，用于治疗淤血证。分布于我国西南、西北、华北及东北。甘肃省是我国的主产区，主要分布于武都区、礼县和宕昌县，另外天水市、临夏回族自治州（临夏州）、甘南藏族自治州（甘南州）及甘肃河西地区等地也有种植。其中以礼县的"铨水大黄"为优。主要病害为黑粉病、斑枯病和根腐病等。

一、大黄黑粉病

（一）症状

主要为害叶部的叶脉和叶柄。叶片受害，初期叶背的叶脉局部变粗、隆起，呈网状、山脊状，有些呈囊状、球状，初呈粉红色、紫红色至玫瑰红色，后变红褐色至紫褐色。叶正面局部叶脉初呈浅黄色网状斑块，后变红褐色。严重时，叶片皱缩，病区内组织变红褐色至紫黑色坏死，呈瘤状。后期瘤肿破裂，散出黑粉，为病菌的冬孢子。叶柄受害，形成大小不等的瘤状隆起，排列成行，初呈黄绿色至紫红色，后变黄褐色。植株生长后期，病瘤破裂，散出黑粉（彩图5-1）。潮湿时，病斑开裂处出现白色菌丝。严重时，病株叶片皱缩畸形，生长停滞，植株提前枯死，主要发生在大田栽培的二年生大黄上。

（二）病原

病原菌属真菌界楔孢黑粉菌属什瓦茨曼楔孢黑粉菌（*Thecaphora schwarzmaniana* Byzova）。孢子团棕褐色，粉状。孢子球淡褐色、褐色至深褐色，由多个冬孢子（最少2个，最多18个）团聚而成，球形、近球形至不规则形，大小为（15.5~64.5）μm×（14.2~43.9）μm（平均49.7μm×36.9μm）。冬孢子之间结合紧密，结合面光滑，而游离冬孢子黄褐色，多角形、半球形、楔形，表面密布疣突。孢子大小为（14.2~18.1）μm×（10.3~18.1）μm（平均16.5μm×13.6μm）（图5-1）。

（三）病害循环及发病条件

病菌以孢子团随病残体在土壤中越冬。翌年条件适宜时，冬孢子萌发侵染，为系统性病害。6月上旬即表现症状，7月为发病盛期，重茬地发病严重。甘肃省礼县发病率为14%~26%，宕昌县、陇西县、渭源县及岷县发生较轻。

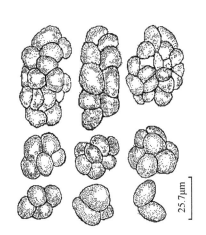

图 5-1　大黄黑粉病菌冬孢子

（四）防治技术

1）栽培措施　实行3年以上轮作；自健株上采种；收获后彻底清除田间病残体，减少初侵染源。

2）种子及土壤处理　用种子质量的0.3%的50%多菌灵可湿性粉剂拌种；或用50%多菌灵可湿性粉剂按4kg/亩加细土30kg，拌匀后撒于地面，耙入土中，处理土壤。

3）种苗处理　种苗栽植前用25%三唑酮可湿性粉剂1000倍液或50%多菌灵可湿性粉剂600倍液蘸根，晾干后栽植。

二、大黄斑枯病

（一）症状

幼苗、成株均受害，主要为害叶片。初期叶面产生近圆形、多角形、不规则形中型病斑（0.8~1.5cm），外缘较宽，红褐色、紫红色至紫黑色，中部灰白色，上生黑色小颗粒，即病菌的分生孢子器（彩图5-2）。后期病斑破裂，形成穿孔。叶片背面病斑红褐色，边缘紫黑色。严重时，病斑相连，整个叶片覆盖一层黑色颗粒状物。潮湿时，分生孢子器吸水，释放出分生孢子角，病斑表面覆盖一层厚厚的白色毛毡状物，即病菌的分生孢子角。

（二）病原

病原菌为真菌界壳针孢属（*Septoria* sp.）的真菌。分生孢子器扁球形、近球形，棕黑色至黑色，具孔口，初埋生，后突出体表，直径98.5~219.5μm（平均171.7μm），高85.1~188.1μm（平均150.7μm）。分生孢子无色，粗线状、线虫状、鞭状、弯曲，一端稍粗，具隔膜2~5个，大小为（62.7~116.5）μm×（4.0~5.3）μm（平均95.5×

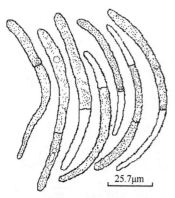

图 5-2　大黄斑枯病菌分生孢子

4.5μm）。此菌较蓼属壳针孢孢子大近一倍，比蓼科其他种均大得多，种待定（图5-2）。

（三）病害循环及发病条件

病菌以分生孢子器及菌丝体随病残体在土壤中越冬。翌年温湿度适宜时，释放分生孢子，引起初侵染。降雨多、阴湿、露时长、植株密集处病害发生严重，再侵染频繁。甘肃省渭源县、岷县及陇西县发生普遍，发病率约40%，严重度1~2级。

（四）防治技术

1）栽培措施　深耕将病组织埋于土壤深层；收获后彻底清除田间病残体，减少初侵染源。

2）药剂防治　发病初期喷施50%苯菌灵可湿性粉剂1500倍液、10%苯醚甲环唑水分散颗粒剂1000倍液、30%氧氯化铜悬浮剂800倍液、30%碱式硫酸铜悬浮剂400倍液、70%丙森锌可湿性粉剂600倍液及45%噻菌灵悬浮剂1000倍液。

三、大黄锈病

（一）症状

主要为害叶片，夏孢子堆叶两面生，散生或聚生，初期叶面产生红褐色小点，后扩大成圆形、近圆形黄色夏孢子堆，稍隆起，大小为0.5~1.5mm（彩图5-3）。有些夏孢子堆周围的组织褪绿发灰，多数夏孢子堆周围有较宽的紫色环，并形成坏死斑（彩图5-3）。发病严重时，孢子堆几乎长满叶面。冬孢子堆黑色，散生或聚生。生于叶背，常混生于夏孢子堆之间，明显隆起，表皮破裂后露出黑色冬孢子，其结构紧密，孢子不易飞散。严重时冬孢子堆相互融合形成大型（2~3cm）病斑，叶片发黄，提早枯死。

（二）病原

病原菌为真菌界柄锈菌属掌叶大黄柄锈菌（*Puccinia rhei-palmati* B. Li）。夏孢子球形、近球形、卵形、梨形至长椭圆形，淡黄色，表面有明显细刺，大小为（18.0~36.0）μm×（12.9~28.3）μm（平均27.0μm×20.6μm）。冬孢子淡褐色至黄褐色，双胞，偶见三胞或单胞，顶端较厚，有柄，易断，隔膜处缢缩或不缢缩。大小为（23.2~56.8）μm×（15.5~25.5）μm（平均40.0μm×20.4μm），柄长（18.8~

24.7）μm×（3.5~7.1）μm（平均21.7μm×4.6μm），无色（图5-3）。

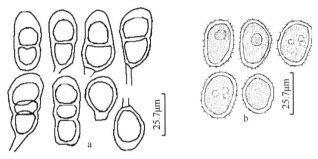

图 5-3　大黄锈病菌

a.冬孢子；b.夏孢子

（三）病害循环及发病条件

病菌以冬孢子随病残组织于地表越冬。翌年条件适宜时，冬孢子萌发侵染寄主。病部产生的夏孢子借风雨传播引起再侵染。降雨多、湿度大的地块病害重；阴坡较阳坡地发生重；植株茂密、通风不良地发生重。甘肃省渭源县发病率12.5%~25.3%，严重度1~3级。

（四）防治技术

1）栽培措施　初冬彻底清除田间病残体，集中烧毁或沤肥。沤肥时，要充分腐熟，以杀死其中病菌。

2）药剂防治　发病初期喷施15%三唑酮可湿性粉剂1000倍液、80%代森锰锌可湿性粉剂600倍液、50%萎锈灵乳油800倍液、12.5%烯唑醇可湿性粉剂1000~2000倍液、25%丙环唑乳油3000倍液及50%嘧菌酯悬浮剂3000倍液。

四、大黄轮纹病

（一）症状

叶面初生小型（1mm）红褐色圆形小斑，后稍隆起，形成圆形、近圆形、不规则形中大型病斑，病斑中央下陷色淡，略透明，有同心轮纹，边缘紫褐色至黑褐色（彩图5-4）。病斑多分散，少数融合。叶背病斑黄褐色，边缘紫褐色。后期病斑上生有黑色小颗粒，即病菌的分生孢子器。严重时，叶片枯黄而死。

（二）病原

病原菌为真菌界壳二胞属大黄壳二胞（*Ascochyta rhei* Ellis & Everh.）。分生

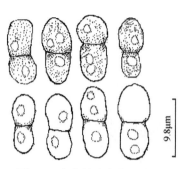

图5-4　大黄轮纹病菌分生孢子

孢子器黑褐色至黑色，球形、近球形，孔口明显，直径103.0~147.8μm（平均119.4μm），高94.1μm×134.4μm（平均109.0μm）。分生孢子无色，双胞，偶见单胞，花生状、柱状，两端钝圆，隔膜明显，隔膜处缢缩，大小为（8.2~14.1）μm×（3.5~5.3）μm（平均12.4μm×4.5μm），细胞内有1~2个油滴（图5-4）。

（三）病害循环及发病条件

病菌以分生孢子器在病组织中越冬。翌年条件适宜时，吸水释放分生孢子进行初侵染，经风雨传播，引起再侵染。多雨、露时长、潮湿有利于病害发生，7~8月为发病盛期。甘肃省礼县、渭源县及岷县均轻度发生。

（四）防治技术

1）栽培措施　禾本科、豆科植物实行4年以上轮作；收获后彻底清除田间病残组织，集中烧毁或沤肥，沤肥时要充分腐熟。

2）药剂防治　发病初期喷施50%苯菌灵可湿性粉剂1200倍液、80%代森锰锌可湿性粉剂600倍液、40%多·硫悬浮剂800倍液、47%春·王铜可湿性粉剂800倍液及45%噻菌灵悬浮剂1000倍液。

五、大黄灰斑病

（一）症状

叶面产生圆形、近圆形、不规则形病斑，大小为4~8mm，边缘褐色，隆起，中部灰白色、灰褐色，上生黑色小颗粒，即病菌的分生孢子器。病斑易破裂（彩图5-5）。

（二）病原

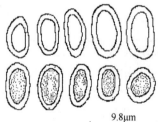

图5-5　大黄灰斑病菌分生孢子

病原菌为真菌界叶点霉属大黄叶点霉（*Phyllostica rhei* Ellis & Everhart）。分生孢子器近球形、扁球形，褐色，直径50.6~76.4μm（平均65.9μm），高44.7~72.9μm（平均61.5μm）。分生孢子单胞、无色，长椭圆形，柱状，两端钝圆，大小为（4.7~7.1）μm×（1.4~2.3）μm（平均5.7μm×1.8μm）（图5-5）。

（三）病害循环及发病条件

病菌以分生孢子器随病残体于地表上越冬。翌年温湿度适宜时，以分生孢子引起初侵染。甘肃省渭源县、礼县和岷县轻度发生。

（四）防治技术

参考大黄轮纹病。

六、大黄白粉病

（一）症状

主要为害叶片。初期在叶正、背面散生白色小粉斑，后逐渐扩大成大型、不规则形粉斑，叶背面严重。严重时白粉覆盖全叶。后期白粉层中散生小黑点，即病菌的闭囊壳（彩图5-6）。

（二）病原

病原菌为真菌界白粉菌属蓼白粉菌（*Erysiphe polygoni* DC.）。闭囊壳球形，黑色，大小为125.4~179.2μm（平均145.0μm）。附属丝丝状，无色，长短不等，具10~17根，长宽为（76.2~250.8）μm×（5.8~7.6）μm（平均135.3μm×6.6μm）。闭囊壳内有3个以上子囊，子囊近椭圆形，大小为（77.6~101.1）μm×（48.2~61.5）μm（平均90.7μm×55.5μm）。子囊内有3~4个子囊孢子，多为4个，卵圆形、椭圆形，无色至淡黄色，大小为（23.5~31.8）μm×（20.6~25.9）μm（平均27.4μm×23.0μm）。分生孢子柱形，大小为（38.8~58.8）μm×（20.0~24.8）μm（平均47.2μm×22.7μm）。寄主范围较广，可为害蓼科多种植物（中国科学院中国孢子植物志编辑委员会，1987）。

（三）病害循环及发病条件

病菌以闭囊壳随病残体在地表越冬，或在萹蓄、红蓼、荞麦、巴天酸模等寄主上越冬，初侵染源较多。多在7月中旬开始发生，7月下旬至8月上旬为发病期。甘肃省渭源县和礼县轻度发生。

（四）防治技术

1）栽培措施　清除田间及四周野生寄主；初冬彻底清除田间病残体，集中烧毁或沤肥。

2）药剂防治　发病初期喷施15%三唑酮可湿性粉剂1000倍液、2%武夷霉素水剂200倍液、3%多抗霉素水剂800倍液、50%多菌灵磺酸盐可湿性粉剂800倍液及40%氟硅唑乳油4000倍液。

七、大黄灰霉病

（一）症状

叶片受害后，自叶尖褪绿发黄，向下扩展呈不规则形病斑，在病组织的背面产生稀疏的灰褐色霉层。多在植株稠密处的下部叶片上发生。

（二）病原

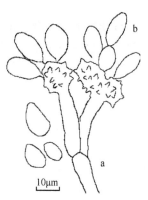

图5-6　大黄灰霉病菌

a.分生孢子梗；b.分生孢子

病原菌为真菌界葡萄孢属（*Botrytis* sp.）的真菌。分生孢子梗淡褐色、褐色，直，有隔，基部较粗，顶端2~3次分枝，分枝近垂直，端部膨大成球形，上生小梗，自小梗上再产生分生孢子，梗长宽为（636.0~743.5）μm×（13.4~17.9）μm。分生孢子椭圆形、卵形，无色，大小为（7.1~11.8）μm×（4.7~7.1）μm（平均8.9μm×6.3μm）（图5-6）。

（三）病害循环及发病条件

病菌越冬情况不详。岷县轻度发生。

（四）防治技术

1）栽培措施　收获后彻底清除田间病残组织，集中烧毁或沤肥。

2）药剂防治　发病初期喷施5%百菌清粉尘剂、10%灭克粉尘剂、10%杀霉灵粉尘剂1kg/亩，或50%腐霉利可湿性粉剂1500倍液、50%多霉灵可湿性粉剂1000倍液、28%百·霉威可湿性粉剂600倍液、25%咪鲜胺乳油2000倍液及25%啶菌恶唑乳油700~1000倍液。

八、大黄根腐病

（一）症状

主根和毛根均受害。主要发生在根的中上部和根茎部。初期在根及根茎部形成淡褐色、黑褐色不规则形病斑，大小不等。其后病斑向上、下扩展，并深入根内部，造成局部或全部组织腐烂，病部有沥青状、黑色胶状物，易剥离，植株长势弱。发病严重时，叶片枯黄，植株全部枯死（彩图5-7）。

（二）病原

病原菌种类较多，主要为真菌界镰孢菌属（*Fusarium* spp.）的真菌。

1）尖镰孢菌（*Fusarium oxysporum* Schl.）。菌丝生长速度快，菌表白色，隆起，繁茂，绒絮状，菌丝无色至微红，菌背紫红色。大型分生孢子美丽型，具3~5个隔膜，多为3个，大小为（14.1~23.3）μm×（2.4~3.5）μm（平均19.6μm×2.9μm）。小型分生孢子0~1个隔膜，椭圆形，大小为（3.5~8.2）μm×（1.8~2.4）μm（平均5.3μm×2.3μm）。产孢梗单瓶梗。未见厚垣孢子。

2）*Fusarium* sp.。菌落肉色，菌表棉絮状。4天后，菌落直径2.7~2.8cm。小型分生孢子数量多，卵形、肾形，少数长椭圆形，大小为（5.2~15.5）μm×（3.1~6.5）μm（平均8.7μm×5.1μm）。产孢细胞为单瓶梗。厚垣孢子球状，单生或串生。未见大型分生孢子。

（三）病害循环及发病条件

病菌以菌丝体、厚垣孢子在病残体上于土壤中越冬，也可在土壤中腐生。通过土壤翻耕及带菌病苗、农具等传播，未腐熟肥料也可带菌。地下害虫及线虫为害造成的伤口易加重发病。重茬地、整地不细也加重发病。甘肃省渭源县和礼县发病率5%~11%，严重度2级。

（四）防治技术

1）栽培措施　初冬彻底清除田间病残体，集中烧毁或沤肥，肥料要充分腐熟。

2）育苗地土壤消毒　育苗地土壤用20%乙酸铜可湿性粉剂200~300g/亩，加过筛细土20~30kg拌匀，撒于地面，翻入土中。或50%多菌灵可湿性粉剂4kg/亩，加细土30kg，撒于地面，耙入土中。

3）药剂蘸根　将种苗用30%苯噻氰乳油1000倍液、3%恶霉·甲霜水剂700倍液、50%多菌灵磺酸盐可湿性粉剂800倍液蘸根30min，晾干后栽植，或用10%咯菌腈15mL加水2L，喷施幼苗根及根茎至全部淋湿，晾干后栽植。

九、大黄病毒病

（一）症状

主要为害叶片。幼叶发病时初生花叶型症状，浓绿淡绿相间，出现黄绿不均匀的花叶和明脉，发病严重时，皱缩明显，叶片变畸形；老叶发病时叶肉组织浓绿，但在靠叶脉处有轻微褪绿现象，后发展为疱斑花叶（彩图5-8）。另有环斑型和皱缩型等类型。

（二）病原

病原为病毒。采用双抗体夹心酶联免疫法和反转录PCR方法检测，结果表明甘肃省大黄病毒病的主要毒源为黄瓜花叶病毒（CMV）（刘雯等，2014）。该病毒粒体球状，直径30nm，稀释限点10^{-1}~10^{-4}，致死温度50~70℃，20℃条件下体外存活期1~10天。可通过种子、汁液及蚜虫传播（季良，1991）。

（三）病害循环及发病条件

黄瓜花叶病毒寄主范围十分广泛，能侵染85科365属中的750余种植物，且在多种经济作物上都可以造成严重危害（周雪平等，1999）。在田间经蚜虫、汁液和种子传播。天气干旱、蚜虫多、农事操作频繁则有利于病害传播和蔓延。8月为发病盛期。此病在甘肃省岷县和宕昌县均发生，较重发病率30%~40%，严重度2~3级。

（四）防治技术

1）治虫防病　在田间蚜虫发生初期，喷施40%氰戊菊酯乳油6000倍液、10%吡虫啉可湿性粉剂1500倍液及1.1%百部·楝·烟乳油1000倍液，减少病毒的传播媒介。

2）化学防治　发病初期喷施10%混脂酸水乳剂100倍液、5%氯溴异氰尿酸水剂400倍液、3.85%三氮唑核苷·铜锌水乳剂500倍液、20%盐酸吗啉胍·铜可湿性粉剂400倍液及50%氯溴异氰尿酸可湿性粉剂1000倍液。

第二节　红蓼病害

红蓼（*Polygonum orientale* L.）是蓼科一年生草本植物，又名东方蓼、天蓼、狗尾巴花。味咸，性微寒，具散血消症、消积止痛等功能，主治症瘕痞块、瘿瘤肿痛、食积不消、胃脘胀痛等症。除西藏外，广布于中国各地。主要病害有斑枯病和白粉病。

一、红蓼斑枯病

（一）症状

叶面初生黄褐色小点，后扩大成圆形、近圆形，黄褐色至褐色病斑，大小为3~10mm，边缘不明显，有些病斑边缘深褐色，有些褪绿成黄色晕圈。后期叶正面病斑中部产生很多黑色小颗粒，即病菌的分生孢子器。发病严重时，病斑相互连片，病区焦枯。兰州标样为叶脉上产生褐色条斑，而岷县标样产生2~4mm小型病斑，边缘紫褐色，中部灰白色，上生稀疏黑色小颗粒，二者的症状明显有差异。

（二）病原

病原菌为真菌界壳针孢属红蓼壳针孢（*Septoria polygonorum* Desm.）。

兰州菌系：分生孢子器扁球形、近球形，褐色至黑褐色，直径44.8~89.6μm（平均67.3μm），高44.8~71.7μm（平均60.7μm）。分生孢子针状、粗线状，无色，直或稍弯曲，基部较粗，具1~3个隔膜，大小为（15.3~50.6）μm×（1.4~2.6）μm（平均30.5μm×2.1μm）（图5-7a）。

岷县菌系：分生孢子器直径60.0~108.2μm（平均74.6μm），高49.4~94.1μm（平均69.8μm）。分生孢子具1~2个隔，大小为（18.9~35.3）μm×（1.4~1.8）μm（平均28.5μm×1.6μm），内有很多油珠（图5-7b）。两地的病菌大小有一定差异。

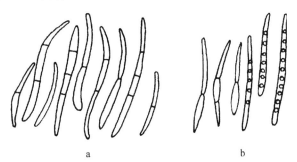

图5-7　红蓼斑枯病菌分生孢子

a.兰州菌系；b.岷县菌系

（三）病害循环及发病条件

病菌以分生孢子器随病残体在地表越冬。翌年温湿度条件适宜时，分生孢子器吸水释放出分生孢子，借风雨传播进行侵染，再侵染频繁。多在7月中旬发生，8月为发病盛期。病害自下部叶片向上蔓延，严重时叶片焦枯。潮湿、多雨、露时长病害发生严重。甘肃省兰州市发病率普遍，严重度2~3级。

（四）防治技术

1）栽培措施　合理密植，降低田间湿度；及时清除下部病叶、老叶，以利于通风透光；冬前彻底清除田间病残体，减少初侵染源。

2）药剂防治　发病初期喷施50%甲基硫菌灵·硫磺悬浮剂800倍液、60%琥铜·乙铝锌可湿性粉剂500倍液、50%多菌灵可湿性粉剂600倍液及10%苯醚甲环唑水分散颗粒剂1000倍液。

二、红蓼白粉病

（一）症状

叶片、叶柄、茎秆均受害。病菌生于叶两面，但主要为害叶正面。叶面初生白色小粉斑，扩大后连成片，有些几乎覆盖全部叶片。叶柄、茎秆受害后，粉层较厚，有些呈毡状，灰白色（彩图5-9）。后期粉层中产生黑色小颗粒，即病菌的闭囊壳。

（二）病原

病原菌为真菌界白粉属蓼白粉菌（*Erysiphe polygoni* DC.）。分生孢子柱形、桶形，无色，大小为（29.4~38.8）μm×（12.9~15.3）μm（平均33.6μm×14.0μm）。闭囊壳散生或聚生，黑褐色至黑色，近球形，直径85.1~147.5μm（平均114.9μm），内有子囊多个（多为4个）。子囊卵形、广卵形，有柄或无柄，大小为（43.5~61.2）μm×（25.9~38.8）μm（平均53.1μm×32.0μm）。囊内有子囊孢子2~4个，长椭圆形，略显黄色，大小为（20.0~32.9）μm×（9.4~15.3）μm（平均24.1μm×12.2μm）。附属丝丝状，有些显曲折，多为5根以上，长短不一，长宽为（85.1~188.1）μm×（4.5~6.7）μm。

（三）病害循环及发病条件

病菌以闭囊壳随病残体在地表越冬。翌年温湿度条件适宜时，释放子囊孢子引起初侵染。病斑上的分生孢子经风雨传播引起再侵染。病害多在6月中下旬发生，7、8月高温季节发生较重。干旱及潮湿的环境中均严重发生。甘肃省岷县和兰州市等地普遍发生。

（四）防治技术

1）栽培措施　初冬彻底清除田间病残体，减少越冬菌源。
2）药剂防治　发病初期喷施12.5%烯唑醇可湿性粉剂1500倍液、15%三唑酮可湿性粉剂1000倍液、50%多菌灵磺酸盐可湿性粉剂800倍液、4%嘧啶核苷类抗生素500~800倍液及40%氟硅唑乳油4000倍液。

第三节　何首乌病害

何首乌[*Fallopia multiflora*（Thunb.）Harald]为蓼科多年生缠绕草本植物，以块根及藤入药，味苦、甘、涩，性温，归肝、肾经，具有补肝肾、益精血、养心安神、乌须发等功效，临床多选用制何首乌以治疗须发早白、腰膝酸软、痈疽、肠燥便秘等症。何首乌多为野生，主产于贵州、四川等地，已有少量人工栽培。常见病害有叶斑病、轮纹病等，均轻度发生。

一、何首乌叶斑病

（一）症状

叶部初生中小型（2~8mm）圆形、近圆形病斑，中部灰白色，稍下陷，边缘紫褐色，稍隆起，较宽，外围有晕圈。后期中部生有黑色小颗粒，即病菌的分生孢子器。发病严重时，病斑相互连接，叶片干枯。

（二）病原

病原菌为真菌界壳针孢属红蓼壳针孢（*Septoria polygonorum* Desma.）。分生孢子器近球形、扁球形，黑褐色，直径71.7~152.3μm（平均106.9μm），高62.1~129.9μm（平均93.5μm）。分生孢子无色，针状，直或稍弯曲，隔膜不清晰，大小为（22.3~50.6）μm×（1.4~1.8）μm（平均30.8μm×1.6μm）。

（三）病害循环及发病条件

参考红蓼斑枯病。

（四）防治技术

参考红蓼斑枯病。

二、何首乌轮纹病

（一）症状

叶面产生大中型（6~15mm）病斑，圆形、近圆形，边缘紫红黑色，较宽，与健康组织分界不明显，中部灰褐色，有同心轮纹，后期其上生有黑色小颗粒，即病菌的分生孢子器。

（二）病原

病原菌为真菌界壳二胞属蓼生壳二胞（*Ascochyta polygonicola* Kabát & Bubák）。分生孢子器黑褐色，球形、扁球形，直径107.5~170.2μm（平均138.4μm），高107.5~147.8μm（平均126.6μm）。分生孢子长椭圆形、圆柱形，两端较圆，具1个隔膜，分隔处缢缩，大小为（5.9~10.6）μm×（2.9~4.1）μm（平均8.2μm×3.3μm）（图5-8）。

图 5-8　何首乌轮纹病菌
分生孢子

（三）病害循环及发病条件

病菌以分生孢子器随病残体在地表越冬。翌年温湿度条件适宜时，释放分生孢子，引起初侵染。甘肃省陇西县多在7~8月轻度发生。多雨、露时长、潮湿、植株密集、通风不良的地方病害发生严重。

（四）防治技术

1）栽培措施　合理密植以利于通风透光；彻底清除病残体，减少越冬菌源。

2）药剂防治　发病初期喷施50%苯菌灵可湿性粉剂1500倍液、80%代森锰锌可湿性粉剂600倍液、40%多·硫悬浮剂800倍液及78%波·锰锌可湿性粉剂600倍液。

第四节　萹　蓄　病　害

萹蓄（*Polygonum aviculare* L.）为蓼科一年生草本植物。以全草入药，味苦，性微寒，归膀胱经，有利尿、清热等功效，主要用于治疗热淋、石淋、阴痒等症。全省都有分布，主要产于河南、四川、浙江、山东、吉林、河北等地。主要病害有锈病和白粉病等。

一、萹蓄白粉病

（一）症状

叶片、叶柄及蔓茎均受害。叶片两面产生白色小粉斑，后扩大至整个叶面、叶柄及蔓茎，覆盖一层白色、灰白色粉层。后期白粉层中产生黑色小颗粒，即病菌的闭囊壳。

（二）病原

病原菌为真菌界白粉属蓼白粉菌（*Erysiphe polygoni* DC.）。详见大黄白粉病。

（三）病害循环及发病条件

病菌以闭囊壳随病残体在地表越冬，或在荞麦、巴天酸模、红蓼等植物上越冬。翌年环境条件适宜时，子囊孢子萌发侵染寄主。病部产生分生孢子，借风雨传播，有多次再侵染。生长后期（10月）产生闭囊壳。甘肃省凉州区、漳县及临夏州等地普遍发生，发病率15.0%~37.0%，严重度1~3级。

（四）防治技术

参考大黄白粉病。

二、萹蓄锈病

（一）症状

叶片及蔓茎均受害。叶部初生淡黄褐色小点，后扩大，隆起呈长椭圆形疱状黄褐色夏孢子堆，多散生，少数聚生，表皮破裂后散出粉状夏孢子。后期产生黑褐色长椭圆形疱状冬孢子堆。发生严重时，孢子堆常相互连接成大孢子堆，蔓茎上常连成1cm以上条状孢子堆。

（二）病原

病原菌为真菌界单胞锈菌属萹蓄单胞锈菌[*Uromyces polygoni-avicularis*（Pers.）P. Karsten]。夏孢子近球形、椭圆形，黄褐色，大小为（18.0~28.0）μm×（17.0~23.0）μm，壁厚，表面有细刺，芽孔腰生，3~4个。冬孢子单胞，近球形、倒卵形，褐色、栗褐色，大小为（25.0~40.0）μm×（15.0~20.0）μm，顶壁厚，为2.5~7.5μm，表面光滑，有长柄。

（三）病害循环及发病条件

病菌越冬情况不详。甘肃省凉州区、古浪县、天祝藏族自治县（天祝县）、甘州区、临泽县、兰州市及迭部县均有发生。各地发病程度不同，凉州区发病率20%~35%，严重度2~3级。

（四）防治技术

参考大黄锈病。

三、萹蓄霜霉病

（一）症状

叶片正面初生黄绿色、不规则形病斑，边缘清晰，后变为黄褐色，叶背产生稀疏的白色至灰白色霉层。

（二）病原

病原菌为色藻界霜霉属蓼霜霉（*Peronospora polygoni* Thuem ex A. Fischer.）。据孟有儒（2003）记载,孢囊梗自叶背气孔伸出，全长208.1~475.4μm（平均348.5μm），

无色，无隔，粗5.7~12.5μm（平均8.7μm）。上部呈二叉分枝2~4次，末枝二叉或三叉锐角分枝，顶端平钝，小枝长5.0~17.4μm（平均9.7μm）。孢子囊椭圆形、近梭形，褐色，具乳突，大小为（22.4~39.8）μm×（12.5~22.4）μm，长宽比1∶1.2。卵孢子圆形，黄褐色。

（三）病害循环及发病条件

病菌越冬情况不详。甘肃省民乐县零星发生。

（四）防治技术

1）栽培措施　发现病株及时拔除，集中销毁。
2）药剂防治　发病初期喷施64%杀毒矾可湿性粉剂400倍液、58%甲霜灵·锰锌可湿性粉剂500倍液、69%锰锌·烯酰可湿性粉剂600倍液、78%波·锰锌可湿性粉剂500倍液及50%氯溴异氰尿酸可溶性粉剂1000倍液。

第六章　唇形科药用植物病害

第一节　丹　参　病　害

丹参（*Salvia miltiorrhiza* Bunge）为唇形科多年生草本植物，又名赤参、紫丹参。以根入药，味苦，性微寒，归心、心包、肝经，具有活血调经、消肿止痛的功效，临床应用甚广，主要用于治疗血瘀心痛、月经不调、神经衰弱、痛肿丹毒等症。主产于四川、安徽等省，甘肃省也有一定的栽植面积。主要病害有轮纹病和细菌性叶斑病等。

一、丹参轮纹病

（一）症状

有2种症状类型。

1）叶面初生淡绿色小点，扩大后呈中型（10~14mm）椭圆形褐色病斑，中部色浅，稍现轮纹，上生黑色小颗粒，即病菌的分生孢子器。病斑外缘有不太明显的黄色晕圈。

2）叶部产生黑褐色至黑色病斑，圆形、不规则形，中心灰色，大小为2~3mm。有些病斑为近圆形、多角形，红褐色，5~7mm，上生黑色小颗粒，即病菌的分生孢子器。后期病斑脱落形成穿孔。严重时叶面呈污斑状。

（二）病原

病原菌为真菌界壳二胞属（*Ascochyta* spp.）的真菌。

1）*Ascochyta* sp.1。分生孢子器扁球形、近球形，黑色、直径116.5~156.8μm（平均138.9μm），高107.5~143.3μm（平均125.4μm）。分生孢子花生形、杆状，两端圆，直或稍弯曲，具1个隔膜，隔膜处缢缩，大小为（8.2~16.5）μm×（4.1~5.9）μm（平均12.4μm×4.9μm）（图6-1a）。

2）*Ascochyta* sp.2。分生孢子器扁球形、近球形，孔口明显，黑色，直径

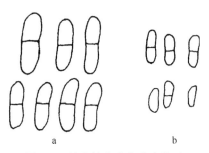

图6-1　丹参轮纹病菌分生孢子

a. *Ascochyta* sp.1；b. *Ascochyta* sp.2

85.1~134.4μm（平均115.3μm），高76.1~125.4μm（平均106.4μm）。分生孢子圆柱形、花生形，无色，具0~1个隔膜，大小为（4.7~8.2）μm×（1.8~2.6）μm（平均7.1μm×2.2μm）（图6-1b）。

（三）病害循环及发病条件

病菌以分生孢子器和菌丝体随病残体在地表越冬。翌年温湿度条件适宜时，引起初侵染。病斑上产生的分生孢子借风雨传播引起再侵染。在降雨多、露时长、植株郁闭、田间湿度大的情况下病害发生较严重。甘肃省陇西县发病普遍，严重度2级。

（四）防治技术

1）栽培措施　初冬彻底清除田间病残组织，减少翌年初侵染源；栽植密度适当，以利于通风透光；增施磷、钾肥，提高寄主抗病力。

2）药剂防治　发病初期喷施70%代森锰锌可湿性粉剂500倍液、60%琥铜·乙铝锌可湿性粉剂500倍液、75%百菌清可湿性粉剂600倍液、70%丙森锌可湿性粉剂600倍液及10%苯醚甲环唑水分散颗粒剂1500倍液。

二、丹参灰斑病

（一）症状

叶面产生大中型（12~20mm）病斑，圆形、椭圆形，病斑明显分为3层。外层淡褐色，向外逐渐变淡，病健组织交界处不明显。中层深褐色，中心白色至灰白色，上生黑色小颗粒，即病菌的分生孢子器（彩图6-1）。

（二）病原

病原菌为真菌界叶点霉属薄荷叶点霉（*Phyllosticta menthae* Bresadola）。分生孢子器扁球形、近球形，黑褐色，直径120.9~125.4μm（平均122.4μm），高107.5~112.0μm（平均109.0μm）。分生孢子单胞，无色，椭圆形、长椭圆形，大小为（4.7~7.1）μm×（1.4~1.8）μm（平均5.5μm×1.6μm）。

（三）病害循环及发病条件

病菌以分生孢子器和菌丝体随病残体在地表越冬。翌年环境条件适宜时，进行初侵染。病斑上产生的分生孢子借风雨传播进行再侵染。甘肃省陇西县及岷县零星发生。

（四）防治技术

参考丹参轮纹病。

三、丹参灰霉病

（一）症状

叶面产生大中型（10~20mm）椭圆形、近圆形病斑。边缘黑褐色，中部黄褐色，较薄，稍现轮纹，上有褐色丝状体，常脱落形成穿孔。有些病斑自叶尖向内扩展成"V"形，后变褐枯死，上生褐色丝状体（彩图6-2）。

（二）病原

病原菌为真菌界葡萄孢属（*Botrytis* sp.）的真菌。分生孢子梗褐色，有隔，基部膨大，壁上有明显的突起，端部分枝。梗长宽为（1433.3~1522.9）μm×（10.6~18.8）μm。分生孢子单胞，无色，卵圆形、椭圆形，大小为（10.6~14.1）μm×（7.1~8.2）μm（平均12.0μm×7.3μm）。

（三）病害循环及发病条件

病菌主要以菌核随病残体在土壤中越冬。翌年环境条件适宜时，产生分生孢子，引起初侵染。病部产生的分生孢子引起再侵染。低温、阴雨时发病较重；植株密集、通风不良处发病也重。甘肃省岷县和陇西县轻度发生。

（四）防治技术

1）栽培措施　初冬彻底清除田间病残组织，减少翌年初侵染源。
2）药剂防治　发病初期喷施65%硫菌·霉威可湿性粉剂1200倍液、50%异菌脲可湿性粉剂1200倍液、28%百·霉威可湿性粉剂600倍液、25%咪鲜胺乳油2000倍液及20%二氯异氰尿酸钠可湿性粉剂900倍液。

四、丹参细菌性叶斑病

（一）症状

主要为害叶片、叶柄和幼茎。叶片发病主要在叶脉附近产生多角形、椭圆形、不规则形红褐色病斑，油渍状，大小不一，病斑边缘明显或不明显。表面光滑或略有皱纹。叶柄、嫩茎上产生褐色油渍状条斑。

（二）病原

病原菌为原核生物界假单胞菌属（*Pseudomonas* sp.）的细菌，种待定。

（三）病害循环及发病条件

病菌越冬情况不详。甘肃省陇西县和岷县轻度发生。

（四）防治技术

1）栽培措施　初冬彻底清除田间病残组织，减少翌年初侵染源。

2）药剂防治　发病初期喷施53.8%氢氧化铜干悬浮剂1200倍液、72%农用链霉素可溶性粉剂4000倍液、50%氯溴异氰尿酸可溶性粉剂1200倍液及50%琥胶·肥酸铜可湿性粉剂500倍液。

第二节　薄荷病害

薄荷（*Mentha canadensis* L.）为唇形科多年生草本植物。以全草入药，性凉，味辛，归肺、肝经，具清热、散风发汗、清头目、利咽喉等功效，临床用于治疗咽喉肿痛、风热头痛、胸闷胁痛等症，亦可治疗麻疹初起、麻疗不透之症。全国各地均有栽植，主要产于江苏省的太仓，以及浙江、湖南等省。主要病害有锈病、白粉病、灰斑病和霜霉病等。

一、薄荷锈病

（一）症状

叶片、茎秆均受害。叶面初生黄色小点，扩大后呈近圆形黄色斑点，中部变褐。后在叶背形成近圆形、椭圆形隆起的疱斑，即病菌的夏孢子堆。最后在叶背、叶柄及茎秆上散生黑褐色球形冬孢子堆，严重时叶片变畸形（彩图6-3）。

（二）病原

病原菌为真菌界柄锈菌属薄荷柄锈菌（*Puccinia menthae* Pers.）。单主寄生。夏孢子单胞，球形、椭圆形，淡黄色，表面有小刺突，大小为（18.8~24.7）μm×（15.3~23.5）μm（平均22.6μm×20.1μm），壁厚1.8~2.4μm。冬孢子双胞，椭圆形，深褐色，大小为（22.3~28.2）μm×（17.6~22.3）μm（平均25.2μm×20.2μm）。柄长宽为（59.8~80.0）μm×（5.3~5.9）μm（平均67.3μm×5.4μm）。

（三）病害循环及发病条件

病菌以冬孢子和夏孢子在病组织上越冬。夏孢子在低温下可存活187天，萌发适温18℃，30℃以上不萌发。冬孢子在15℃以下形成，越冬后产生小孢子进行初侵染（韩金声，1994）。温度适中、降雨多、露时长则有利于病害发生。6月上旬开始发生，8月中旬达发病高峰。甘肃省陇西县及岷县发病率20%左右，严重度2~3级。

（四）防治技术

1）栽培措施　初冬彻底清除田间病残组织，减少初侵染源。

2）药剂防治　发病初期喷施15%三唑酮可湿性粉剂1000倍液、80%代森锰锌可湿性粉剂500倍液，50%萎锈灵乳油800倍液、50%硫磺悬浮剂300倍液、12.5%烯唑醇可湿性粉剂4000倍液、25%丙环唑乳油4000倍液及25%嘧菌酯悬浮剂1000~1500倍液。

二、薄荷白粉病

（一）症状

主要为害叶片。初期在叶片正、背面均生有白色小粉斑，扩展后相互连接，直至覆盖全叶，粉层稀疏、较薄（彩图6-4）。

（二）病原

病原菌为真菌界白粉菌属小二孢白粉菌（*Erysiphe biocellata* Ehrenb.）。分生孢子单胞，无色，腰鼓形、长椭圆形、柱形，大小为（18.8~32.4）μm×（11.8~17.6）μm（平均25.2μm×15.1μm）。形态、大小与该菌的无性态吻合，未发现有性态。

（三）病害循环及发病条件

病菌越冬情况不详。病斑上产生的分生孢子借风雨传播，再侵染频繁。甘肃省陇西县发病率约20%，严重度1~2级。

（四）防治技术

1）栽培措施　初冬彻底清除田间病残组织，减少初侵染源。

2）药剂防治　发病初期喷施40%百菌清悬浮剂600倍液、20%三唑酮乳油1500倍液、25%丙环唑乳油4000倍液、40%氟硅唑乳油4000倍液及45%噻菌灵悬浮剂1000倍液。

三、薄荷霜霉病

（一）症状

叶面初生淡黄色小点，扩大后呈中小型多角形淡褐色至褐色病斑。叶背产生较稠密的淡蓝紫色霉层（彩图6-5）。

（二）病原

病原菌为色藻界霜霉属薄荷霜霉（*Peronospora menthae* X. Y. Cheng & H. C. Bai）。据程秀英和白宏彩（1986）报道，孢囊梗直立，单枝或多枝，无色或略带灰白色，大小为（291~497）μm×（7~14）μm（平均400μm×10μm）。基部渐细，上部呈二叉状锐角分枝6~8次，不对称，末枝尖细略弯，大小为（10~18.5）μm×（1.9~2.5）μm（平均14.5μm×2.3μm）。孢子囊卵形，淡褐紫色，大小为（22~46）μm×（20~44）μm（平均31.5μm×28.5μm），长宽比1∶1。未见卵孢子。

（三）病害循环及发病条件

病菌以带菌种子或卵孢子在病残组织上越冬。翌年，栽植带菌母根，病菌随新叶生长侵染幼芽，成为初侵染源。病斑上产生的孢子囊及游动孢子借雨水传播。低温（<16℃）、高湿（相对湿度大于75%）有利于病害的发生和流行。甘肃省平凉地区零星发生。

（四）防治技术

1）栽培措施　发现病株及时拔除，集中销毁。
2）药剂防治　发病初期喷施64%杀毒矾可湿性粉剂400倍液、58%甲霜灵·锰锌可湿性粉剂500倍液、69%锰锌·烯酰可湿性粉剂600倍液、78%波·锰锌可湿性粉剂500倍液及50%氯溴异氰尿酸可溶性粉剂1000倍液。

四、薄荷灰斑病

（一）症状

主要为害叶片。叶面产生中小型椭圆形、长条形病斑，边缘褐色，隆起，中部灰白色，较薄，上生黑色小颗粒，即病菌的分生孢子器（彩图6-6）。

（二）病原

病原菌为真菌界叶点霉属薄荷叶点霉（*Phyllosticta menthae* Bresadola）。分生孢子器扁球形，灰褐色至褐色，直径98.5~112.0μm（平均106.0μm），高76.1~85.0μm（平均82.1μm）。分生孢子单胞，无色，椭圆形，大小为（3.5~5.9）μm×（1.8~3.5）μm（平均4.8μm×2.4μm），内有油珠。

（三）病害循环及发病条件

病菌以分生孢子器随病残体在地表越冬。翌年温湿度条件适宜时，释放分生孢子，进行初侵染。病斑上产生的分生孢子可进行再侵染。降雨多、露时长、湿度大有利于病害发生。甘肃省陇西县及岷县均有轻度发生。

（四）防治技术

1）栽培措施　初冬彻底清除田间病残组织，减少初侵染源。

2）药剂防治　发病初期喷施70%甲基硫菌灵悬浮剂800倍液、30%氧氯化铜悬浮剂800倍液、1.5%多抗霉素可湿性粉剂150~200倍液、78%波·锰锌可湿性粉剂600倍液及10%苯醚甲环唑水分散颗粒剂1500倍液。

第三节　藿香病害

藿香[*Agastache rugosa*（Fisch. & Mey.）O. Ktze.]为唇形科一年生或多年生草本植物。以全草入药，性微温，味辛，归脾、胃、肺经，含广藿香醇、广藿香酮等。有祛湿、辟秽的功效，治疗头痛、胃痛等症。主要产于广东、海南等地。主要病害有白粉病、轮纹病和褐斑病。

一、藿香轮纹病

（一）症状

主要为害叶片，叶部产生圆形、近圆形黑色病斑，略显轮纹，中部灰色至红灰色，其上散生黑色小颗粒，即病菌的分生孢子器。病斑易破裂，形成穿孔，茎秆上形成梭形、椭圆形灰褐色病斑（彩图6-7）。

（二）病原

病原菌为真菌界壳二胞属淡竹壳二胞 [*Ascochyta osmophila*（Davis）G. Z. Lu & J. K. Bai]。分生孢子器近球形、扁球形，黑褐色，孔口明显，直径80.6~162.9μm（平均103.0μm），高71.7~134.4μm（平均87.3μm）。分生孢子无色，椭圆形、长椭圆形，具0~1个隔膜，大小为（4.7~8.2）μm×（2.4~2.6）μm（平均5.7μm×2.5μm）。

（三）病害循环及发病条件

病菌以分生孢子器及菌丝体随病残体于地表越冬。翌年环境条件适宜时，释放分生孢子，借风雨传播引起初侵染，有再侵染。8月普遍发生，植株稠密处病害发生严重。甘肃省陇西县及岷县发病率12%~15%。严重度1~2级。

（四）防治技术

1）栽培措施　初冬彻底清除田间病残组织，减少初侵染源。

2）药剂防治 发病初期喷施70%代森锰锌可湿性粉剂500倍液、5%苯菌灵可湿性粉剂1500倍液、40%多·硫悬浮剂800倍液、45%噻菌灵悬浮剂1000倍液及78%波·锰锌可湿性粉剂600倍液。

二、藿香褐斑病

（一）症状

主要为害叶片。叶部产生中型（8~12mm）圆形、近圆形褐色病斑，中部颜色较淡，上生稀疏的黑色小颗粒，即病菌的分生孢子器（彩图6-8）。

（二）病原

病原菌为真菌界叶点霉属薄荷叶点霉（*Phyllosticta menthae* Bresadola）。分生孢子器扁球形、近球形，黑褐色，直径67.2~76.1μm（平均73.9μm），高67.2~76.2μm（平均72.9μm）。分生孢子单胞，无色，卵圆形、椭圆形，大小为（3.5~6.5）μm×（1.8~4.1）μm（平均4.7μm×3.1μm），内有2个油珠。

（三）病害循环及发病条件

参考薄荷灰斑病。甘肃省陇西县轻度发生。

（四）防治技术

参考薄荷灰斑病。

三、藿香白粉病

（一）症状

叶片、幼茎、花器均受害。病部初生白色、近圆形小粉斑，后扩大至全叶覆盖白粉，引起叶片变黄枯死。

（二）病原

病原菌为真菌界粉孢属（*Oidium* sp.）的真菌。分生孢子单胞，无色，桶形、腰鼓形，大小为（21.2~31.8）μm×（11.8~14.1）μm（平均25.8μm×13.0μm）。未发现有性态。

（三）病害循环及发病条件

病菌越冬情况不详。甘肃省陇西县轻度发生。

（四）防治技术

参考薄荷白粉病。

第四节 黄 芩 病 害

黄芩（*Scutellaria baicalensis* Georgi）为唇形科多年生草本植物。以根入药，味苦，性寒，归肺、胆、脾、胃、大肠、小肠经，有清凉、解热、消炎、健胃等功效。主产于我国北方，甘肃省有较大面积种植。病害种类有白粉病、灰霉病和灰斑病等。

一、黄芩白粉病

（一）症状

叶面初生白色小粉斑，扩大后呈不规则形粉斑，严重时白粉覆盖叶片两面（彩图6-9）。后期白粉中产生黑色小颗粒，即病菌的闭囊壳。

（二）病原

病原菌为真菌界白粉菌属（*Erysiphe* sp.）的真菌。闭囊壳球形、近球形，黑褐色，直径103.0~179.2μm（平均138.9μm），高89.5~179.2μm（平均136.3μm）。附属丝丝状，15~20根。闭囊壳内有子囊多个，子囊袋状，大小为（56.5~72.9）μm×（23.5~42.3）μm

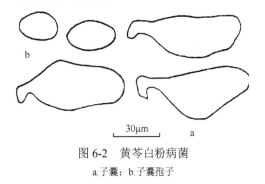

图 6-2 黄芩白粉病菌
a.子囊；b.子囊孢子

（平均65.9μm×32.5μm）。内有子囊孢子2个以上，子囊孢子卵圆形，单胞，无色，大小为（27.1~31.8）μm×（16.5~20.0）μm（平均29.2μm×18.5μm）（图6-2）。

（三）病害循环及发病条件

病菌以闭囊壳及菌丝体随病残体于地表越冬。翌年条件适宜时侵染寄主。病部产生的分生孢子借风雨传播进行再侵染。植株郁闭、阴湿条件下发生较重，干旱条件下发生也重，湿度对病害发生的影响不明显。甘肃省陇西县轻度发生。

（四）防治技术

参考薄荷白粉病。

二、黄芩灰霉病

（一）症状

叶片、叶柄、嫩茎、花器均受害。叶片多自叶缘发病，向内扩展呈长椭圆形褐色病斑，稍现轮纹，常在叶背长出灰褐色霉状物，粗壮的分生孢子梗肉眼可见。茎秆受害产生大型长条形病斑，其上部组织全部变褐，四周的霉状物如毛刷状。残花上亦长出褐色丝状物及灰色孢子球。

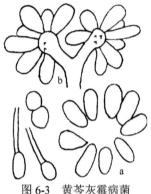

图6-3　黄芩灰霉病菌

a.分生孢子；b.分生孢子梗顶端分枝

（二）病原

病原菌为真菌界葡萄孢属灰葡萄孢（*Botrytis cinerea* Pers.）。菌丝无色至淡褐色，粗1.2~1.8μm。分生孢子梗褐色，多隔，长宽为（450.0~716.6）μm×（9.4~18.8）μm，直或稍弯曲，壁上有小瘤突。分生孢子长椭圆形、椭圆形，无色，一端稍细，大小为（8.2~16.5）μm×（5.9~8.2）μm（平均10.6μm×7.3μm）（图6-3）。

（三）病害循环及发病条件

病菌以菌丝体在病残体内越冬，另外温棚黄瓜、西葫芦、番茄、茄子及多种花卉上的灰霉菌可直接传至黄芩引起侵染。该菌的寄主范围很广，在温棚中种植的多种蔬菜，如有灰霉病的发生，当棚膜揭开后，孢子大量飞散，侵染黄芩等周围的植物。该病在低温、高湿条件下发生严重，降雨多、露时长、湿度大、植株过密等条件下病害发生严重。甘肃省陇西县发病率约10%，严重度1~2级。

（四）防治技术

1）栽培措施　黄芩种植地远离温棚和大棚蔬菜；初冬彻底清除田间病残组织，减少初侵染源。

2）药剂防治　发病初期喷施2%多抗霉素水剂200倍液、50%乙烯菌核利可湿性粉剂1000~1500倍液、40%嘧霉胺可湿性粉剂800~1000倍液、25%咪鲜胺乳油2000倍液及50%异菌脲可湿性粉剂1000倍液及65%硫菌·霉威可湿性粉剂1500倍液。

三、黄芩灰斑病

（一）症状

叶片受害初生褪绿小点，后扩大呈长椭圆形、长条形病斑，边缘褐色隆起，中部银灰色、灰白色，其上产生黑色小颗粒，即病菌的分生孢子器。

（二）病原

病原菌为真菌界叶点霉属薄荷叶点霉（*Phyllosticta menthae* Bresadola）。分生孢子器扁球形、近球形，黑褐色，直径110.5~131.7μm（平均121.1μm），高108.2~129.4μm（平均118.8μm）。分生孢子长椭圆形，短杆状，两端圆，大小为（4.7~7.1）μm×（1.8~2.9）μm（平均5.8μm×2.4μm），内有1~2个油珠。

（三）病害循环及发病条件

参考薄荷灰斑病。甘肃省陇西县轻度发生。

（四）防治技术

参考薄荷灰斑病。

第五节　益母草病害

益母草（*Leonurus japonicus* Houtt）为唇形科一至二年生草本植物。以茎、叶、花、果实入药，味辛而苦，性微寒，归心、肝、膀胱经，具活血调经、利水消肿、清热解毒的功效。临床主要用于治疗血滞经闭、经行不畅、产后恶露不尽等，为"妇科之要药"。产于中国各地。主要病害有白粉病及灰斑病等。

一、益母草白粉病

（一）症状

主要为害叶片。叶两面初生近圆形小型白粉斑，后扩展至全叶，叶面覆盖稀疏的白粉层（彩图6-10）。后期在叶背的粉层中产生黑色小颗粒，即病菌的闭囊壳。

（二）病原

病原菌为真菌界白粉菌属鼬瓣花白粉菌（*Erysiphe galeopsidis* DC.）。分生孢子桶形、长椭圆形，单胞，无色，大小为（22.3~32.9）μm×（10.6~15.3）μm（平均29.2μm×13.3μm）。闭囊壳球形、近球形，黑褐色，直径143.3~179.2μm（平均150.5μm）。附属丝丝状，无色，有隔，有16根以上，长宽为（80.6~170.2）μm×（4.5~5.4）μm（平均116.5μm×4.9μm）。壳内有子囊多个。未见成熟的子囊孢子。

（三）病害循环及发病条件

病菌以闭囊壳随病残体在地表越冬。翌春温湿度适宜时，形成子囊孢子引起初侵染。病斑上产生的分生孢子借风雨传播引起再侵染。6月中旬开始发病，7~8月为发病盛期。植株稠密、郁闭处发病重。甘肃省陇西县发病率14%~23%，严重度1~2级。

（四）防治技术

参考薄荷白粉病。

二、益母草灰斑病

（一）症状

叶面初生淡绿色小点，扩大后呈小型（3~5mm）圆形病斑，灰白色，稍下陷，后期上生少量黑色小颗粒，即病菌的分生孢子器。

（二）病原

病原菌为真菌界叶点霉属（*Phyllosticta* sp.）的真菌。分生孢子器扁球形、近球形，黑褐色，直径62.7~111.9μm（平均98.7μm），高53.8~103.1μm（平均82.3μm）。分生孢子单胞，无色，长椭圆形，短杆状，两端圆，大小为（3.5~7.1）μm×（1.5~2.1）μm（平均5.2μm×1.8μm）。

（三）病害循环及发病条件

病菌以分生孢子器随病残体于地表越冬。翌年环境条件适宜时，释放分生孢子引起初侵染，有再侵染。7~8月为发生盛期，降雨多、露时长及湿度大时病害发生较重。甘肃省陇西县及岷县轻度发生。

（四）防治技术

参考薄荷灰斑病。

三、益母草轮纹病

（一）症状

主要为害叶片。叶部受害多自叶缘发病，向内扩展呈半圆形、半椭圆形中型（>10mm）病斑，褐色，有稀疏轮纹。后期病部产生黑色小颗粒，即病菌的分生孢子器。

（二）病原

病原菌为真菌界壳二胞属（*Ascochyta* sp.）的真菌。分生孢子器扁球形，黑褐色，直径89.6~116.5μm（平均103.0μm），高80.6~89.5μm（平均87.6μm）。分生孢子无色，花生形、柱形，具1个隔膜，隔膜处缢缩或不缢缩，大小为（4.7~10.6）μm×（2.4~4.7）μm（平均8.9μm×3.7μm），内有1~2个油珠。

（三）病害循环及发病条件

病菌以分生孢子器随病残体于地表越冬。翌年温湿度条件适宜时释放分生孢子进行初侵染。降雨多、湿度大有利于病菌的萌发和侵染，有再侵染。甘肃省陇西县及岷县轻度发生。

（四）防治技术

参考藿香轮纹病。

四、益母草菌核病

（一）症状

初期，病株稍显失水，叶片发灰，后叶片逐渐萎蔫。根茎部变灰白色，并向上扩展，维管束内有白色菌丝，并生有黑色菌核，小如绿豆，大如黄豆（彩图6-11）。植株地上部分逐渐枯黄而死。

（二）病原

病原菌为真菌界核盘菌属核盘菌[*Sclerotinia sclerotiorum*（Lib.）de Bary]。详见防风菌核病。

（三）病害循环及发病条件

病菌主要以菌核随病残体在土壤中越冬。条件适宜时，菌核萌发产生子囊盘及子囊孢子，借风雨、气流传播引起初侵染。6月中旬开始发生，8月中旬达发病高峰，甘肃省陇西县发病率15%~25%，严重度2~3级。

（四）防治技术

参考防风菌核病。

五、益母草白霉病

（一）症状

主要为害叶片。叶面初生褐色小点，扩大后呈近圆形、多角形、椭圆形中小型病斑，边缘褐色，较宽，不明显，中部灰白色隆起或下陷，叶背产生白色霉层。

（二）病原

病原为真菌界柱隔孢属益母草柱隔孢（*Ramularia leonuri* Sorokin.）。分生孢子梗无色，4~6根束生，直或稍弯曲，有隔，产孢痕明显，大小为（34.1~73.0）μm×（3.5~4.7）μm（平均55.5μm×3.6μm）。分生孢子圆柱形，杆状，直，无色，两端圆，无隔，孢子有长椭圆形，较少，有孢脐，大小为（10.6~31.8）μm×（2.9~4.7）μm（平均17.5μm×4.2μm）。

（三）病害循环及发病条件

病菌在病残体上越冬，翌年条件适宜时病原菌产生大量分生孢子，通过气流传播。

（四）防治技术

1）栽培措施　收获后彻底清除田间病残体，减少初侵染源；与非寄主进行2~3年的轮作。

2）化学防治　发病初期喷施25%咪鲜胺乳油1000~2000倍液、40%嘧霉胺可湿性粉剂1200倍液、50%异菌脲可湿性粉剂1200倍液、10%苯醚甲环唑可湿性粉剂1000倍液及65%甲硫·乙霉威可湿性粉剂1000~1500倍液。

六、益母草褐斑病

（一）症状

主要为害叶片。在叶片上形成小型病斑（2~3mm），病斑边缘颜色深，中央颜色浅，其上有小黑点形成，此为病原菌的分生孢子器。

（二）病原

病原菌为真菌界野芝麻壳针孢（*Septoria lamii* Passerini）。分生孢子器球形、扁球形，直径86.0~165.0μm，高80.0~130.0μm；具明显孔口。产孢细胞单胞，分生孢子针形，基部钝圆，顶端尖，无色，弯曲，隔膜较多，3~14个隔膜，大小为（48.0~90.0）μm×（1.0~1.8）μm（平均62.0μm×1.6μm）。

（三）病害循环及发病条件

病菌主要在病残体及土壤中越冬，通过雨水及农事操作传播。7月上旬开始发病，7月中旬为发病盛期。甘肃省陇西县发生较重。

（四）防治技术

参考当归褐斑病。

第六节 香薷病害

香薷即海川香薷[*Elsholtzia ciliata*（Thunb.）Hyland]为唇形科多年生草本植物。以全草入药，味辛，性微温，归肺、脾、胃经，具发汗解表、和中利湿等功效。用于暑湿感冒、恶寒发热、头痛无汗等症。主要病害有霜霉病、白粉病和斑枯病等。

一、香薷霜霉病

（一）症状

叶面初生淡黄绿色小点，扩大后呈多角形、不规则形褐色病斑，边缘清晰，叶背生有灰白色至灰褐色霉层，稀疏不匀。

（二）病原

病原菌为色藻界霜霉科的多个属菌，根据观测及查阅资料，甘肃省有3种霜霉菌。

1）香薷霜霉（*Peronospora elsholtziae* T. R. Liu & Pai）。孢囊梗自叶背气孔伸出，基部稍膨大，长宽为（226.0~488.0）μm×（7.8~12.2）μm，主轴长占全长的1/2~2/3，上部叉状分枝3~5次。孢子囊近球形、椭圆形，淡褐色，无乳突，大小为（20.0~27.0）μm×（16.0~24.0）μm。卵孢子未见（刘惕若和白金铠，1985）。

2）香薷轴霜霉（*Plasmopara elsholtziae* Tao & Qin）。孢囊梗自叶背气孔伸出，有隔，1~4个分枝，全长257.3~437.9μm（平均352.6μm）。主轴长189.6~319.1μm（平均287.7μm），占全长的2/3~3/4，粗6.8μm。上部单轴分枝3~6次，末枝常直或稍弯曲，圆锥形，常2~3枝直角分枝，顶端平截，有的稍凹陷，粗1.7~13.4μm。孢子囊卵圆形、椭圆形，无色，具乳突或无乳突，有的有短柄，大小为15.0~23.4μm（平均19.8μm），宽13.4~16.7μm（平均15.4μm），长宽比1.1：1.4。卵孢子未见（余永年，1998）。

3）香薷假霜霉（*Pseudoperonospora elsholtziae* Tang）。菌丝灰白色。孢囊梗自气孔伸出，3~5枝丛生，无色，主轴长宽为（176.0~378.0）μm×（7.2~10.8）μm，占全长的2/3，基部膨大，顶端呈锐角分叉4~5次，小枝直或稍弯曲，长10.0~21.6μm。孢子囊椭圆形，淡褐色，大小为（18.7~21.6）μm×（14.4~19.0）μm，顶端有乳头状突起，孢子萌发释放出游动孢子（唐德志，1984）。未见卵孢子。

（三）病害循环及发病条件

病菌越冬情况不详。香薷霜霉病发生于甘肃省甘南州、民乐县和永昌县。香薷轴霜霉病发生于天水。香薷假霜霉病发生于康乐县和渭源县。多发生于高寒、阴湿地区，均为轻度发生。

（四）防治技术

1）栽培措施　初冬彻底清除田间病残体，减少初侵染源。

2）药剂防治　发病初期喷施58%甲霜灵·锰锌可湿性粉剂500倍液、70%乙膦·锰锌可湿性粉剂500倍液、52.5%恶唑菌铜可湿性粉剂1500倍液、10%氰霜唑悬浮剂50~100mg/L、69%锰锌·烯酰可湿性粉剂600倍液。

二、香薷白粉病

（一）症状

叶片、茎秆、花器均受害。初期叶片上形成圆形、不规则形粉斑，扩大后覆盖全叶。后期白粉层中产生黑色小颗粒，即病菌的闭囊壳。

（二）病原

病原菌为真菌界白粉菌属本间白粉菌（*Erysiphe hommae* Braun.）。分生孢子桶形、椭圆形，单胞，无色，大小为（20.3~35.6）μm×（11.3~17.8）μm。闭囊壳扁球形、近球形，黑褐色，直径85.0~105.0μm。附属丝丝状，不分枝，10~15根。壳内有子囊多个，卵形、近卵形，有柄或无柄，大小为（55.9~63.5）μm×（33.0~38.1）μm。囊内有子囊孢子3~4个，长卵形、长矩形，黄色，大小为（20.3~25.4）μm×（12.7~14.7）μm。

（三）病害循环及发病条件

病菌越冬情况不详。甘肃省古浪县和榆中县零星发生。

（四）防治技术

1）栽培措施　初冬彻底清除田间病残体，减少初侵染源。

2）药剂防治　发病初期喷施2%武夷霉素水剂200倍液、27%高脂膜100~200倍液、12.5%烯唑醇可湿性粉剂2500倍液、50%多菌灵·磺酸盐可溶性粉剂800倍液及25%丙环唑乳油4000倍液。

三、香薷斑枯病

（一）症状

叶面初生淡褐色小点，扩大后呈近圆形、椭圆形、多角形、不规则形小型（1~3mm）病斑，褐色，稍隆起。后期中部变为灰褐色至灰色，上生稀疏的褐色小颗粒，即病菌的分生孢子器。发病严重时，病斑相互连接，几乎布满全叶。

（二）病原

病原菌为真菌界壳针孢属（*Septoria* sp.）的真菌。分生孢子器扁球形，黑褐色，直径94.8~134.1μm（平均118.7μm），高89.4~125.8μm（平均109.0μm）。分生孢子针形、线形，直或稍弯曲，最少有2个隔膜，大小为（41.2~62.3）μm×（1.7~2.0）μm（平均49.0μm×1.8μm）。

（三）病害循环及发病条件

病菌越冬情况不详。甘肃省天祝县发病率15%~20%，严重度1~2级。

（四）防治技术

参考丹参轮纹病。

第七节　紫　苏　病　害

紫苏[*Perilla frutescens*（L.）Britt.]为唇形科一年生草本植物，别名桂荏、白苏、赤苏等。以干燥全株入药，分为紫苏子、紫苏梗和紫苏叶。性味辛，微温，无毒。具有发汗解热、宣肺止咳、利尿、健胃、增强胃肠蠕动、祛痰等功效。中国华北、华中、华南、西南及台湾省均有野生种和栽培种。主要病害有褐斑病。

紫苏褐斑病

（一）症状

主要为害叶片。叶片发病时，形成近圆形、不规则形、大中型的褐色病斑，易破裂，其上形成黑色小颗粒，即病原菌的分生孢子器。

（二）病原

病原菌为真菌界壳二胞属紫苏壳二胞（*Ascochyta perillae* P. C. Chi.）。分生孢子器球形、扁球形，黄褐色，直径107.5~188.1μm（平均149.7μm），高89.6~161.1μm

（平均125.2μm）。分生孢子无色，圆柱状，椭圆形，具1个隔膜，隔膜处稍缢缩。大小为（5.9~11.8）μm×（2.9~4.1）μm（平均8.8μm×3.6μm）。

（三）病害循环及发病条件

病菌主要在病残体及土壤中越冬，通过雨水及农事操作传播。潮湿多雨有利于该病害的发生。

（四）防治技术

参考当归褐斑病。

第八节　荆芥病害

荆芥（*Nepeta cataria* L.）为唇形科多年生草本植物，别名香荆芥、线荠、四棱杆蒿、假苏。荆芥的干燥地上部分入药。性味辛，微温。具有解表散风、透疹等功效。产于新疆、甘肃、陕西、河南、山西、山东、湖北、贵州、四川及云南等地，人工栽培主产于安徽、江苏、浙江、江西、湖北、河北等地。主要病害有白粉病。

荆芥白粉病

（一）症状

主要为害叶片。叶片正、背面均受害，叶面初生白色小粉团，扩展后至全叶，后期在白粉层中产生黑色小颗粒，即病原菌的闭囊壳。

（二）病原

病原菌为真菌界白粉菌属的小二孢白粉菌（*Erysiphe biocellata* Ehrenb.）。闭囊壳近球形、球形，褐色、黑褐色，散生或聚生，大小为（94.1~147.8）μm×（85.1~134.4）μm（平均117.9μm×111.3μm）。子囊袋状，淡褐色，椭圆形、卵圆形，有柄或无柄，内有很多小油珠，大小为（58.8~80.0）μm×（24.7~37.6）μm（平均64.8μm×29.0μm）。附属丝丝状，多根，黄褐色，弯曲，不分枝，大小为（43.5~87.0）μm×（4.1~5.9）μm（平均60.7μm×5.2μm）。子囊孢子椭圆形、卵圆形，淡黄褐色，囊内有小孢子2个，大小为（21.2~28.2）μm×（12.9~18.8）μm（平均25.6μm×14.8μm）。分生孢子圆柱形、桶形，无色，大小为（21.2~32.9）μm×（12.9~15.3）μm（平均25.9μm×14.4μm）。

（三）病害循环及发病条件

病菌主要以闭囊壳在病残体及土壤中越冬，第二年闭囊壳释放出子囊孢子侵染为害；借气流及风雨传播。

（四）防治技术

参考防风白粉病。

第七章　菊科药用植物病害

第一节　牛蒡病害

牛蒡(*Arctium lappa* L.)为菊科二年生草本植物。以果实入药,味辛而苦,性寒,归肺、胃经,有疏散风热、宣肺透疹、消肿解毒等功效。主产于东北、河北、浙江等地。以东北产量最大,称为"大力子",浙江产质量最佳,称为"杜大力",其肉质根可作为营养保健的蔬菜。主要病害有轮纹病和白粉病。

一、牛蒡白粉病

(一)症状

成株、幼苗均受害,为害叶片、叶柄、茎秆和花萼。发病初期在叶片两面产生白色粉状斑,后扩展至整个叶片,为病菌的分生孢子梗和分生孢子(彩图7-1)。后期,菌丝体开始消退,留下深褐色的斑片,上生稀疏的黑色小颗粒,即病菌的闭囊壳。发病严重时,叶片、枝条甚至全株枯死。

(二)病原

病原菌为真菌界单囊壳属棕丝单囊壳[*Sphaerotheca fusca*(Fr.)Blum.]。闭囊壳球形、近球形,暗褐色,直径60.0~95.0μm。附属丝菌丝状,有隔,8~15根,闭囊壳内含1个子囊,子囊卵圆形或近球形,大小为(50.0~59.0)μm×(50.0~70.0)μm,无色,内含8个子囊孢子。子囊孢子椭圆形或卵圆形,无色或淡黄色,大小为(15.0~20.0)μm×(12.5~15.0)μm。分生孢子无色,椭圆形至桶形,大小为(22.3~31.8)μm×(14.1~17.6)μm(平均27.8μm×15.3μm)。

(三)病害循环及发病条件

病菌以闭囊壳随病残体在地表越冬。翌年条件适宜时,以子囊孢子进行初侵染,病斑上产生的分生孢子借风雨传播引起再侵染。分生孢子在10~30℃均可萌发,20~25℃为最适温度(周军等,2007)。7月中旬发病,8月为发病盛期。甘肃省凉州区、天祝县和兰州市普遍发生,发病率20%~25%,严重度1~3级。

(四)防治技术

1)栽培措施　合理施肥,增施磷、钾肥,提高植物抗病力;收获后彻底清除田间病株残体，集中烧毁或沤肥，减少越冬菌源。老、重病田与非菊科作物实行2~3年轮作。

2）药剂防治　发病前用1∶1∶200波尔多液保护。发病初期喷施20%三唑酮乳油2000倍液、50%多·硫悬浮剂500倍液、武夷霉素100倍液、12.5%烯唑醇可湿性粉剂2000倍液及45%噻菌灵悬浮剂1000倍液。

二、牛蒡轮纹病

（一）症状

叶面产生圆形、近圆形病斑，大小为8~15mm，暗褐色至栗褐色，边缘不明显。后期病斑中心变为灰白色至黄褐色，稍下陷，有稀疏轮纹，上生黑色小颗粒，即病菌的分生孢子器（彩图7-2）。

（二）病原

病原菌为真菌界壳二胞属牛蒡壳二胞（*Ascochyta lappae* Kab. & Bub.）。分生孢子器球形至扁球形，黑色，初埋生于寄主组织中，后突破表皮外露，直径89.6~161.2μm（平均131.2μm），高85.1~143.3μm（平均114.9μm），孔口明显。分生孢子卵形、圆柱形、长椭圆形，具0~1个隔膜，无色，大小为（4.7~9.4）μm×（1.8~4.1）μm（平均7.2μm×2.7μm）。

（三）病害循环及发病条件

病菌以菌丝体及分生孢子器随病残组织在地表越冬。翌年温湿度条件适宜时，萌发进行初侵染。分生孢子借气流传播，再侵染频繁。潮湿、通气不良的条件下发病较重。甘肃省陇西县和凉州区中度发生，发病率40%~45%，严重度2~3级。

（四）防治技术

1）栽培措施　施足底肥、合理追肥，提高寄主抗病力；冬前彻底清除田间病残组织，集中烧毁或沤肥。

2）药剂防治　发病初期喷施80%代森锰锌可湿性粉剂800倍液、50%多菌灵可湿性粉剂600倍液、10%苯醚甲环唑水分散颗粒剂1500倍液、78%波·锰锌可湿性粉剂600倍液及70%丙森锌可湿性粉剂600倍液。

第二节　土木香病害

土木香（*Inula helenium* L.）为菊科多年生草本植物，又名青木香、祁木香。

以根入药，味辛而苦，性温，归脾、胃、大肠经，具有健脾和胃、补气止痛的功效。产于新疆维吾尔自治区和湖北省，其他许多地区常栽培。主要病害有褐斑病和早疫病等。

一、土木香褐斑病

（一）症状

主要为害叶片。叶面产生近圆形、多角形灰褐色病斑，大小为7~10mm，边缘褐色，中部灰褐色，上生黑色小颗粒，即病菌的分生孢子器。

（二）病原

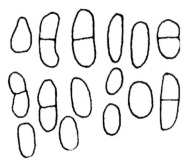

病原菌为真菌界壳二胞属山莴苣壳二胞（*Ascochyta lactucae* Rostr.）。分生孢子器扁球形，黑色，直径89.6~165.7μm（平均116.0μm），高80.6~134.4μm（平均109.7μm）。分生孢子具1个隔膜，个别无隔膜，无色，椭圆形，花生状、短杆状，两端圆，大小为（5.9~10.6）μm×（2.9~3.5）μm（平均8.3μm×3.2μm）（图7-1）。

图7-1　土木香褐斑病菌分生孢子

（三）病害循环及发病条件

病菌以菌丝体及分生孢子器随病残体在地表越冬。翌年初夏，环境条件适宜时，产生孢子进行初侵染。7月中下旬发病，8月中旬达发病高峰。枝叶繁茂、通风不良处发生严重。甘肃省陇西县轻度发生，发病率约10%，严重度1级。

（四）防治技术

1）栽培措施　彻底清除田间病残组织，烧毁或沤肥，减少初侵染源。

2）药剂防治　发病初期喷施70%代森锰锌可湿性粉剂500倍液、36%甲基硫菌磷悬浮剂400倍液、53.8%氢氧化铜干悬浮剂1200倍液、50%苯菌灵可湿性粉剂1200倍液及75%百菌清可湿性粉剂600倍液。

二、土木香早疫病

（一）症状

叶面产生圆形、近圆形，黑色，中小型（5~8mm）病斑。有些病斑边缘不规则，中部微微下陷，上生稀疏霉层，后期形成穿孔（彩图7-3）。发病严重时，病斑相互汇合，组织变黄枯死。

（二）病原

病原菌为真菌界链格孢属红花链格孢（*Alternaria carthami* Chow.）。分生孢子梗直或弯曲，多隔，褐色，顶端色淡，较细，下部色深，较粗，长宽为（69.2~107.0）μm×（7.1~8.2）μm（平均83.5μm×7.5μm）。分生孢子淡黄色，倒棒状，中部较宽，有纵横隔膜，横隔3~7个，少量纵隔，有喙或无喙。孢身长宽为（28.2~65.9）μm×（15.3~18.8）μm，平均54.1μm×17.3μm，孢身长宽比小于3.5。喙长0~41.8μm，柱状，有些为丝状（图7-2）。

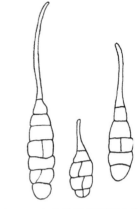

图7-2　土木香早疫病菌分生孢子

（三）病害循环及发病条件

病菌以菌丝体及分生孢子随病残体在地表越冬。翌年温湿度条件适宜时，产生分生孢子进行初侵染，孢子借风雨传播，有再侵染。甘肃省陇西县中度发生，发病率50%，严重度1~2级。

（四）防治技术

1）栽培措施　初冬彻底清除田间病残体，减少初侵染源。

2）药剂防治　发病初期喷施80%代森锰锌可湿性粉剂600倍液、70%百菌清·锰锌可湿性粉剂600倍液、3%多抗霉素水剂600~900倍液及25%丙环唑乳油2500倍液。

三、土木香细菌性褐斑病

（一）症状

主要为害叶片。叶面产生圆形、近圆形、多角形病斑，褐色、黑褐色，大小为6~13mm，周围有黄色晕圈，病区叶脉变褐，并向外扩展。病害严重时，叶片枯黄，略现油渍状。

（二）病原

病原菌为原核生物界细菌，属种待定。

（三）病害循环及发病条件

病菌越冬情况不详。甘肃省陇西县和岷县发病率35%~50%，严重度1~2级。

（四）防治技术

参考丹参细菌性叶斑病。

第三节　紫　菀　病　害

紫菀（*Aster tataricus* L.）为菊科多年生草本植物。以根和根茎入药，性温、味辛苦，归肺经，具温肺下气、祛痰、止咳和利尿的功效，临床常用于治疗各种咳嗽，外感暴咳生用，肺虚久咳蜜炙用。主要病害有轮纹病和灰霉病等。

一、紫菀白粉病

（一）症状

主要为害叶片，植株下部叶片首先发病。叶面初生小型白粉斑，扩大后，可覆盖整个叶面并产生薄而稀疏的白粉层。严重时受害部位变褐，未见闭囊壳。

（二）病原

病原菌为真菌界粉孢霉属（*Oidium* sp.）的真菌。分生孢子卵圆形、椭圆形，无色，大小为（22.3~30.6）μm×（14.1~20.0）μm（平均27.6μm×17.5μm）。未见有性态。

（三）病害循环及发病条件

病菌越冬情况不详。翌年温湿度适宜时，病菌侵染叶片，并引起再侵染。7月中下旬开始发生，8~9月为发病盛期。甘肃省陇西县及岷县轻度发生。

（四）防治技术

1）栽培措施　初冬彻底清除田间病株残体，集中烧毁或沤肥，减少越冬菌源。

2）药剂防治　发病初期喷洒0.3~0.5波美度石硫合剂或70%甲基硫菌灵可湿性粉剂600倍液、2%嘧啶核苷类抗生素200倍液、3%多抗霉素水剂800倍液及40%氟硅唑乳油4000倍液。

二、紫菀白星病

（一）症状

叶部产生小型（2~4mm）病斑，圆形、近圆形，边缘褐色，中部灰白色至白色，上生稀疏的小黑点，即病菌的分生孢子器。

（二）病原

病原菌为真菌界无性态真菌叶点霉属菊叶点霉（*Phyllosticta chrysanthemi* Ell. & Dear.）。分生孢子器扁球形、近球形，黑褐色，直径58.2~89.6μm（平均74.4μm），高53.8~80.6μm（平均69.0μm）。分生孢子椭圆形、圆柱形，大小为（4.7~7.1）μm×（1.8~3.5）μm（平均5.3μm×2.4μm）。

（三）病害循环及发病条件

病菌以分生孢子器随病残体在地表越冬。翌年温湿度条件适宜时，以分生孢子引起初侵染，病斑上产生的分生孢子引起再侵染。植株栽植密度大、多雨、潮湿时发病重。甘肃省陇西县零星发生。

（四）防治技术

1）栽培措施　初冬彻底清除田间病残体，减少初侵染源。
2）药剂防治　发病初期喷施75%百菌清可湿性粉剂600倍液、30%碱式硫酸铜悬浮剂400倍液、50%多菌灵可湿性粉剂500倍液、40%多·硫悬浮剂500倍液及50%琥胶·肥酸铜可湿性粉剂500倍液。

三、紫菀轮纹病

（一）症状

主要为害叶片，叶面初生褐色小点，后扩大呈圆形、近圆形、不规则形褐色病斑，大小为6~20mm，略显轮纹，有黄色晕圈，上生黑色小颗粒，即病菌的分生孢子器（彩图7-4）。

（二）病原

病原菌为真菌界壳二胞属（*Ascochyta* sp.）的真菌。分生孢子器近球形、扁球形，黑褐色，直径85.1~130.0μm（平均108.6μm），高67.2~112.0μm，平均92.6μm。分生孢子近梭形，直，具1个隔。大小为（7.1~10.6）μm×（2.4~3.9）μm（平均8.3μm×2.5μm），长宽比为3.3∶1，内有油珠2个（图7-3）。

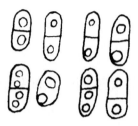

图 7-3　紫菀轮纹病菌分生孢子

（三）病害循环及发病条件

病菌随病残体在地表越冬。翌年温湿度适宜时，以分生孢子引起初侵染，病株上产生的分生孢子借风雨传播进行再侵染。甘肃省陇西县和岷县轻度发生。

（四）防治技术

1）栽培措施　重病田实行轮作；彻底清除田间病残组织，集中烧毁或沤肥，减少翌年初侵染源。

2）药剂防治　发病初期喷施75%百菌清可湿性粉剂600倍液、50%苯菌灵可湿性粉剂1000倍液、50%混杀硫悬浮剂500倍液、36%甲基硫菌灵悬浮剂600倍液及10%苯醚甲环唑水分散颗粒剂1000倍液。

四、紫菀灰霉病

（一）症状

叶、叶柄、茎秆均受害。叶片受害，叶面产生圆形、半圆形、椭圆形病斑，大小为（20.0~80.0）mm×（10.0~20.0）mm，有些病斑占中脉一侧的2/3。病斑中部红褐色，边缘栗褐色至黄褐色，病健交界处不明显（彩图7-5）。后期病斑中产生黑色小丛点，即病菌的分生孢子梗和分生孢子。在衰弱枯黄的叶柄、茎秆上亦大量产生丛簇状的分生孢子梗及分生孢子。

（二）病原

病原菌为真菌界葡萄孢属灰葡萄孢（*Botrytis cinerea* Pers.）。菌丝初无色，很细，后变褐色。分生孢子卵圆形、椭圆形，单胞，无色，聚生于分生孢子梗顶端的小枝上，大小为（8.2~11.8）μm×（4.7~8.2）μm（平均10.3μm×6.3μm）。

（三）病害循环及发病条件

病菌以菌丝体在土壤或病残体上越冬。翌年温湿度条件适宜时，病菌开始侵染，分生孢子借风雨传播引起再侵染。温度偏低、多雨、栽植密度过大、潮湿则病害发生严重。甘肃省陇西县零星发生，严重度2~3级。

（四）防治技术

1）栽培措施　初冬彻底清除田间病残组织，集中烧毁或沤肥，减少初侵染源；加强栽培管理，适量灌水、密度适当，以利于通风透光；增施磷、钾肥，提高植株抗病力。

2）药剂防治　发病初期喷施50%腐霉利或50%异菌脲可湿性粉剂1000~1200倍液、50%多菌灵磺酸盐可湿性粉剂700倍液、50%灰霉灵可湿性粉剂500倍液及40%嘧霉胺可湿性粉剂800倍液。

第四节　白　术　病　害

白术（*Atractylodes macrocephala* Koidz.）为菊科多年生草本植物，又名冬术、浙术。以根入药，味苦、甘，性温，归脾、胃经，能健脾益气、燥湿利水、固表安胎，为补气健脾第一要药。在江苏、浙江、福建、江西、安徽、四川、湖北、湖南等地有种植。主要病害有黑斑病，中度发生。

白术黑斑病

（一）症状

主要为害叶片。叶面初生褐色小圆点，扩大后呈圆形、椭圆形褐色病斑，大小为9~20mm，其上生有轮纹。有些病斑自叶尖或叶缘发生，向内扩展呈半圆形、半椭圆形，褐色，外围有黄色晕圈。叶背生有黑色霉层。严重时，病斑相互连片，造成叶片枯死（彩图7-6）。

（二）病原

病原菌为真菌界链格孢属（*Alternaria* sp.）的真菌。分生孢子梗单生或丛生，褐色，稍弯曲，多隔，基部细胞稍大，长宽为（146.0~181.5）μm×（11.8~14.1）μm（平均159.5μm×12.5μm）。分生孢子淡黄褐色、褐色，倒棒状，具横隔4~10个（多为6个），大小为（49.3~127.0）μm×（13.4~25.9）μm（均97.9μm×22.2μm），隔膜处缢缩不明显。喙长24.7~98.8μm（平均51.7μm）。据张天宇（2003）报道，链格孢（*A. alternata*）可为害白术。但本菌较链格孢[（22.5~40.0）μm×（8.6~13.1μm）]大近一倍，喙也长，二者差异明显（图7-4）。

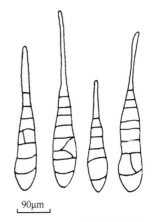

90μm

图7-4　白术黑斑病菌分生孢子

（三）病害循环及发病条件

病菌以菌丝体和分生孢子随病残体在地表或土壤中越冬。翌年温湿度条件适宜时，以分生孢子引起初侵染。病部产生分生孢子，借气流、雨水传播可引起再侵染。甘肃省陇西县、岷县、兰州市均有发生，发病率约30%，严重度2级。

（四）防治技术

1）栽培措施　增施磷、钾肥，提高植株抗病力；初冬彻底清除田间病残体，集中烧毁或沤肥。

2）药剂防治　发病初期喷施75%百菌清可湿性粉剂500~600倍液、10%苯醚甲环唑水分散颗粒剂1000倍液、50%异菌脲可湿性粉剂1000倍液、70%代森锰锌可湿性粉剂500倍液及50%多菌灵可湿性粉剂500倍液。

第五节　药菊花病害

药菊花[*Dendranthema morifolium*（Ramat.）Tzvel.]为菊科多年生草本植物。以花入药，味辛而甘、苦，性微寒，归肺、肝经，具有疏散风热、平抑肝阳、清肝明目、清热解毒的功效，临床主要用于治疗风热感冒、目赤昏花、疮痈肿毒等症。主产于安徽亳县（今亳州市区）（亳菊）、滁县（滁菊）、歙县（贡菊）及浙江（杭菊）。主要病害有斑枯病和褐斑病等。

一、药菊花褐斑病

（一）症状

主要为害叶片，叶面产生中小型（5~8mm）圆形至椭圆形病斑，边缘褐色至黑褐色，中部灰褐色，较薄，上生黑色小颗粒，即病菌的分生孢子器。

（二）病原

病原菌为真菌界壳二胞属（*Ascochyta* sp.）的真菌。分生孢子器黄褐色，扁球形、近球形，直径103.0~156.8μm（平均119.8μm），高98.5~120.9μm（平均106.4μm）。分生孢子圆柱状、椭圆形、花生状，无色，具0~1个隔膜，多为1隔，隔膜处稍缢缩。大小为（5.9~9.4）μm×（2.9~4.7）μm，平均6.7μm×3.6μm（图7-5）。

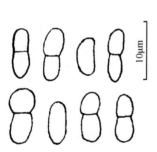

图7-5　药菊花褐斑病菌
分生孢子

（三）病害循环及发病条件

病菌以分生孢子器在病株残体上于地表越冬。翌年条件适宜时释放分生孢子，进行初侵染，病部产生的分生孢子可进行再侵染。多雨、露时长、植株密集处发生严重。甘肃省陇西县轻度发生。

（四）防治技术

1）栽培措施　初冬彻底清除田间病株残体，集中烧毁或沤肥，减少初侵染源。

2）药剂防治　发病初期喷施70%代森锰锌可湿性粉剂500倍液、70%甲基硫菌灵可湿性粉剂600倍液、75%百菌清可湿性粉剂600倍液、50%多菌灵可湿性粉剂1000倍液及10%苯醚甲环唑水分散颗粒剂1500倍液。

二、药菊花斑枯病

（一）症状

主要为害叶片，叶部产生中小型（4~8mm）病斑，圆形、椭圆形至不规则形，黑褐色至红褐色，边缘清晰，有时外围有褪绿晕圈。后期病斑上生有不太明显小黑点，即病菌的分生孢子器。发病严重时，植株叶片自下而上变黑、皱缩。

（二）病原

病原菌为真菌界壳针孢属菊壳针孢（*Septoria chrysanthemella* Sacc.）。分生孢子器黑褐色，扁球形、近球形，壁厚，埋生于组织内，后外露，直径53.8~98.5μm（平均73.7μm），高53.8~89.6μm（平均69.2μm）。分生孢子针状，直或稍弯曲，两端均较细，隔膜不清晰。大小为（31.8~56.5）μm×（1.4~2.4）μm（平均43.4μm×1.8μm），个别长达63.5μm。据陆家云（1995）报道，病菌在人工培养基上生长极缓慢，在燕麦培养基上生长较好，产孢也较多。菌丝生长及产孢的温限为12~30℃,低于12℃或高于30℃均不能生长和产孢；菌丝生长最适温度26℃,产孢最适温度20~24℃。分生孢子萌发温限为12~32℃，最适26~28℃；pH3~11均可萌发，最适pH为5~7；孢子萌发需在水滴或水膜中。分生孢子耐低温、不耐高温，致死温度为55℃（10min）（图7-6）。

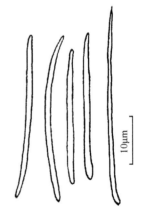

图7-6　药菊花斑枯病菌分生孢子

（三）病害循环及发病条件

病菌以菌丝体及分生孢子器随病残体在地表越冬。翌年环境条件适宜时，分生孢子器释放分生孢子引起初侵染。分生孢子借风雨传播，再侵染频繁。该病在菊花整个生长期均可发生。潜育期20~30天，但在气温20~25℃，并有较高湿度的条件下，潜育期可缩短至4~8天。温度10~27℃，田间有露水即可发病（陆家云，1995）。多雨、露时长、灌水多、湿度大则病害发生严重。甘肃省陇西县中度发生。

（四）防治技术

1）栽培措施　合理栽植，不宜过密；及时摘除植株基部病叶、老叶，以利于通风透光；平衡施肥，合理施用磷、钾肥；收获后彻底清除田间病残体，集中深埋或沤肥，以减少越冬菌源。

2）药剂防治　发病初期喷施30%碱式硫酸铜悬浮剂400倍液、80%代森锰锌可湿性粉剂600倍液、75%百菌清可湿性粉剂600倍液、50%甲基硫菌灵可湿性粉剂800倍液、1∶1∶160波尔多液及70%丙森锌可湿性粉剂600倍液。

三、药菊花霜霉病

（一）症状

主要为害叶片。叶面发病时产生不规则形褪绿斑或叶面稍均匀发黄，叶背变色部分产生致密的污白色霉层，严重时，叶面呈均匀黄褐色、土褐色、暗绿色花叶（彩图7-7）。

（二）病原

病原菌为色藻界霜霉属小子类霜霉[*Paraperonospora leptosperma*（de Bary）Constantinescu]，孢囊梗单生或丛生，由气孔伸出，基部稍膨大，二叉状分枝，冠部叶3~7次分枝，顶端2~3次分枝，直角或锐角；主轴长宽为（232.9~640.5）μm×（6.7~9.0）μm（平均435.6μm×7.6μm），末枝长21.2~65.9μm（平均34.9μm）。孢子囊单胞，初期无色，后期淡褐色，椭圆形、卵圆形，大小为（21.4~31.8）μm×（17.6~21.2）μm（平均26.1μm×19.6μm）。

（三）病害循环及发病条件

病菌以菌丝体在病部或留种母株脚芽上越冬，翌年形成孢子囊借风雨传播，进行初侵染和再侵染。该病害5月中旬发生，6月上旬扩展，至高峰秋季多雨季节再度发生；连作地、栽植过密地易发病。

（四）防治技术

参考黄芪霜霉病。

第六节　款 冬 病 害

款冬（*Tussilago farfara* L.）为菊科多年生草本植物，别名冬花。以花蕾入药，味辛而微苦，性温，归肺经，具润肺下气、止咳化痰等功效。主产于河南、甘肃、山西等省。河南产量大，甘肃生产的质量好。主要病害有褐斑病。

款冬褐斑病

（一）症状

叶部产生小型（2~4mm）圆形、近圆形紫黑色病斑，边缘不整齐，中部有饼状隆起，色稍淡，上生小黑点，即病菌的分生孢子器（彩图7-8）。发病严重时，病斑相互融合形成直径20~30mm、不规则形紫黑色病斑，常引起叶片枯死，花芽、花蕾变小，质量、产量降低。

（二）病原

病原菌为真菌界壳多胞属款冬壳多胞 [*Stagonospora tussilaginis*（Westendorp）Died.]。分生孢子器黑褐色，扁球形、近球形，直径156.8~318.0μm（平均253.1μm），高134.4~250.8μm（平均212.8μm）。分生孢子无色至淡橄榄色，具3个隔膜（个别为4隔），棒状、梭形，隔膜处稍缢缩，有些一端明显变细，直或弯曲，大小为（35.3~52.9）μm×（4.7~7.1）μm（平均45.8μm×6.4μm）。细胞内常有2个油珠。

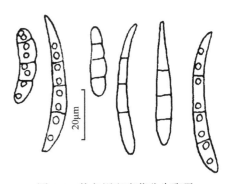

图 7-7　款冬褐斑病菌分生孢子

在PDA培养基上生长良好，菌落圆形，气生菌丝白色，繁茂。菌丝有隔，粗细不一，多锐角分枝。不易产生分生孢子（图7-7）。

（三）病害循环及发病条件

病菌随病残体在地表越冬，成为翌年的初侵染源。7月中下旬是为害盛期。高温、高湿及积水的田块发病率高。甘肃省陇西县和岷县轻度发生。

（四）防治技术

1）栽培措施　注意田间通风透光，降低田间湿度。收获后彻底清除田间病株残体，集中烧毁或沤肥，减少翌年初侵染源。

2）药剂防治　发病初期喷施65%代森锰锌可湿性粉剂500~600倍液、1∶1∶100波尔多液、10%苯醚甲环唑水分散颗粒剂1000倍液及50%多菌灵可湿性粉剂500倍液。

第七节　水飞蓟病害

水飞蓟 [*Silybum marianum*（L.）Gaertn]为菊科多年生草本植物，别名水飞堆、奴蓟、老鼠簕。以果实入药，性味苦、凉，具清热解毒、舒肝利胆等功效，用于肝胆湿热、肋痛、黄疸等症。甘肃省各地均有栽培。主要病害有轮纹病、灰霉病和白粉病。

一、水飞蓟轮纹病

（一）症状

主要为害叶片，叶面产生圆形、近圆形病斑，大小为8~15mm，边缘黑褐色，中部灰白色，组织变薄，有稀疏轮纹，上生黑色小颗粒，即病菌的分生孢子器。

（二）病原

病原菌为真菌界壳二胞属的2种菌。

1）菊科壳二胞（*Ascochyta compositarum* Davis）。分生孢子器黄褐色，球形、扁球形，直径89.6~129.9μm（平均106.0μm），高80.6~120.9μm（平均100.8μm）。分生孢子无色，圆柱状，直或稍弯曲，具0~1个隔膜，隔膜处稍缢缩，大小为（8.2~17.6）μm×（3.5~4.7）μm（平均11.2μm×4.0μm）（图7-8a）。

2）山莴苣壳二胞（*Ascochyta lactucae* Rostr.），分生孢子器扁球形，黑褐色，直径98.5~147.8μm（平均121.0μm），高89.6~134.4μm（平均111.1μm）。分生孢子圆柱状，花生形，无色，具0~1个隔膜，偶有2个隔膜，隔膜处稍缢缩。大小为（5.9~10.6）μm×（2.9~4.1）μm（平均7.8μm×3.2μm）（图7-8b）。

（三）病害循环及发病条件

病菌以菌丝体或分生孢子器随病残体在地表越冬。翌年温湿度适宜时，引

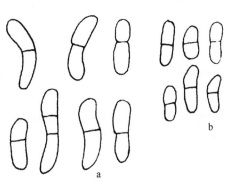

图 7-8　水飞蓟轮纹病菌分生孢子

a.菊科壳二胞；b.山莴苣壳二胞

起初侵染。病株上产生的分生孢子借风雨传播进行再侵染。甘肃省岷县和陇西县轻度发生。

（四）防治技术

1）栽培措施　初冬彻底清除田间病残体，集中烧毁或沤肥，减少越冬菌源；雨后及时排水；增施磷、钾肥，增强寄主抗病力。

2）药剂防治　发病初期喷施1∶1∶（100~200）波尔多液、70%代森锰锌可湿性粉剂500倍液、50%多菌灵可湿性粉剂500倍液，40%多·硫悬浮剂800倍液、50%甲基硫菌灵·硫磺悬浮剂800倍液及45%噻菌灵悬浮剂1000倍液。

二、水飞蓟灰霉病

（一）症状

主要为害叶片，多在叶片基部产生大中型不规则形褐色坏死斑，叶背生有稀疏的灰色霉层，即病菌的分生孢子梗和分生孢子。

（二）病原

病原菌为真菌界葡萄孢属（*Botrytis* sp.）的真菌。菌丝灰褐色至褐色，粗细不匀，壁上有突起，粗14.1~23.5μm。分生孢子梗顶端有小分枝。分生孢子椭圆形，一端较细，单胞，无色，大小为（5.9~11.8）μm×（4.7~7.1）μm（平均8.0μm×6.1μm）。

（三）病害循环及发病条件

病菌主要以菌丝体随病残体在地表越冬。翌年环境条件适宜时，病菌侵染寄主。病部产生的分生孢子借风雨传播，引起再侵染。多雨、低温、高湿的条件下发生严重，甘肃省岷县零星发生。

（四）防治技术

参考紫菀灰霉病。

三、水飞蓟白粉病

（一）症状

主要为害叶片。叶面初生近圆形白色小斑，扩大后呈不规则大型粉斑，粉层稀疏，未见闭囊壳。

（二）病原

病原菌为真菌界粉孢霉属（*Oidium* sp.）的真菌。分生孢子桶形、柱形，两端圆，单胞，无色，大小为（22.3~30.6）μm×（11.8~14.1）μm（平均27.5μm×13.4μm）。未发现有性态。

（三）病害循环及发病条件

病菌越冬情况不详。甘肃省岷县轻度发生。

（四）防治技术

参考牛蒡白粉病。

第八节　红花病害

红花（*Carthamus tinctorius* L.）为菊科一年生草本植物，又名草红花、兰红花、杜红花等。花色由黄转为鲜红时采摘，以其管状花入药，味辛，性温，归心、肝经，具活血通经、祛瘀止痛等功效，是痛经止痛的要药，是妇产科血瘀病征的常用药。主产于新疆、甘肃、宁夏等省区。主要病害有黑斑病和锈病。

一、红花黑斑病

（一）症状

主要为害叶片，有时叶柄、茎秆、苞片、花芽亦受害。叶片上先产生褐色、紫褐色小点，扩大后呈中小型（3~15mm）病斑，圆形、椭圆形，浅褐色、黑褐色，中部稍现红色，有轮纹。后期病部产生黑灰色霉状物，即病菌的分生孢子梗和分生孢子（彩图7-9）。发生严重时，病斑连片，叶片卷曲、枯死，以致全株枯死，田间一片焦枯。

（二）病原

病原菌为真菌界链格孢属红花链格孢（*Alternaria carthami* Chowdh）。分生孢子淡褐色，倒棍棒状，长椭圆形，基部较粗，具5~11个隔膜（多为7个），隔膜较厚，明显，有少量纵（斜）隔膜，大小为（50.6~95.3）μm×（12.9~22.3）μm（平均63.7μm×16.2μm）。有喙，长16.5~46.2μm（平均34.5μm），无色至淡褐色（图7-9）。

（三）病害循环及发病条件

病菌以菌丝体或分生孢子随病残体在地表或土壤中越冬。种子也可带菌。翌年温湿度条件适宜时引起初侵染。病部形成的分生孢子，借气流、雨水传播，引起再侵染，直至收获。25℃时病害发生严重。病害自下部叶片逐渐向上扩展蔓延，多雨、露时长、阴湿的条件有利于病害的发生发展。甘肃省陇西县和兰州市均严重发生，发病率92%~96%，严重度3级，可减产30%以上。

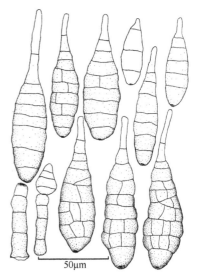

图7-9　红花黑斑病菌分生孢子梗、成熟分生孢子和成长中的分生孢子
（仿张天宇，2003）

（四）防治技术

1）栽培措施　与禾本科植物实行3年以上轮作；增施磷、钾肥，提高植株抗病力；初冬彻底清除田间病株残体，集中烧毁或沤肥，以减少越冬菌源。

2）药剂防治　发病初期喷施75%百菌清可湿性粉剂500~600倍液、10%苯醚甲环唑水分散颗粒剂1000倍液、50%异菌脲可湿性粉剂1000倍液、70%代森锰锌可湿性粉剂500倍液及50%多菌灵可湿性粉剂500倍液。各农药交替使用，连续喷2~3次。

二、红花锈病

（一）症状

主要为害叶片，也可为害苞叶等其他部位。苗期受害，子叶、下胚轴及根部密生黄色病斑，病组织略肿胀，病斑处密生针头状黄色小颗粒，即病菌性孢子器和锈孢子器。严重时引起死苗。叶片受害，背面散生锈褐色至暗褐色微隆起的小疱斑，之后疱斑表皮破裂，散出大量锈褐色至棕褐色夏孢子。后期夏孢子堆周围产生暗褐色至黑褐色疱状物，为病菌的冬孢子堆。发病严重时，病株提早枯死。病株花色泽差，种子不饱满，质量与产量降低。

（二）病原

病原菌为真菌界柄锈菌属阿嘉菊柄锈菌 [*Puccinia carthami* Corda.]，是全孢型长生活史单主寄生菌。性孢子器球形，颈部突出表皮外，黄褐色，直径72.5~112.5μm。

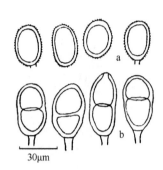

30μm

图 7-10　红花锈病菌
（仿戚佩坤，1994）

a.夏孢子；b.冬孢子

性孢子椭圆形，单胞，无色，大小为（2.5~5.0）μm×（2.5~3.5）μm。锈孢子器圆形、近圆形，扩展连片后为条状至不规则垫状，栗褐色。锈孢子圆形、近圆形、椭圆形，黄褐色，表面有小刺，大小为（21.0~25.9）μm×（22.0~31.7）μm，壁厚1.2~2.4μm。夏孢子堆圆形，粉状，周围表皮翻起，茶褐色，直径0.5~1.0mm。夏孢子球形、近球形、卵圆形、广椭圆形，黄褐色，表面有细刺，大小为（2.4~2.9）μm×（18.0~26.0）μm，孢壁厚1.0~2.4μm，赤道上有2个发芽孔。冬孢子堆圆形、长椭圆形，黑褐色，粉状，直径1.0~1.5mm。冬孢子广椭圆形，顶端和基部呈圆形，黑褐色，双胞，大小为（28~45）μm×（19~25）μm，隔膜厚2.5~4.0μm，表面有小瘤。冬孢子柄短，无色，可脱落（图7-10）。

另外，甘肃省还有一种阿嘉菊柄锈菌矢车菊变种 [*Puccinia calcitrapae* de Candolle var. *centaureae*（de Candolle）Cummins]。

（三）病害循环及发病条件

病菌以冬孢子附着在种子表面或随病残体在田间越冬。翌年当气温回升至25℃左右，遇有降雨、多露、高湿条件时，冬孢子萌发，产生担孢子侵染幼苗，引起初侵染。以夏孢子经风雨传播引起再侵染，后期产生冬孢子越冬。高温、高湿及多雨季节病害易流行。连作地发病重。品种间抗性有明显差异，有些品种因早熟而避病，有些因具有冠毛而感病，因为，具冠毛的品种较不具冠毛的品种附着较多的冬孢子（陆家云，1995）。种子表面带菌是远距离传播的主要途径，同时还影响苗期病害的发生程度。甘肃省凉州区、甘州区、陇西县普遍发生，发病率15%~30%，严重度1~3级。

（四）防治技术

1）栽培措施　推广抗病品种和早熟避病品种；控制灌水，降低田间湿度；增施磷、钾肥，提高寄主抗病力；收获后彻底清除田间病残体，减少初侵染源。

2）种子处理　播前用种子重量0.3%~0.5%的20%三唑酮乳油拌种。

3）药剂防治　发病初期喷施15%三唑酮可湿性粉剂1000倍液、50%萎锈灵乳油800倍液、25%丙环唑乳油3000倍液、12.5%烯唑醇可湿性粉剂2000倍液及68.75%恶唑菌铜·锰锌水分散颗粒剂800倍液。

三、红花病毒病

（一）症状

主要为害叶片。叶片发生病害时先出现褪绿小斑点，后变黄，病斑相互连接后叶片变黄，最后全株叶片变黄，且新生枝条的叶片较小。发病后幼叶皱缩明显，叶片仍为绿色，老叶逐渐由叶尖向叶基部黄化，但皱缩不明显（彩图7-10）。

（二）病原

病原为病毒。采用双抗体夹心酶联免疫法和反转录PCR方法检测，结果表明甘肃省红花病毒病的主要毒源为黄瓜花叶病毒（CMV）。该病毒粒体球形，直径30nm。从不同植物上分离到的株系，钝化温度50~80℃，稀释限点10^{-1}~10^{-5}，体外存活期1~10天。可引起花叶和坏死等症状（季良，1991），是甘肃作物上的主要毒源之一。

（三）病害循环及发病条件

寄主范围很广，可侵染蔬菜、花卉和杂草等多种植物（季良，1991）。可通过种子、蚜虫和汁液传播。天气干旱、蚜虫多、农事操作频繁有利于病害传播和蔓延。甘肃省陇西县、瓜州和兰州市等地中度发生，发病率约50%，严重度2~3级。

（四）防治技术

1）治虫防病　蚜虫发生初期喷施40%氰戊菊酯乳油6000倍液、10%吡虫啉可湿性粉剂1500倍液及1.1%百部·楝·烟乳油1000倍液。

2）化学防治　发病初期喷施10%混脂酸水乳剂100倍液、5%菌毒清水剂400倍液、3.85%三氮唑核苷·铜锌水乳剂500倍液、20%盐酸吗啉胍·铜可湿性粉剂400倍液及50%氯溴异氰尿酸可湿性粉剂1000倍液。

第九节　大丽花病害

大丽花（*Dahlia pinnata* Car）为菊科一年生草本植物，又名大理花、大丽菊，以块根入药，性味辛、甘、平，具活血散瘀之功效。多个省区均有栽培。主要病害有轮纹病。

大丽花轮纹病

（一）症状

叶面初生淡黄褐色小点，扩展后呈大中型（9~22mm）圆形、椭圆形褐色病斑。中部色淡，有轮纹，其上生有黑色小颗粒，即病菌的分生孢子器。病斑外缘深褐色，稍隆起。

（二）病原

病原菌为真菌界壳二胞属（*Ascochyta* sp.）的真菌。分生孢子器球形、扁球形，黑褐色，直径188.1~206.0μm（平均198.0μm），高170.2~192.6μm（平均182.5μm）。分生孢子无色，壁较厚，矩圆形，短杆状，两端钝圆。具1个隔膜，隔膜处稍缢缩，大小为（9.4~12.9）μm×（4.7~6.2）μm（平均11.7μm×5.4μm）。

（三）病害循环及发病条件

病菌以分生孢子器随病残组织在地表越冬。翌年温湿度条件适宜时，以分生孢子进行初侵染，有再侵染。7月上旬开始发病，7~8月为发病盛期。雨水多、潮湿的环境中发生严重。病害自茎部叶片逐渐向上蔓延。甘肃省陇西县和天水市等地中度发生。

（四）防治技术

1）栽培措施　初冬彻底清除田间病残组织，集中烧毁或沤肥，减少初侵染源。
2）药剂防治　发病初期喷施70%代森锰锌可湿性粉剂600倍液、77%氢氧化铜可湿性粉剂500倍液及75%百菌清可湿性粉剂600倍液。

第十节　苍耳病害

苍耳（*Xanthium sibiricum* Patr. & Widd.）为菊科一年生草本植物，又名刺儿棵、粘粘葵，以带总苞的果实或全草入药，味辛而苦，性温，有毒，归肺经，具有散风热、通鼻窍、祛风湿、止痛的功效。多生于荒地、山坡等干燥向阳处，全国各地均有分布。主要病害有霜霉病。

苍耳霜霉病

（一）症状

主要为害叶片，叶面初生小型、不规则形褪绿斑，病斑扩大为多角形至不规则形褐色病斑，周围组织褪绿发黄。发病严重时，叶缘病斑多相互连接，形成大片枯死斑。叶背面产生白色稠密的霉层，即病菌的孢囊梗和孢子囊。

（二）病原

病原菌为色藻界单轴霉属苍耳轴霉（*Plasmopara angustiterminalis* Novotelnova）。孢囊梗自气孔伸出，单生或丛生，无色，长宽为（474.8~734.6）μm×（7.1~9.1）μm（平均615.4μm×8.1μm）。主轴占全长的1/2~3/4。上部单轴直角分枝3~4次，末枝长5.4~8.1μm。孢子囊卵圆形、椭圆形，无色，大小为（17.6~27.0）μm×（11.8~16.5）μm（平均20.9μm×14.8μm）。未见卵孢子。

（三）病害循环及发病条件

病菌越冬情况不详。潮湿的沟边和路旁发病重。兰州地区7月下旬开始发病。甘肃省陇西县、渭源县、凉州区、麦积区等地发病率11%~15%，严重度1~3级。是苍耳的主要病害。

（四）防治技术

1）栽培措施　及时拔除病株；收获后彻底清除病残组织，集中烧毁或沤肥，减少越冬菌源。

2）药剂防治　发病初期喷施58%甲霜灵·锰锌可湿性粉剂1000倍液、78%波·锰锌可湿性粉剂500倍液、72%锰锌·霜脲可湿性粉剂700倍液或50%氯溴异氰尿酸可湿性粉剂1000倍液及68.75%霜霉威盐酸盐·氟吡菌胺悬浮剂800~1200倍液。

第十一节　小蓟病害

小蓟[*Cirsium setosum*（Willd.）MB.]为菊科多年生草本植物，又名刺儿菜，以带花全草入药或根状茎入药，味甘而苦，性凉，归心、肝经，具凉血止血、散瘀解毒消痈的功效。全国多地常见。主要病害有锈病。

一、小蓟锈病

（一）症状

主要为害叶片。夏孢子堆叶两面生，初在叶背中脉附近产生红褐色至锈褐色椭圆形夏孢子堆，较密。后期产生大量暗褐色至黑褐色的近圆形、椭圆形冬孢子堆，严重时几乎覆盖全叶（彩图7-11）。

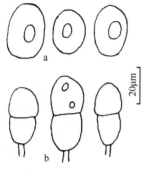

图7-11　小蓟锈病菌
a.夏孢子；b.冬孢子

（二）病原

病原菌为真菌界柄锈菌属阿嘉菊柄锈菌矢车菊变种[*Puccinia calcitrapae* de Candolle var. *centaureae*（de Candolle）Cummins]。夏孢子单胞，圆球形至近球形，黄褐色，大小为（20.0~28.2）μm×（17.6~26.0）μm（平均23.6μm×22.0μm）。冬孢子双胞，椭圆形，短杆状，两端圆，褐色至红褐色，隔膜处稍缢缩或不缢缩，较厚，大小为（27.1~40.0）μm×（15.3~23.5）μm（平均33.2μm×21.0μm），有无色短柄，易断（图7-11）。

（三）病害循环及发病条件

病菌以病残体上的冬孢子堆越冬。翌年温湿度适宜时萌发侵染寄主。高温、高湿发病重。甘肃省泾川县、甘谷县、陇西县、岷县及凉州区等地普遍发生。发病率达50%以上，严重度2~3级。

（四）防治技术

1）栽培措施　彻底清除田间病残体，集中烧毁或沤肥。
2）药剂防治　发病初期喷施25%三唑酮乳油1000倍液及50%硫磺悬浮剂300倍液。

二、小蓟斑枯病

（一）症状

叶面产生近圆形、椭圆形病斑，大小为8~12mm，边缘暗褐色，并有一较宽的褐色晕圈，稍现隆起的轮纹。中心灰白色，其上密生小黑点，即病菌的分生孢子器（彩图7-12）。

（二）病原

病原菌为真菌界壳针孢属蓟壳针孢（*Septoria cirsii* Nie.）。分生孢子器初埋生于组织中，后突破表皮外露，扁球形、近球形，壁膜质，黑褐色，直径62.7~94.1μm（平均78.7μm），高53.8~89.6μm（平均72.0μm）。分生孢子长针形，无色，直或

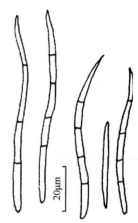

图7-12　小蓟斑枯病菌
分生孢子

弯曲，一端较细，具3~8个隔膜，大小为（41.2~88.2）μm×（1.8~2.5）μm（平均67.0μm×2.6μm）（图7-12）。

（三）病害循环及发病条件

病菌以菌丝体和分生孢子器随病残体在地表越冬。翌年温湿度条件适宜时，分生孢子借气流传播，引起初侵染。病斑上产生的分生孢子可引起再侵染。降雨多、露时长、湿度大则病害发生严重。甘肃省岷县发病率20%~25%，严重度2~3级。

（四）防治技术

1）栽培措施　彻底清除田间病残体，集中处理，减少初侵染源。
2）药剂防治　发病初期喷施50%多菌灵可湿性粉剂600倍液、10%苯醚甲环唑水分散颗粒剂1000倍液、50%混杀硫悬浮剂500倍液及78%波·锰锌可湿性粉剂600倍液。

第十二节　蒲公英病害

蒲公英（*Taraxacum mongolicum* Hand．& Mazz.）为菊科多年生草本植物。味苦、甘，性寒，归脾、胃经。具清热解毒、消肿散结、利湿通淋之功效，临床用于治疗痈肿疔毒、乳痈内痈及湿热黄疸。全国多地均有分布。主要病害有白粉病和黄叶病。

一、蒲公英白粉病

（一）症状

主要为害叶片，叶两面均受害。初期，叶面产生稀疏的不规则形白粉斑，扩大后可覆盖全叶，粉层致密，很厚。后期，粉层中产生黑色小颗粒，即病菌的闭囊壳。另外还有一种很小的黑色颗粒，是病菌的寄生菌。

（二）病原

病原菌为真菌界白粉菌属棕丝单囊壳[*Sphaerotheca fusca*（Fr.）Blum.]。闭囊壳球形、近球形，黑色至黑褐色，直径63.5~85.6μm（平均72.6μm）。内有子囊1个，子囊无色，椭圆形，大小为（44.7~67.0）μm×（43.5~48.2）μm（平均55.9μm×45.9μm）。未见成熟子囊孢子。分生孢子单胞，无色，腰鼓形、长椭圆形，大小为（21.2~30.6）μm×（11.6~17.6）μm（平均26.8μm×14.9μm）。

该菌的寄生菌*Ampelomyces* sp. 分生孢子器长椭圆形，顶端突起，黄褐色、淡褐色，大小为（36.5~71.7）μm×（28.2~40.0）μm（平均52.5μm×32.5μm）。分生孢子单胞，无色，椭圆形、肾形，大小为（5.9~8.2）μm×（2.4~2.9）μm（平均7.1μm×2.7μm）。

（三）病害循环及发病条件

病菌以闭囊壳随病残体于地表越冬。翌年环境条件适宜时，释放子囊孢子引起初侵染。病部产生的分生孢子借气流传播，引起多次再侵染。甘肃省兰州市等地发病率约70%，严重度2~3级。

（四）防治技术

参考牛蒡白粉病。

二、蒲公英黄叶病

（一）症状

植株长势衰弱，基部叶片发黄、发灰，茎基部有稀疏褐色丝状物，为病菌的菌丝体。

（二）病原

病原菌为真菌界丝核菌属立枯丝核菌（*Rhizoctonia solani* Kühn）。详见黄芪茎基腐病。

（三）病害循环及发病条件

参考黄芪茎基腐病。甘肃省环县轻度发生。

（四）防治技术

参考黄芪茎基腐病。

第十三节　蓝刺头病害

蓝刺头（*Echinops sphaerocephalus* L.）为菊科多年生草本植物。以根入药，味苦，性寒。具清热解毒、排脓止血、消痈下乳等功效。用于诸疮痈风、乳痈肿痛、乳汁不通、瘰疬疮毒等症。分布于新疆天山地区。主要病害有斑枯病。

蓝刺头斑枯病

（一）症状

叶面产生圆形、近圆形病斑，直径3~8mm，边缘褐色，中部灰白色、灰褐色，上生漆黑色小颗粒，即病菌的分生孢子器。发病严重时，叶面布满病斑，叶片提前枯死。

（二）病原

病原菌为真菌界壳针孢属蓝刺头壳针孢（*Septoria echinopsis* Savule. & Sandu）。分生孢子器扁球形，黑色，直径107.5~210.5μm（平均145.3μm），高98.5~174.7μm（平均125.8μm）。分生孢子无色，尾鼠状，直或稍弯曲，一端稍细，具7~11个隔膜，大小为（34.1~72.9）μm×（1.8~3.5）μm（平均54.9μm×3.0μm）。此菌较文献（白金铠，2003a）记载的分生孢子器、分生孢子稍大，且隔膜数多（图7-13）。

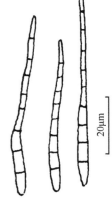

图 7-13　蓝刺头斑枯病菌分生孢子

（三）病害循环及发病条件

病菌以分生孢子器在病残体上越冬。翌春环境条件适宜时，以分生孢子引起初侵染。病斑上的分生孢子借气流传播可进行再侵染。甘肃省环县多在5月下旬发生，7~8月为发病高峰，发病率高达80%~90%，严重度3~4级，为害严重。降雨多，病害发生严重。

（四）防治技术

1）栽培措施　初冬彻底清除田间病残体，减少初侵染源。

2）药剂防治　发病前可用1∶1∶160波尔多液保护。发病初期喷施50%甲基硫菌灵悬浮剂700倍液、50%多菌灵可湿性粉剂600倍液、53.8%氢氧化铜干悬浮剂1000倍液及70%丙森锌可湿性粉剂600倍液。

第八章　毛茛科药用植物病害

第一节　附子病害

附子为乌头（*Aconitum carmichaeli* Debx.）的侧根，属毛茛科多年生草本植物，主根（母块根）称川乌，又名鹅儿花、铁花等。侧根（子条、子块根）称附子。乌头既是植物名又是中药名，而附子为中药名，均含有乌头碱和有毒成分。母块根晒干后即为乌头，附子在炮制加工时可降低其毒性。味辛而甘，性大热，有毒，归心、肾、脾经，具有回阳救逆、补火助阳、散寒止痛的功效，虽然附子是有毒之品，但运用得当，往往能获伟效，为"回阳救逆第一品"。主产于四川，湖北、陕西、甘肃等省也有栽培。甘肃省附子的主要病害为白粉病，陇西等地发病率70%以上，严重度3~4级，其次为斑枯病和轮纹病。

一、附子白粉病

（一）症状

叶片、茎秆上初生小型白色粉斑，后扩展至叶片两面及茎秆全部，覆盖厚厚的白粉层，特别是叶片背面，粉层发褐（彩图8-1）。生长后期，白粉中产生黑色小颗粒，即病菌的闭囊壳。另外还有一种很小的黑褐色小点，为病菌的寄生菌。

（二）病原

病原菌为真菌界白粉菌属楼斗菜白粉菌 [*Erysiphe aquilegiae* DC. var. *ranunculi*（Grev.）Zheng & Chen]。附属丝丝状，弯曲，黑褐色，粗3.5~7.1μm（平均5.5μm），长107.5~412.1μm，长度为闭囊壳的1~4倍。闭囊壳球形、扁球形，大小为（71.7~103.0）μm×（67.2~98.5）μm（平均84.4μm×80.6μm），内有子囊多个。子囊无色至淡黄色，椭圆形、卵圆形，有短柄，大小为（43.5~64.7）μm×（25.9~48.2）μm（平均56.3μm×38.6μm）。内有子囊孢子2~5个。子囊孢子长椭圆形、卵圆形，淡黄色，大小为（17.6~28.2）μm×（11.8~16.5）μm（平均23.3μm×14.0μm）。分生孢子桶形、腰鼓形，单胞，无色，大小为（24.7~34.1）μm×（11.8~18.8）μm（平均29.6μm×14.7μm）（图8-1）。病部还有一种小黑点为白粉菌寄生菌（*Ampelomyces* sp.）的分生孢子器，橄榄形、长桃形，淡褐色至黄褐色，大小为48.2μm×29.4μm，有长柄，内有椭圆形、短杆状、无色的分生孢子，大小为（5.3~

5.9）μm×（2.9~3.5）μm（平均5.6μm×
3.2μm），数量很大，其抑制白粉病的作
用尚不详。

（三）病害循环及发病条件

病菌以闭囊壳随病残体在地表越冬。
翌年温湿度条件适宜时，释放子囊孢子进
行初侵染。病斑上产生的分生孢子借风雨
传播，有多次再侵染。6月中旬开始发生，
8月达发病高峰，10月下旬产生闭囊壳。一
般上部叶片发病重，下部叶片发生较轻。
高温、高湿条件下发生严重。甘肃省陇西
县田间病情发病率约70%，严重度3~4级。

（四）防治技术

1）栽培措施　初冬彻底清除田间病
残体，烧毁或沤肥，减少初侵染源。

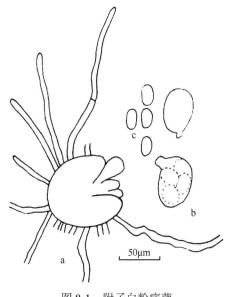

图8-1　附子白粉病菌

a.闭囊壳；b.子囊；c.子囊孢子

2）药剂防治　发病初期喷施2%嘧啶核苷类抗生素水剂200倍液、27%高脂膜
乳油80~100倍液、15%三唑酮可湿性粉剂1500倍液、30%氟菌唑可湿性粉剂1500
倍液、40%氟硅唑乳油4000倍液及30%醚菌酯悬浮剂2000~3000倍液。

二、附子斑枯病

（一）症状

叶面初生淡褐色小点，后扩大为椭圆形病斑，叶片上的病斑变褐、扩大，或
叶片半边变褐、发亮。病部产生黑色小颗粒，即病菌的分生孢子器（彩图8-2）。
叶片自基部向上逐渐枯死。

（二）病原

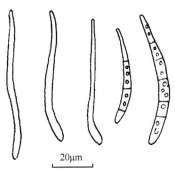

图8-2　附子斑枯病菌分生孢子

病原菌为真菌界壳针孢属（*Septoria* sp.）的
真菌。分生孢子器扁球形、近球形，黑褐色，直
径206.4~259.8μm（平均232.9μm），高179.2~
241.2μm（平均208.6μm）。分生孢子无色，线
状，多弯曲，具2~5个隔膜，一端尖细、一端钝
圆。大小为（34.1~88.2）μm×（2.9~5.9）μm（平

均63.7μm×4.7μm）（图8-2）。分生孢子器较狼毒乌头壳针孢大2倍，孢子大近一倍，故种待定。

（三）病害循环及发病条件

病菌以分生孢子器在病残体上于地表越冬。翌年温湿度条件适宜时，分生孢子器吸水释放分生孢子，借风雨传播，引起初侵染，有再侵染。农事操作和昆虫可传播。甘肃省陇西县和岷县轻度发生。

（四）防治技术

1）栽培措施　初冬彻底清除田间病残体，减少初侵染源。

2）药剂防治　发病初期喷施50%多菌灵可湿性粉剂600倍液、75%百菌清可湿性粉剂600倍液、60%琥铜·乙铝锌可湿性粉剂500倍液、10%苯醚甲环唑水分散颗粒剂1000倍液及47%春·王铜可湿性粉剂800倍液。

三、附子轮纹病

（一）症状

叶面产生圆形、近圆形中型（8~10mm）褐色病斑。病斑边缘深褐色，中部有轮纹，上生黑色小颗粒，即病菌的分生孢子器（彩图8-3）。有些病斑病健交界处有黄色晕圈。

（二）病原

病原菌为真菌界壳二胞属乌头壳二胞（*Ascochyta aconitana* Melnik.）。分生孢子器近球形、扁球形，黑褐色，直径98.5~143.3μm（平均116.5μm），高98.5~116.5μm（平均106.2μm）。分生孢子花生形、圆柱形，两端圆，具1个隔膜，隔膜处缢缩，大小为（11.8~17.6）μm×（3.5~5.9）μm（平均15.6μm×4.7μm），每个细胞内有1~2个油珠（图8-3）。

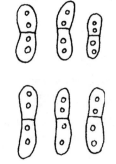

（三）病害循环及发病条件

病菌以分生孢子器在病残体上于地表越冬。翌年环境条件适宜时，分生孢子器吸水释放分生孢子，引起初侵染。8月为发病盛期。多雨、露时长则再侵染频繁，病害重。甘肃省陇西县轻度发生。

图 8-3　附子轮纹病菌
　　　　分生孢子

（四）防治技术

参考附子斑枯病。

第二节　芍药（牡丹）病害

芍药（*Paeonia lactiflora* Pall.）和牡丹（*Paeonia suffruticosa* Andr.）均为毛茛科植物，前者为多年生草本植物，后者为落叶小灌木。芍药因产地不同名称有异。白芍主产于浙江，亳芍主产于安徽，赤芍主产于内蒙古，川芍主产于重庆。甘肃省几种芍药均有种植。芍药以根入药，味苦、酸，性微寒，归肝、脾经，有养血敛阴、柔肝止痛、平抑肝阳等功效，临床主要用于治疗月经不调、胸胁脘腹疼痛、头疼眩晕等症状。牡丹以根皮入药，中药称丹皮，有清热凉血、活血化瘀的功效。芍药和牡丹发生的病害基本相似，甘肃省主要病害为白粉病，发病率80%以上，严重度2~3级，兰州、陇西等地均普遍发生。

一、芍药（牡丹）白粉病

（一）症状

主要为害叶片。初期叶两面散生近圆形白色粉斑，但叶背较轻，后逐渐扩大，病斑相连至覆盖整个叶面，粉层较厚。后期主要在叶背产生黑褐色至黑色小颗粒，即病菌的闭囊壳（彩图8-4）。

（二）病原

病原菌为真菌界白粉菌属芍药白粉菌（*Erysiphe paeoniae* Zheng & Chen）。不同地方病原大小有所差异。白银标样闭囊壳球形、近球形，黑色，直径107.5~197.1μm（平均150.9μm）。内有袋状、长椭圆形子囊多个，大小为（56.5~71.7）μm×（37.6~51.7）μm（平均61.0μm×45.3μm）。子囊内有子囊孢子8个，椭圆形，淡黄色，大小为（18.8~32.9）μm×（12.9~15.3）μm（平均25.1μm×13.8μm），附属丝丝状。分生孢子单胞，无色，腰鼓形，壁上有细纹，大小为（41.2~57.6）μm×（18.8~28.2）μm（平均49.2μm×23.4μm）。兰州标样闭囊壳直径为125.4~179.2μm（平均151.2μm）。子囊大小为（67.2~98.5）μm×（44.8~67.2）μm（平均81.9μm×49.0μm）。子囊内有子囊孢子2~4个，大小为（31.8~43.5）μm×（15.3~22.3）μm（平均38.6μm×18.7μm）。分生孢子单胞，无色，腰鼓形，大小为（42.3~52.9）μm×（21.2~27.1）μm（平均46.8μm×22.6μm）。两地分生孢子大小、形态相近。兰州地区采集的标样，其子囊孢子较白银地区的子囊孢子大2/3。

（三）病害循环及发病条件

病菌以闭囊壳和菌丝体随病株残体在地表越冬。翌年温湿度条件适宜时，以子囊孢子进行初侵染。出现病斑后，分生孢子借风雨传播引起再侵染。6月中旬开始发病，7、8月高温期间病害易流行，全株覆满白粉。湿度大小对病害发生的影响不明显。植株稠密、通风不良处病害发生严重，干旱、通风处发生亦严重。甘肃省白银市、兰州市和定西市等地普遍发生。

（四）防治技术

1）栽培措施　初冬彻底清除田间病残体，集中烧毁或沤肥，减少初侵染源。

2）药剂防治　发病初期喷施15%三唑酮可湿性粉剂1000倍液、50%多·硫悬浮剂500倍液、3%多抗霉素水剂800倍液、12.5%烯唑醇可湿性粉剂1500倍液、45%噻菌灵悬浮剂1000倍液及40%氟硅唑乳油4000倍液。

二、芍药叶点霉叶斑病

（一）症状

主要为害叶片。叶面产生大中型（10~15mm）病斑，圆形至椭圆形，边缘紫褐色、紫红色，中部褐色，微发红，其上生有黑色小颗粒，即病菌的分生孢子器。

（二）病原

病原菌为真菌界叶点霉属斑点叶点霉（*Phyllosticta commonsii* Ell. & Ever.）。分生孢子器叶两面生，散生，初埋生，后突破表皮外露，扁球形、近球形，黑褐色，分生孢子器大小为（76.1~103.2）μm×83.6μm。分生孢子无色，椭圆形、卵圆形，大小为（4.7~8.2）μm×（2.9~4.7）μm（平均6.5μm×4.0μm）。

（三）病害循环及发病条件

病菌以分生孢子器在病残体中于地表越冬。翌年温湿度条件适宜时，分生孢子器吸水释放分生孢子，引起初侵染。病斑上产生的分生孢子借风雨传播进行再侵染。降雨多、湿度大有利于病害发生，病害自基部叶片向上蔓延。植株密度大、郁闭，病害发生重，7~8月为发病盛期。甘肃省兰州市和定西市发生普遍，发病率达45%，严重度1~2级。

（四）防治技术

1）栽培措施　合理密植、及时中耕锄草，以利于通风透光，降低湿度；增施磷、钾肥，提高寄主抗病力；收获后彻底清除田间病残组织，减少翌年初侵染源。

2）药剂防治　发病初期喷施10%苯醚甲环唑水分散颗粒剂1500倍液、53.8%氢氧化铜干悬浮剂1000倍液、50%甲基硫菌灵悬浮剂700倍液及70%丙森锌可湿性粉剂600倍液。

三、芍药壳二胞叶斑病

（一）症状

主要为害叶片，叶面初生淡黄褐色小点，扩大后呈中型圆形病斑，边缘红褐色，中部灰褐色，其上生有少量黑色小颗粒，即病菌的分生孢子器。

（二）病原

病原菌为真菌界壳二胞属（*Ascochyta* sp.）的真菌。分生孢子器扁球形、近球形，黑褐色，直径143.3~197.1μm（平均165.7μm），高125.4~165.7μm（平均150.1μm），孔口明显，器壁上有较粗的褐色菌丝。分生孢子具1个隔膜，淡褐色，卵圆形、椭圆形，隔膜处稍缢缩，大小为（5.9~11.8）μm×（4.7~6.1）μm（平均9.5μm×5.1μm），每个细胞内有1~2个油珠（图8-4）。

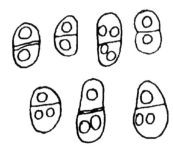

图8-4　芍药壳二胞叶斑病菌
分生孢子

（三）病害循环及发病条件

病菌以分生孢子器在病残体上于地表越冬。翌年温湿度条件适宜时，分生孢子器吸水释放分生孢子，引起初侵染。降雨多、露时长则病害发生严重，甘肃省陇西县发病率20%~25%，严重度1~2级。兰州市和白银市也有发生。

（四）防治技术

参考芍药叶点霉叶斑病。

四、芍药叶霉病

（一）症状

主要侵染叶片，有时茎秆及花、果壳也受害。叶面产生大中型（10~15mm）近圆形病斑，边缘深紫褐色，中部紫褐色，稍现轮纹，叶背产生墨绿色绒状霉层。严重时病斑相互连接，引起叶片枯死。茎秆受害病斑为长条形，紫褐色。

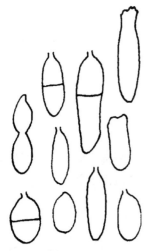

图 8-5 芍药叶霉病菌分生孢子

（二）病原

病原菌为真菌界枝孢霉属牡丹枝孢霉（*Cladosporium paeoniae* Pas.）。分生孢子梗簇生，黄褐色。分生孢子淡褐色、黄褐色，棒形、长椭圆形、近梭形，单胞、双胞及三胞，大小为（4.7~16.5）μm×（3.5~7.1）μm（平均12.1μm×5.3μm）（图8-5）。

（三）病害循环及发病条件

病菌主要以菌丝体及分生孢子随病叶和病果壳在地表越冬，还能在去年分株后遗留在种植圃的肉质根上腐生。翌年气候条件适宜时，病组织上产生分生孢子，经风雨传播直接侵入或自伤口侵入寄主，再侵染频繁。降雨多、露时长、植株过密、田间湿度大则病害发生重。甘肃省陇西县和岷县等地普遍发生，张掖市和兰州市也有少量发生。

（四）防治技术

1）栽培措施 初冬彻底清除田间病残组织，减少初侵染源。

2）药剂防治 发病初期喷施6.5%甲硫·霉威粉尘剂1kg/亩、5%春·王铜粉尘剂1kg/亩或65%硫菌·霉威可湿性粉剂1000倍液、40%氟硅唑乳油4000倍液、2%春雷霉素液剂20mg/L、5%多霉灵可湿性粉剂1000倍液及50%腐霉利可湿性粉剂1000倍液。

五、芍药早疫病

（一）症状

主要为害叶片，叶面产生大中型（10~15mm）圆形、椭圆形病斑，边缘紫褐色，中部褐色，微现红，有轮纹，其上生有黑色小丛点，即病菌的分生孢子梗和分生孢子，发病严重时，叶片萎蔫枯黄。

（二）病原

病原菌为真菌界链格孢属细交链孢菌
[*Alternaria alternata*（Fr.）Keissler]。分生
孢子梗3~23根簇生于瘤上，淡褐色，稍弯
曲，具隔膜，长宽为（42.3~57.6）μm×
（4.1~4.7）μm（平均47.2μm×4.5μm）。
分生孢子倒棒状，淡褐色，具3~6个横隔膜，
有些隔膜很厚，有少量纵（斜）隔膜，孢
身大小为（23.5~44.7）μm×（9.4~14.1）μm
（平均30.4μm×11.8μm）。喙长8.2~ 23.5μm
（平均16.1μm）（图8-6）。

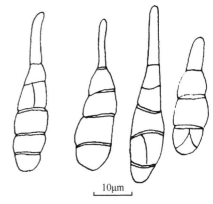

图 8-6　芍药早疫病菌分生孢子

（三）病害循环及发病条件

病菌以菌丝体及分生孢子随病残体在地表或土壤中越冬。翌年温湿度条件适
宜时，病菌产生分生孢子进行初侵染。病部产生的分生孢子借风雨传播，可进行
再侵染，6月开始发生，7~8月流行，直至秋末。基部叶片先发病，后逐渐向上蔓
延。多雨、高湿条件下病害发生严重。甘肃省陇西县发病率约45%，严重度2~3
级。

（四）防治技术

1）栽培措施　初冬彻底清除田间病残组织，减少翌年初侵染源。

2）药剂防治　发病初期喷施50%异菌脲可湿性粉剂1200倍液、70%代森锰锌
可湿性粉剂500倍液、3%多抗霉素水剂800倍液、70%百菌清·锰锌可湿性粉剂600
倍液及25%醚菌酯悬浮剂1000~2000倍液。

第三节　圆锥铁线莲病害

圆锥铁线莲（*Clematis terniflora* DC.）为毛茛科多年生木质藤本植物，别名黄
药子。以根入药，味苦、辛、咸，性凉，有小毒。含毒性皂苷、萜类，对肝脏有
明显毒性作用。具有解毒消肿、化痰散结、凉血止血的功效。临床应用于甲状腺
肿大、淋巴结核、咽喉肿痛、吐血、咯血、百日咳及癌肿，外用治疮疖。分布于
陕西东南部、河南南部、湖北、湖南北部、江西、浙江、江苏、安徽淮河以南等
地。病害主要有黑斑病和灰霉病等。

一、圆锥铁线莲黑斑病

（一）症状

叶面产生中小型（5~6mm）灰黑色病斑，近圆形、不规则形，边缘有褐色晕圈，叶背有白色的稀疏霉层。

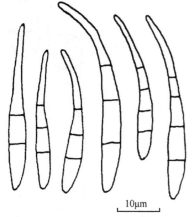

图8-7　圆锥铁线莲黑斑病菌分生孢子

（二）病原

病原菌为真菌界假尾孢属木通假尾孢[*Pseudocercospora squalidula*（Perk）Guo & Liu]。分生孢子梗褐色，上部弯曲，簇生（4根以上），长宽为（44.7~62.3）μm×（3.5~4.7）μm（平均52.7μm×3.8μm）。分生孢子无色，鼠尾状，直或稍弯曲，中下部较粗，具2~4个隔，大小为（32.9~49.4）μm×（2.5~5.2）μm（平均38.4×3.7μm）（图8-7）。

（三）病害循环及发病条件

病菌越冬情况不详。甘肃省陇西县零星发生。

（四）防治技术

1）栽培措施　初冬彻底清除病残组织，减少翌年初侵染源。

2）药剂防治　发病初期喷施50%多菌灵可湿性粉剂500倍液、50%混杀硫悬浮剂600倍液、65%硫菌·霉威可湿性粉剂1000倍液及25%咪鲜胺乳油2000~3000倍液。

二、圆锥铁线莲灰霉病

（一）症状

叶片多自叶尖发病，向内呈"V"形扩展，后成大中型（10mm以上）椭圆形褐色病斑。有些在叶片中部形成中小型（5~6mm）椭圆形病斑，灰褐色，叶背病斑颜色较浅，上生稀疏的褐色丝状体，即病菌的菌丝体及分生孢子。

（二）病原

病原菌为真菌界葡萄孢属（*Botrytis* sp.）的真菌。菌丝褐色，粗12.3~14.1μm。

分生孢子球形、近球形，淡褐色，大小为（3.5~4.7）μm×3.5μm（图8-8）。

（三）病害循环及发病条件

病菌以菌丝体在病残体上于地表越冬。翌春在较低的温度和潮湿条件下产生分生孢子，进行初侵染，经风雨传播，蔓延扩展，引起再侵染。持续多雨、地势低洼、种植密度大、湿度大易发病。甘肃省陇西县和岷县轻度发生。

图 8-8　圆锥铁线莲灰霉病菌
分生孢子梗及分生孢子

（四）防治技术

1）栽培措施　初冬彻底清除病残组织，减少翌年初侵染源。

2）药剂防治　发病初期喷施50%异菌脲可湿性粉剂1200倍液、2%抗菌霉素水剂200倍液、40%嘧霉胺悬浮剂1000倍液及50%多菌灵磺酸盐可湿性粉剂700倍液。

第四节　唐松草病害

唐松草（*Thalictrum aquilegifolium* L. var. *sibiricum* Regel & Tiling）为毛茛科一至二年生草本植物，又名白蓬草。以根入药，有解毒消肿、明目、止泻等功效。国内多地有分布。主要病害有白粉病。

唐松草白粉病

（一）症状

主要为害叶片，叶面初生白色小粉斑，扩大后呈不规则形大片粉斑，严重时覆盖叶片两面，后期白粉层中产生黑色小颗粒，即病菌的闭囊壳。

（二）病原

病原菌为真菌界白粉菌属毛茛耧斗菜白粉菌[*Erysiphe aquilegiae* DC. var. *ranunculi*（Grev.）Zheng & Chen]。分生孢子单胞，无色，桶形、腰鼓形，大小为（24.7~34.1）μm×（11.8~15.3）μm（平均30.0μm×13.3μm）。闭囊壳球形、近球形，黑色，直径72.9~100.0μm（平均85.0μm）。附属丝丝状，顶端不分叉，内有子囊多个。

（三）病害循环及发病条件

病菌越冬情况不详。甘肃省武威市和天水市轻度发生。

（四）防治技术

参考附子白粉病。

第五节　黄　连　病　害

黄连为毛茛科黄连属多年生草本植物，栽培黄连主要有味连（*Coptis chinensis* Franch.），又名川连、鸡爪连；雅连（*C. deltoidea* C. Y. Cheng & Hsiao.），又名三角叶黄连、刺黄连；云连（*C. teeta* Wall.），主产于云南、西藏。甘肃省陇南地区有少量种植。黄连以根入药，味苦、性寒，归心、脾、胃、胆、大肠经，能泻火解毒、清热燥湿，为苦味健胃剂，同时善于治疗湿热、泻痢，为泻痢要药。甘肃省主要病害为炭疽病，其次为白粉病。

一、黄连炭疽病

（一）症状

叶片受害，叶面产生油渍状小点，扩大后形成边缘紫褐色、中部灰白色病斑，直径3~20mm，稍下陷，其上生有黑色小颗粒，即病菌的分生孢子盘。后期病斑易形成穿孔。叶柄上病斑紫色，水渍状，略下陷。天气潮湿时，病部产生粉红色毡状物。

（二）病原

病原菌为真菌界炭疽菌属（*Colletotrichum* sp.）的真菌。

（三）病害循环及发病条件

病菌以分生孢子盘及菌丝体在病残体上和病苗上越冬。翌年春季，温湿度条件适宜时进行侵染。平均气温25~30℃，相对湿度80%以上易发病（傅俊范，2007）。枯林连作地、多年生连苗、土壤腐殖质含量少，以及连棚遮阴不当、棚侧受日灼的植株易发病。甘肃省康县和武都区轻度发生。

（四）防治技术

1）栽培措施　合理轮作，选择阔叶林带栽种；连棚荫蔽度不宜过大；注意排水；及时清理病残组织，集中烧毁或沤肥。

2）药剂防治　发病初期喷施1∶1∶（100~150）的波尔多液、80%代森锰锌可湿性粉剂800倍液、25%咪鲜胺1000倍液及1%多抗霉素水剂300倍液。

二、黄连白粉病

（一）症状

主要为害叶片，嫩茎、叶柄亦受害。初期叶两面产生圆形白色小粉斑，扩大后呈大型、边缘不明显的病斑，病斑连片以致覆盖全叶，严重时叶片逐渐枯死。后期白粉变为灰白色，其上产生黑色小颗粒，即病菌的闭囊壳。翌年，枯死病株仍可再生新叶，一般很少引起死亡。

（二）病原

病原菌为真菌界白粉菌属毛茛楼斗菜白粉菌 [*Erysiphe aquilegiae* DC. var. *ranunculi*（Grev.）Zheng & Chen]。详见唐松草白粉病。

（三）病害循环及发病条件

病菌主要以闭囊壳或菌丝体在病株残体上越冬。连作地、郁闭度大、低海拔地、垦殖松林地病害发生严重。甘肃省武都区和康县多在6月上旬开始发生，7月为发病高峰。发病程度中度。

（四）防治技术

1）耕作栽培　实行轮作，选择阔叶林带、土质肥沃地块栽种；调节连棚荫蔽度，适当增加光照；冬季彻底清除病残体，减少初侵染源。

2）药剂防治　发病初期喷施27%高脂膜乳油100倍液、2%武夷霉素水剂200倍液、50%多菌灵磺酸盐可湿性粉剂800倍液、12.5%烯唑醇可湿性粉剂1500倍液及45%噻菌灵悬浮剂1000倍液。

第九章　百合科药用植物病害

第一节　百 合 病 害

百合（*Lilium brownii* var. *viridulum* Baker）为百合科多年生草本植物，又名山百合、药百合、野百合、岩百合、喇叭筒花等。百合的种类很多，入药的百合还有细叶百合、卷丹、毛百合、麝香百合、山丹、山百合、松叶百合和握丹等。百合以鳞茎入药，味甘，性微寒，归肺、心、胃经，有润肺止咳、清热安神之功效。百合主产于兰州，是百合中的佳品，临夏、天水等地也有少量种植。百合病害种类较多，在生长季节有疫病、灰霉病、根腐病等。在贮藏期有软腐病、青霉病及曲霉病等多种病害。其中灰霉病及根腐病是百合的主要病害。

一、百合灰霉病（叶枯病）

（一）症状

叶、茎、花蕾、花及幼株均受害。幼株受侵引起生长点死亡。叶片受害初期形成圆形或椭圆形病斑，直径2~10mm，浅黄色至浅红褐色，边缘浅红至紫色，后扩大成大片枯死或叶片半边枯死，病斑呈水渍状。天气潮湿时，病斑上产生灰色霉层，即病菌的分生孢子梗和分生孢子。干燥时病斑变薄而脆，半透明状，浅灰色。严重时致整叶枯死。茎部受害，被害部变褐色，缢缩，易折倒。花蕾受害，初产生褐色小斑点，后扩大引致花蕾腐烂，常多个花蕾粘连在一起腐烂，天气潮湿时，病部长出大量的灰色霉层。后期，在病部还可看到黑色的小颗粒状菌核。有时，鳞茎受害引起腐烂（彩图9-1）。

（二）病原

病原菌为真菌界葡萄孢属椭圆葡萄孢[*Botrytis elliptica*（Berk.）Cook.]。分生孢子梗直立，淡褐色至褐色，有多个隔膜，顶端有分枝，长宽为（257.5~467.5）μm×（15.0~20.5）μm，顶端簇生分生孢子，呈葡萄串状。分生孢子无色或淡褐色，椭圆形、长椭圆形、卵圆形，少数球形，单胞，大小为（14.0~26.3）μm×（10.0~17.5）μm，一端有尖突。菌核黑色，很小，直径0.5~1.0mm。病菌孢子萌发温限5~30℃，最适温度为15~20℃（傅俊范，2007）。

傅俊范（2007）报道，灰葡萄孢（*B. cinerea* Pers.）及百合葡萄孢（*B. liliorum*

Fujikiro.）也为害百合。

（三）病害循环及发病条件

病菌以菌丝体在病部越冬，或以菌核遗留在土壤中越冬。翌年春季随着气温的上升，越冬后的菌丝体在病部形成分生孢子和菌核上长出大量的分生孢子，通过气流、风雨传播引起初侵染。田间发病后，病部产生分生孢子，引起多次再侵染。在气温15~20℃，相对湿度90%以上时，潜育期20~24h。在8℃，相对湿度90%以下时，潜育期长达7天（傅俊范，2007）。连作、地势低洼、多雨、排水不良、露时长等条件下发病严重。甘肃省兰州市和平凉市等地普遍发生。

（四）防治技术

1）栽培措施　初冬彻底清除田间病残组织，集中烧毁或沤肥，减少初侵染源。选用健康的鳞茎繁殖，注意田间通风透光，避免过分密植；加强水肥管理，适当增施磷、钾肥，可喷施0.5%磷酸二氢钾，促使植株生长健壮，提高抗病能力。

2）药剂防治　发病初期喷施50%腐霉利可湿性粉剂1000倍液、2%抗菌霉素水剂200倍液、50%灰霉灵可湿性粉剂800倍液、25%咪鲜胺乳油2000倍液、50%咪鲜胺锰锌可湿性粉剂1000~2000倍液或78%波·锰锌可湿性粉剂600倍液及65%硫菌·霉威可湿性粉剂1200倍液。

二、百合根腐病（茎腐病）

（一）症状

发病初期植株生长缓慢，根茎部有黄褐色腐烂，下部叶片发黄，后逐渐向上扩展，最后整株叶片变成黄褐色，植株萎蔫枯死。球茎基部及鳞片受害时，在基盘和鳞片部变褐腐烂，并沿鳞片向上发展，受害鳞片可从基盘脱离，有时在外层鳞片上出现褐色病斑。受害轻的球茎不表现明显症状，地上部分表现基部叶片黄化，植株矮小。带菌鳞茎长出的植株叶片发黄，花茎小而少，引起鳞茎腐烂枯死。

（二）病原

病原菌为真菌界镰孢菌属（*Fusarium* spp.）的多个种。各地的病原存在差异，而甘肃省兰州地区尖镰孢与茄镰孢菌是主要病原。

1）百合尖镰孢（*Fusarium oxysporum* f. sp. *lili* Snyder & Hanse）菌落白色，繁茂、絮状。产孢梗单瓶梗，大小为（7.1~15.3）μm×2.4μm。小型分生孢子长椭圆形、卵圆形，0~1个隔膜，大小为（4.7~11.8）μm×（1.8~2.9）μm。大型分生孢子弯月形，中部宽而两端逐渐变细，美丽型，具2~4个隔膜，大小为（15.3~29.4）

μm×（3.5~7.1）μm。厚垣孢子间生或顶生。

2）茄镰孢菌[*Fusarium solani*（Mart.）Sacc.]分生孢子散生或生于假头状、孢子座、粘孢子团中，群集呈褐白色至土黄色或呈淡蓝色，小型分生孢子椭圆形、卵圆形、肾形，单胞，无色。大型分生孢子纺锤形，中上部最宽，稍弯曲，两端较圆，具隔膜3~5个，大小为（18.8~37.6）μm×（4.1~5.9）μm，厚垣孢子顶生或间生、单生，球形或洋梨形。产孢梗单瓶梗、长短不等，有些长达73.2μm。

（三）病害循环及发病条件

病菌以菌丝体在鳞茎内或以菌丝体及菌核在病株残体上于土壤中越冬，成为翌年初侵染源。气温高、降雨多易发病。连作、地下害虫或线虫造成的伤口多时病害发生严重。甘肃省兰州地区发病率5%~8%。

（四）防治技术

1）栽培措施　选择排水良好、土质疏松的地块栽培；实行轮作倒茬；加强田间管理，注意通风透光；增施磷、钾肥，增强植株抗病力。

2）种球消毒　栽植时用50%福美双500倍液浸泡种鳞茎15min，或浸入50%苯菌灵可湿性粉剂2000倍液中，或30℃水温浸泡30min，可减轻病害发生。

3）药剂防治　发病初期喷灌50%多菌灵可湿性粉剂800~1000倍液、36%甲基硫菌灵悬浮剂500倍液、3%多抗霉素水剂600~900倍液、50%氯溴异氰尿酸水溶性粉剂1000倍液及3%恶霉·甲霜水剂1000倍液。

三、百合立枯病

（一）症状

成株、幼苗均感病。幼苗感病，根茎部产生边缘不明显的淡褐色病斑，不规则形，后逐渐萎缩，致幼苗倒伏。成株染病，基部叶片先变黄，逐渐向上蔓延，至全株叶片变黄，枯死。鳞片受害，其上有褐色丝状体，并逐渐变褐、变软、腐烂、脱落。

（二）病原

病原菌为真菌界丝核菌属立枯丝核菌（*Rhizoctonia solani* Kuhn.）。菌丝淡褐色至褐色，老菌丝紫黑色，直径5.9~8.2μm，壁厚，分枝直角，分枝基部缢缩，并有1个隔膜。菌核近圆形、不规则形，褐色，直径230.7~275.5μm。菌丝顶端细胞中有3~8个细胞核。5℃时菌丝不能生长，10~15℃生长缓慢，25~29℃为适宜生长温度，超过29℃生长急剧下降，37℃不能生长（张建文，2005）。病菌寄主范围很广，枸杞、黄芪等药用植物均受侵染。小麦、玉米、荞麦较抗病，苜蓿、胡麻及向日葵抗病性弱。

（三）病害循环及发病条件

病菌以菌丝体、菌核在土壤中或寄主病残体上越冬，病菌腐生性较强，在土壤中一般可存活2~3年。在适宜条件下，菌核萌发侵染幼苗，或菌丝直接侵染幼苗。病菌经流水、农具及带菌肥料传播。病菌既耐干旱，又喜潮湿，土壤湿度与发病关系不明显。甘肃省兰州市和天水市等地轻度发生。

（四）防治技术

1）栽培措施　栽植时剔除病苗；增施磷、钾肥，提高寄主抗病力。
2）种子处理　栽植时，用50%福美双可湿性粉剂500倍液浸种15min。
3）药剂防治　发病初期喷施50%苯菌灵可湿性粉剂1000倍液、30%苯噻氰乳油1000倍液、20%甲基立枯磷乳油1200倍液及35%甲霜·福美双可湿性粉剂可湿性粉剂800倍液。

四、百合疫病（脚腐病）

（一）症状

病菌可侵害茎、叶、花和鳞片。茎部被害，出现水渍状淡褐色皱缩状条斑，逐渐向上、向下扩展，造成茎部缢缩腐烂，导致全株枯萎，折倒死亡。叶片发病，初为水渍状小斑，后逐渐扩大成灰绿色不规则形大斑，无明显边缘。发病严重时，花、花梗和鳞片均可被害，造成病部变色腐败。在雨水多及天气潮湿时，病部长出稀疏的白色霉层，即病菌的孢囊梗和孢子囊。

（二）病原

病原菌为色藻界疫霉属恶疫霉[*Phytophthora cactorum*（Leb. & Cohn.）Schrot.]。孢囊梗细长，分枝少，简单合轴分枝。孢子囊顶生或侧生，卵圆形、近圆形，个别为长圆形，大小为（28.0~60.0）μm×（20.0~33.0）μm，长宽比1.3∶1.5，顶部有乳突，具短柄。雄器球形，侧生，极少周生。藏卵器球形、壁光滑，直径27.0~33.0μm；卵孢子球形，壁平滑，黄褐色，近满器，直径26.0~33.0μm。生长适温24℃，最高32℃。寄主范围广，可为害三七、人参、地黄等药用植物（郑小波，1995）。

此外，有些地方腐霉（*Pythium* sp.）也为害百合。

（三）病害循环及发病条件

病菌以卵孢子或厚垣孢子随病残组织在土壤中越冬。翌年环境条件适宜时，卵孢子或厚垣孢子萌发，侵染寄主引起发病。降雨多、空气和土壤湿度大，病组织上会大量产生孢子囊，孢子囊萌发形成游动孢子，或孢子囊直接形成芽管，通过雨水传播引起再侵染。多雨、排水不良，有利于病害的发生蔓延。甘肃省兰州市和天水市轻度发生。

（四）防治技术

1）栽培措施　整地时，高畦深沟，畦面平整，以利于雨后能及时排水；发现病株，及早挖除烧毁或深埋；适当增施钾肥，以提高植株的抗病力。

2）药剂防治　发病初期喷施90%乙膦铝可湿性粉剂500倍液、58%甲霜灵·锰锌可湿性粉剂500倍液、78%波·锰锌可湿性粉剂500倍液及50%烯酰吗啉可湿性粉剂1000倍液。喷洒时应将足够的药液喷淋到病株茎基部及周围土壤。

五、百合鳞茎根霉软腐病

（一）症状

主要为害鳞茎，在贮藏和运输过程中，引起鳞茎腐烂。受害鳞茎初产生水渍状病斑，后变暗色，球茎变软腐烂，具有辛辣气味。严重时，鳞茎毁灭性腐烂，有时鳞茎上生有厚厚的菌丝层，即病菌的孢囊梗和孢子囊。

（二）病原

病原菌为真菌界根霉属匍枝根霉菌[*Rhizopus stolonifer*（Ehrenb. & Fr.）Vuill.]。菌丝初无色，后变暗褐色，形成匍匐根。无性态由根节处簇生孢囊梗，直立，暗褐色，顶端着生球状孢子囊1个。孢子囊球形或椭圆形，褐色或黑色，直径65.0~350.0μm；囊轴球形、椭圆形、卵形或不规则形，膜薄、平滑，直径70.0μm，高90.0μm，存在中轴基，直径25.0~214.0μm。孢子形状不对称，近球形、卵形或多角形，表面有线纹，呈蜜枣状，大小为（5.5~13.5）μm×（7.5~8.0）μm，褐色或蓝灰色。接合孢子球形、卵形，直径160.0~220.0μm，黑色、有疣状突起。配囊柄膨大，两个柄大小不等；有拟接合孢子；无厚垣孢子。

（三）病害循环及发病条件

病菌存在于空气中或附着在被害球茎或黏附在土壤及包装材料、枯枝等部位。病菌自伤口侵入球茎鳞片，菌丝扩展到鳞茎基盘，再由此扩展到其他鳞片。病部产生的孢囊孢子借气流传播进行再侵染。

（四）防治技术

收获鳞茎时，尽量减少伤口。贮藏时保持窖温为8~10℃，相对湿度70%~75%。

六、百合细菌性软腐病

（一）症状

为害鳞茎和茎部，发病初期茎部或鳞茎上产生灰褐色不规则水渍状斑，后逐渐扩展，向内蔓延，造成湿腐，鳞茎形成脓状腐烂。

（二）病原

病原菌为原核生物界软腐欧文氏菌属胡萝卜软腐致病变种 [*Erwinia carotovora* subsp. *carotovora*（Jones）Bergey et al.]。菌体短杆状，周生2~5根鞭毛，在肉汁陈琼脂平板上菌落白色，能使马铃薯块软腐。生长适温25~30℃，36℃能生长，最高38~39℃，最低4℃，致死温度48~51℃。此外，*E. lilii*（Uyeda）Magrou 也可引致百合腐烂（吕佩珂，1999）。

（三）病害循环及发病条件

病菌在土壤及鳞茎上越冬。翌年条件适宜时病菌侵染鳞茎、茎及叶，引起初侵染，有再侵染。温度高，湿度大时发生严重。甘肃省兰州市等各产区均有发生。

（四）防治技术

1）栽培措施　选择排水良好的地块种植；田间操作避免造成伤口；采挖时小心扒取，减少损伤，避免侵染。

2）药剂防治　必要时采用47%春·王铜可湿性粉剂800倍液、72%农用硫酸链霉素可溶性粉剂3000倍液及53.8%氢氧化铜干悬浮剂1200倍液喷施。

七、百合病毒病

（一）症状

症状类型多样，常见如下。

1）花叶型：自顶部叶片叶尖开始发黄，沿叶缘向下逐渐变黄，侧脉内出现褪绿条纹或黄花，使叶片呈花叶状。严重时，自叶尖开始向下全部变黄、干枯，以致全株叶片变黄、变褐，干枯而死。有些品种叶片变为紫褐色，植株矮化，严重时病株仅有健株1/5高。顶端花序主轴变短、扭曲，花蕾变小、畸形，花变黄色，后呈污白色。花梗、花蕾干缩，托叶下卷、扭曲。小鳞茎上所生的小苗，叶片较宽，花叶症状特别明显。

2）坏死斑：病株一般无症状，有些表现轻度花叶、坏死。有些品种花扭曲、畸变为舌状。在麝香百合叶片上产生黄色条斑或坏死斑，叶片下卷，生长不良。

3）环斑：叶片上产生斑驳、环斑等症状，植株无主秆，无花或发育不良。

4）丛簇：病株呈丛簇状，叶片呈浅绿色或浅黄色，产生条斑或斑驳。幼叶染病向下反卷、扭曲，全株矮化。

（二）病原

据傅俊范（2007）报道，百合病毒病的毒源种类较多，常见如下。

1）百合潜隐病毒（LSV）。病毒粒体线形，大小为（635~650）nm×（15~18）nm。致死温度65~70℃，稀释限点5×10^{-5}。由汁液及蚜虫传播，只侵染百合科植物。一般不表现症状，有时产生坏死斑。麝香百合苗接种60~90天，表现皱曲条纹，千日红和黄瓜上产生系统花叶，苋色藜和昆诺藜上产生局部枯斑。该病毒是甘肃省的主要毒源之一。

2）黄瓜花叶病毒（CMV）。病毒粒体球形，直径30nm。致死温度60~75℃，稀释限点10^{-4}，体外存活期3~7天。可引起花叶和坏死症状。该病毒是甘肃省主要毒源之一。

3）烟草环斑病毒（TRSV）。致死温度60~65℃，稀释限点10^{-3}~10^{-4}，体外存活期25℃条件下1~2天，18℃条件下3周。寄主范围很广，可侵染54科、246种植物，自然侵染寄主有百合、甜瓜、西瓜、西葫芦、马铃薯、豆类等。引起环斑症状，由汁液、种子、线虫传播。

4）百合丛簇病毒（LRV）。引起丛簇症状。

5）郁金香碎色病毒（TBV）。病毒粒体线形，大小为740nm×14nm。稀释限点10^{-5}，致死温度65~70℃，体外存活期4~6天。只侵染郁金香属和百合属植物。由汁液和蚜虫传播。千日红和心叶烟上产生花叶。

（三）病害循环及发病条件

百合病毒均可在鳞茎、珠芽内越冬，通过汁液摩擦或蚜虫等传毒。有些病毒可经种子传播；多数病毒的寄主范围很广，田间很多作物和杂草均是其寄主，所以病毒病容易发生和蔓延。百合潜隐病毒在百合上广泛存在，单独感染时产生轻微花叶或无症状。鹿子百合较抗病，荷兰百合、麝香百合、台湾百合和卷丹百合较感病（傅俊范，2007）。

（四）防治技术

1）建立无病留种地　选用无病健株鳞茎作为繁殖材料或采用茎尖脱毒种植，建立无病苗繁殖基地。

2）治虫防病　田间可采用黄板诱杀蚜虫或银灰色薄膜避蚜；发现蚜虫后及时喷施10%吡虫啉可湿性粉剂1500倍液、5%氟虫腈悬浮剂50~100mL/亩及50%抗蚜威超微可湿性粉剂2000倍液等药剂。

3）药剂防治　发病初期施用NS-83增抗剂，抑制病害发展。发现病株后喷施1.5%植病灵乳油1000倍液、20%病毒A可湿性粉剂500倍液、20%毒克星可湿性粉剂400~500倍液及50%氯溴异氰尿酸可湿性粉剂1000倍液。

第二节　玉　竹　病　害

玉竹[*Polygonatum odoratum*（Mill.）Druce. var. *pluriflorum*（Miq.）Ohwi]为百合科多年生草本植物，又名葳蕤、女萎。以根入药，性味甘平，归肺、胃经，具有养阴润燥、除烦止渴的功效。主产于东北、华北、华东等地。主要病害为叶点霉叶斑病。

玉竹叶点霉叶斑病

（一）症状

叶片受害，初生淡褐色小点，扩大后呈大中型（8~30mm）圆形、椭圆形、不规则形病斑，边缘黑褐色，较宽，中部红褐色、灰褐色、白色，后变薄，稍显轮纹，其上产生黑色小颗粒，即病菌的分生孢子器（彩图9-2）。

（二）病原

病原菌为真菌界叶点霉属（*Phyllosticta* sp.）的真菌。分生孢子器扁球形、近球形，黄褐色，直径58.2~112.0μm（平均78.1μm），高49.3~103.0μm（平均76.1μm）。分生孢子长椭圆形、瓜子形、椭圆形，单胞，无色，大小为（4.7~7.0）μm×（1.8~3.5）μm（平均5.8μm×2.7μm）。该菌分生孢子较黄精属血红叶点霉小，而较*P. woronowi*大，故种未定。

（三）病害循环及发病条件

病菌以分生孢子器随病残体在地表越冬。翌年环境条件适宜时，以分生孢子进行初侵染。病斑上产生的分生孢子借风雨传播，进行再侵染。多在7~8月发生。

雨水多，湿度大时发病严重。甘肃省岷县、陇西县、白银市及兰州市等地普遍发生，陇西县发病率32%~40%，严重度2~3级，是玉竹的主要病害。

（四）防治技术

1）栽培措施　初冬彻底清除田间病残组织，减少初侵染源。
2）药剂防治　发病初期喷施40%多·硫悬浮剂可湿性粉剂600倍液、75%百菌清可湿性粉剂600倍液、77%氢氧化铜可湿性粉剂500倍液、10%苯醚甲环唑水分散颗粒剂1000倍液及1.5%多抗霉素可湿性粉剂150倍液。

第三节　知　母　病　害

知母（*Anemarrhena asphodeloides* Bunge）为百合科多年生草本植物。以干燥根茎入药，味苦、甘，性寒，归肺、胃、肾经，具清热泻火、生津润燥等功效。用于热病烦渴、温热病邪、肺热咳嗽、骨蒸潮热、阴虚消渴等症。中国各地都有栽培。主要病害有灰霉病和早疫病。

一、知母灰霉病

（一）症状

在茎秆下部及衰弱现黄的叶片上产生褐色、红褐色云纹状病斑，或产生褐色、深褐色的大型椭圆形病斑，后期病斑扩展可环绕茎1周，纵向扩展至10cm以上，病斑以上枝条枯死，在其上生有褐色丝状体及黑色小颗粒，即病菌的菌丝体及菌核状结构（彩图9-3）。

（二）病原

病原菌为真菌界葡萄孢属（*Botrytis* sp.）的真菌。发病部位出现的黑色小颗粒是表皮下由多角形厚壁细胞组成的半球形菌核状结构，分生孢子梗褐色，长宽为（1343.7~1433.3）μm×（14.1~18.8）μm。分生孢子卵圆形，无色，大小为（12.9~17.6）μm×（9.4~12.4）μm（平均14.5μm×10.3μm）。

（三）病害循环及发病条件

病菌以菌丝体和菌核随病残体在地表及土壤中越冬。翌年环境条件适宜时，产生分生孢子进行初侵染，有再侵染。植株密集、通风透光不良、多雨、露时长的潮湿条件下发生严重。甘肃省陇西县发病率约30%，严重度2级。

（四）防治技术

1）栽培措施　合理密植；及时中耕锄草，降低田间湿度；收获后彻底清除田间病残体，减少初侵染源。

2）药剂防治　发病初期喷施50%腐霉利可湿性粉剂1000倍液、65%硫菌·霉威可湿性粉剂1000倍液、28%百·霉威可湿性粉剂600倍液及25%咪鲜胺乳油2000倍液。

二、知母早疫病

（一）症状

主要为害果实，果壳上产生圆形、近圆形病斑，边缘红褐色，稍隆起，中部灰白色至灰黄色，其上产生黑色小丛点。

（二）病原

病原菌为真菌界链格孢属（*Alternaria* sp.）的真菌，分生孢子梗淡褐色，较直，大小为（29.4~76.4）μm×（5.3~7.1）μm（平均45.0μm×5.9μm），3~13根丛生在一起。分生孢子倒棍棒状，中部最宽，淡黄褐色，具纵横隔膜，横隔膜3~6个，少数纵斜隔膜，具短喙。孢身长宽为（37.6~61.2）μm×（14.1~27.1）μm（平均48.7μm×18.6μm）。喙长14.1~34.1μm（平均24.6μm）（图9-1）。

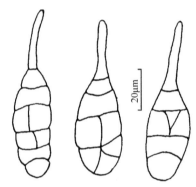

图9-1　知母早疫病菌分生孢子

（三）病害循环及发病条件

病菌越冬情况不详，甘肃省陇西县轻度发生。

（四）防治技术

1）栽培措施　初冬彻底清除田间病残体，减少初侵染源。

2）药剂防治　发病初期喷施70%代森锰锌可湿性粉剂500倍液、50%异菌脲可湿性粉剂1200倍液、2%抗霉菌素水剂200倍液、3%多抗霉素水剂700倍液及10%苯醚甲环唑水分散颗粒剂1500倍液。

第十章　其他科药用植物病害

第一节　苋科药用植物病害

青 葙 病 害

青葙（*Celosia argentea* L.）为苋科一年生草本植物，又名草蒿、昆仑草。以茎、叶、根入药，有燥湿清热、杀虫、止血的功效，治风骚身痒等症。全国各地均有分布。

一、青葙轮纹病

（一）症状

叶面产生中小型（4~8mm）圆形、椭圆形病斑，褐色至灰褐色，边缘颜色较深，中部色淡，有同心轮纹。后期其上生有黑色小颗粒，即病菌的分生孢子器。

（二）病原

图10-1　青葙轮纹病菌分生孢子

病原菌为真菌界壳二胞属青葙壳二胞[*Ascochyta celosiae*（Thümen）Petrak]。分生孢子器近球形、扁球形，黑褐色，直径111.9~125.4μm（平均116.5μm），高103.0~116.5μm（平均109.0μm）。分生孢子花生形，圆柱状，直或稍弯曲，具1个隔膜，无色，大小为（5.9~11.8）μm×（2.4~4.7）μm（平均8.9μm×3.6μm）（图10-1）。

（三）病害循环及发病条件

病菌以分生孢子器在病株残体上于地表越冬。翌年条件适宜时释放分生孢子进行初侵染，有再侵染。7月下旬至8月发生。甘肃省陇西县轻度发生。

（四）防治技术

1）栽培措施　初冬彻底清除田间病株残体，烧毁或沤肥，减少初侵染源。

2）药剂防治　发病初期喷施70%代森锰锌可湿性粉剂500倍液、70%甲基硫菌灵可湿性粉剂600倍液、75%百菌清可湿性粉剂600倍液、10%苯醚甲环唑水分散颗粒剂1000倍液及30%氧氯化铜悬浮剂800倍液。

二、青葙褐斑病

（一）症状

叶面初生淡褐色小点，扩大后呈大中型（10~15mm）圆形、近圆形病斑，褐色至黄褐色，有不明显的轮纹，其上生有黑色霉层。

（二）病原

病原菌为真菌界链格孢属青葙链格孢[*Alternaria celosiae*（Tassi）O. Săvul.]。分生孢子倒棒状、近棱形，淡黄褐色，有喙，具4~9个横隔膜，1~3个纵（斜）隔膜，分隔处稍缢缩，孢身长宽为（65.9~97.6）μm×（14.1~21.2）μm（平均77.8μm×16.9μm），喙长49.4~114.1μm（平均84.1μm）（图10-2）。

（三）病害循环及发病条件

病菌以菌丝体随病残组织在地表越冬。翌年环境条件适宜时，产生分生孢子引起初侵染，有再侵染。7月上旬发病，8月为发病高峰，高温潮湿条件下发生严重。甘肃省陇西县和岷县零星发生。

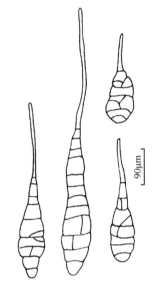

图 10-2　青葙褐斑病菌分生孢子

（四）防治技术

1）栽培措施　初冬彻底清除田间病残组织，减少越冬菌源；平衡施肥，增施有机肥，增强植株抗病力。

2）药剂防治　发病初期喷施70%代森锰锌可湿性粉剂500倍液、50%异菌脲可湿性粉剂1200倍液、50%多菌灵可湿性粉剂500倍液、70%丙森锌可湿性粉剂600倍液及2%抗菌霉素水剂200倍液。

三、青葙白星病

（一）症状

叶面初生淡褐色小点，扩大后呈小型（2~4mm）圆形、近圆形病斑，边缘紫红色，较宽，中部灰白色，其上产生黑色小颗粒，即病菌的分生孢子器。

（二）病原

病原菌为真菌界叶点霉属（*Phyllosticta* sp.）的真菌。分生孢子器扁球形、近球形，黑色，直径71.7~116.5μm（平均88.5μm），高62.8~112.0μm（平均79.5μm），孔口明显。分生孢子卵圆形、椭圆形，单胞，无色，大小为（4.1~6.5）μm×（2.4~3.5）μm（平均5.3μm×2.8μm）。

（三）病害循环及发病条件

病菌以分生孢子器随病残体在地表越冬。翌年气候条件适宜时，分生孢子器吸水，释放分生孢子侵染寄主，有再侵染。甘肃省陇西县轻度发生。

（四）防治技术

参考青葙褐斑病。

第二节　十字花科药用植物病害

板蓝根病害

板蓝根（*Isatis indigotica* Fort.）即菘蓝，为十字花科一至二年生草本植物，又名大蓝根、大青根等。以根入药为板蓝根，以叶入药为大青叶，味苦，性寒，归心、胃经，具有清热、凉血、消肿、解毒功效。主治丹热、热毒发斑、神昏吐血、出鼻血、咽肿、火眼等症。国内多省均有栽培。病害较多，主要有霜霉病、菌核病及根腐病等。霜霉病在各地普遍发生，为害严重，2001年甘肃张掖市大流行，发病率达100%，损失严重，因病播种面积锐减。菌核病在陇南长江水系几个县发生普遍，生长后期和在采种株上，往往造成植株大片死亡，一般发病率为5%左右，严重时达30%以上。

一、板蓝根霜霉病

（一）症状

叶片、茎秆、花瓣、花梗、花萼、荚果等部位均受害。叶片受害后，初期在叶背面产生一层白色霉状物，叶正面相应处出现淡黄色病斑，因受叶脉限制，病斑扩大为多角形、不规则形，并呈黄褐色，后期逐渐变为褐色枯斑，植株叶片由外向内层层干枯。病斑多分布在叶脉处或叶缘，病健交界处明显，受害部分增厚，边缘弯曲（彩图10-1）。严重时病斑连接成片，叶色变黄，叶片干枯死亡。茎、花梗、花瓣、花萼及荚果等局部或全部受害后褪色，其上长有白色霉状物，并能引起肥厚变形。严重被害的植株矮化，荚果细小、弯曲，常未熟先裂或不结实。

（二）病原

病原菌为色藻界霜霉属寄生霜霉菌[*Peronospora parasitica*（Pers.）Fr.]。孢囊梗单根或多根，自气孔伸出，全长95.0~330.0μm，宽8.0~20.0μm，主轴长30.0~285.0μm，基部略膨大，顶端叉状锐角分枝2~5次，末端稍弯曲，端生1个孢子囊。孢子囊椭圆形至卵形，无色至淡褐色，单胞，大小为（18.0~35.0）μm×（17.0~29.0）μm（图10-3）。孢子囊萌发时可形成1~2根芽管，多为1根。卵孢子未见。病组织中的菌丝体无色、无隔、粗细不均，内含物丰富。病菌可为害多种十字花科植物，种内有不同专化型和生理小种。

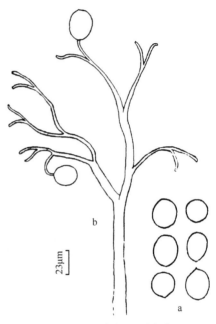

图10-3　板蓝根霜霉病菌
a.孢子囊；b.孢囊梗

（三）病害循环及发病条件

病菌以卵孢子或菌丝体随病残体在土壤中越冬、越夏。翌年春季天气转暖后从病部产生孢囊梗及孢子囊，经气流传播引起初侵染。病株上的孢子囊在适宜的温湿度环境条件下，可重复侵染。苗期受害普遍。果荚发病严重。

在气温13~15℃，相对湿度90%以上时，病情发展极为迅速。因此，该病多发生于春季。孢子囊的形成与降雨量密切相关，当日平均气温13℃左右，相对湿度85%以上，普遍出现霜霉。若连续降雨数日，一旦转晴，田间病情迅速发展。秋播的留种地最先发病，直到种子收获均有为害。春播板蓝根一般在4~6月发病严重。密不通风的郁闭状态，通风透光差的小气候环境，易引起病害发生；冬暖春寒、多雨高湿有利于发病；抽薹开花期病害发生严重；管理粗放、土壤肥力不足、除草及排水不及时也易发病（傅俊范，2007）。甘肃省张掖市、陇南市和定西市等普遍发生，其中成县和徽县发病严重。

（四）防治技术

1）栽培措施　选用抗病品种，自日本引进的菘蓝品种较为抗病，国内品种抗病性较差；'江苏草大青'较'河北草大青'、'浙江草大青'抗病性略强（傅俊范，2007）；入冬前彻底清除田间病残体，减少越冬菌源；与非十字花科植物轮作；因地制宜适当调整播种期；低湿地采用高畦栽培；合理密植，增施肥料，适量浇水，注意通风透光等。

2）药剂防治　发病初期喷施58%甲霜灵·锰锌可湿性粉剂1000倍液、90%乙膦铝可湿性粉剂600倍液、1：1：120波尔多液、65%代森锰锌可湿性粉剂600倍液、78%波·锰锌可湿性粉剂500倍液、69%锰锌·烯酰可湿性粉剂600倍液、20%氟吗啉可湿性粉剂700倍液及52.5%恶唑菌铜·霜脲氰水分散颗粒剂1500倍液，每7~10天喷1次，连续喷2~3次，注意药剂交替使用。

二、板蓝根白粉病

（一）症状

叶片、叶柄、嫩茎均受害。叶两面初生白色小粉斑，扩大后能覆盖全叶，粉层较厚（彩图10-2）。叶柄、嫩茎上亦覆盖白粉。未出现闭囊壳。

（二）病原

病原菌为真菌界粉孢属（*Oidium* sp.）的真菌。分生孢子单胞，无色，桶形、腰鼓形，大小为（10.6~20.0）μm×（4.7~7.1）μm（平均13.8μm×6.0μm）。据日孜旺古丽·苏皮（1996）报道板蓝根白粉病菌的病原为十字花科白粉菌[*Erysiphe cruciferarum*（Opiz.）Junell.]。但在甘肃未采到有性态。

（三）病害循环及发病条件

病菌越冬情况不详。甘肃省兰州地区发生较重，发病率100%，严重度2~3级。

（四）防治技术

参考附子白粉病。

三、板蓝根白锈病

（一）症状

发病初期，叶面出现黄绿色小斑点，无明显边缘，叶背生白色微隆起的疱状斑点，外表有光泽，病斑直径2~3mm。疱斑破裂后散出白色粉末状物，即病原菌的孢子囊。发病后期，形成不规则形枯斑。叶柄及幼茎发病，病部也产生白色疱斑，使叶柄、嫩茎扭曲变形，最后枯死。采种株茎部亦可受害。

（二）病原

病原菌为色藻界白锈菌属白菜白锈菌[*Albugo candida*（Pers.）Kuntze]。孢囊梗大小为（35.0~40.0）μm×（15.0~17.0）μm，棍棒状，无色，单胞，顶端自上而下依次形成孢子囊，连成串，相互连接处有细小颈部。孢子囊近球形、单胞，无色，大小为（15.0~27.0）μm×（13.0~25.0）μm。孢子囊萌发产生游动孢子。游动孢子圆球形或肾形，具有2根鞭毛，经过短期游动后，鞭毛收缩，体形变圆，外部形成一层胞膜。随后，孢子萌发伸出芽管，从气孔侵入寄主组织。孢子囊萌发最适温度为10℃左右，最高25℃。藏卵器近球形，无色，多呈空腔，大小为（60.0~93.0）μm×（42.0~63.0）μm。卵孢子近球形、褐色，生于肿大的茎及荚果上。外壁有瘤状突起，大小为（33.0~48.0）μm×（33.0~51.0）μm，瘤状突起高2.75μm。雄器侧生，大小为24.5μm×11.9μm（韩金声，1990）。

（三）病害循环及发病条件

病菌以卵孢子在土壤及病残组织上越冬，成为翌年的初侵染源。生长期病部长出的孢子囊随风雨传播，再次侵染，扩大蔓延。4月中旬至5月发生，为害时间较短。低温、高湿有利于发病。甘肃省武都区和成县零星发生。

（四）防治技术

1）栽培措施　彻底清除田间病残体，减少越冬菌源；雨后及时通沟排水，降低田间湿度。

2）药剂防治　发病初期喷施90%乙膦铝可湿性粉剂400~500倍液、1∶1∶120波尔多液、65%硫菌·霉威可湿性粉剂600倍液、72%霜脲·锰锌可湿性粉剂600~800倍液、78%波·锰锌可湿性粉剂500倍液及52.5%恶唑菌铜·霜脲氰水分散颗粒剂1500倍液。

四、板蓝根黑斑病

（一）症状

主要为害叶片，在叶面产生圆形、近圆形病斑，灰褐色至褐色，有同心轮纹，周围常有褪绿晕圈，病斑直径一般为3~10mm。病斑正面有黑褐色霉状物，即病原菌的分生孢子梗和分生孢子。叶片上病斑多时易变黄早枯。茎、花梗及种荚受害产生相似症状。

（二）病原

病原菌为真菌界链格孢属芜菁链格孢（*Alternaria napiformis* Purkayastha & Mallik）。分生孢子梗单生或簇生、直立，或屈膝状弯曲，分枝或不分枝，淡褐色至褐色，具分隔，大小为（31.0~70.0）μm×（3.0~5.5）μm。分生孢子倒棒状，褐色，单生或短链生，孢身长宽为（31.5~54.5）μm×（8.0~14.0）μm，具横隔3~9个，纵隔2~3个，斜隔0~2个，分隔处稍缢缩。喙柱状，有或无分隔，大小为（0~50.0）μm×（3.0~3.5）μm。另外芸苔链格孢（*A. brassicae* Sacc.）也可为害板蓝根（张天宇，2003）。

（三）病害循环及发病条件

病菌以分生孢子在病株残体上越冬，成为翌年的初侵染源。自5月起开始发生，高温多雨有利于发病。甘肃省民乐县和成县轻度发生。

（四）防治技术

1）栽培措施　合理轮作；清洁田园，清除越冬菌源；加强田间管理，增施磷、钾肥，提高植株抗病力。

2）药剂防治　发病初期喷施1∶1∶100波尔多液、70%代森锰锌可湿性粉剂500倍液、10%多抗霉素可湿性粉剂1000倍液、50%异菌脲可湿性粉剂1000~1200倍液及70%百菌清·锰锌可湿性粉剂600倍液。

五、板蓝根斑枯病

（一）症状

主要为害叶片，叶部产生直径1~2mm的圆形、近圆形病斑，边缘深褐色，隆起或微隆起，中部灰白色，稍下陷，其上产生稀疏的小黑点，即病菌的分生孢子器。后期有些病组织脱落形成穿孔。

（二）病原

病原菌为真菌界壳针孢属（*Septoria* sp.）的真菌。分生孢子器褐色、黄褐色，球形、近球形，直径67.2~116.5μm（平均91.1μm），高58.2~103.0μm（平均80.6μm），孔口明显且较大。分生孢子针状、线状，直或稍弯曲，两端较细，隔膜不清晰、大小为（20.0~37.6）μm×（0.9~1.8）μm（平均28.2μm×1.2μm）。

（三）病害循环及发病条件

病菌以菌丝体及分生孢子器随病残组织在地表越冬。多雨、高湿的条件下发病重，8月为发病高峰。甘肃省陇西县中度发生，发病率20%，严重度2~3级。

（四）防治技术

参考欧当归斑枯病。

六、板蓝根菌核病

（一）症状

从苗期到成熟期均可发生。为害根、茎、叶和荚果，以茎部受害最重。幼苗受害在茎基部产生水渍状褐色腐烂，引起成片死苗。茎部受害，通常在近地面发黄衰弱叶片的叶柄与地表接触处首先发病，向上蔓延到茎部及分枝，病部水渍状，黄褐色，后变灰白色，组织变软腐、易倒伏。茎内外长有白色棉絮状菌丝层和黑色鼠粪状菌核。后期干燥的茎皮纤维如麻丝状。茎叶受害后，枝叶萎蔫，逐渐枯死。花梗和种荚也产生灰白色病斑，不能结实或子粒瘪瘦。

（二）病原

病原菌为真菌界核盘菌属核盘菌[*Sclerotinia sclerotiorun*（Lib.）de Bary]。菌核球形、豆瓣或鼠粪形，大小为（1.5~3.0）mm×（1~2）mm。一般萌生有柄子囊盘4~5个，子囊盘盘状，淡红褐色，直径0.4~1.0mm。子囊圆筒形，大小为（114~160）μm×（8.2~11.0）μm。子囊孢子椭圆形或梭形，大小为（8~13）μm×（4~8）μm。侧丝丝状，顶部较粗。病菌寄主范围极广，可侵染32科、160多种植物。药用植物受害严重的有防风、人参、川芎、延胡索、蕲兰、丹参、菊花、红花、益母草、细辛、补骨脂及牛蒡子等（韩金声，1990）。

（三）病害循环及发病条件

病菌以菌丝体、菌核在病残组织或菌核落在土壤中，以及混杂于种子中越冬，成为翌年的初侵染源。菌核无休眠期，在适宜条件下，可萌发产生子囊盘和子囊孢子，通过风雨传至寄主表面引起侵染。一般先为害花瓣及衰老黄叶，而后菌丝出叶经叶柄扩展到茎部。病部产生的菌丝也可通过植株间的接触传染蔓延，扩大为害。种子田在3~4月发病，4月下旬到5月为发病盛期。菌核还能直接产生菌丝侵染靠地面的枝叶和幼嫩植株引起发病。此病的发生与土壤中菌核数量和环境条件关系密切。偏施氮肥、排水不良、田间湿度大、植株密集、通风透光差、雨后积水、茬口安排不当，均有利于发病。甘肃省武都区和成县轻度发生。

（四）防治技术

1）栽培措施　收获时应尽量不使病组织遗留在地面；收获后深耕，将菌核翻于土壤深层，或淹水促进菌核腐烂；选择地势高燥、排水良好的田块栽种；种植不宜过密，以保持株间通风透光，降低田间湿度；水旱轮作或与其他禾本科作物进行轮作，避免与十字花科作物连作；避免偏施氮肥，增施磷、钾肥，早施蕾薹肥，可以促使花期茎秆健壮，提高抗病力。带菌种子播种前应筛选、水选，除去混杂的菌核。

2）药剂防治　发病初期用50%腐霉利可湿性粉剂1000倍液、50%多菌灵可湿性粉剂600倍液、70%甲基托布津可湿性粉剂1000倍液、50%腐霉利·多菌灵可湿性粉剂1000倍液、25%咪鲜胺乳油2500倍液喷药保护。应集中喷施植株中下部，一般每隔7~10天喷1次，连续2~3次。此外，还可用硫磺石灰粉[1：（20~30）]或草木灰石灰粉（1：3）撒施在植株中下部及地面，也有一定作用。

七、板蓝根根腐病

（一）症状

根部被害，侧根或细根首先发病，病根变褐色，后蔓延到主根，也有主根根尖感染后扩展至上部受害。根的维管束变黑褐色，向上可达茎及叶柄。以后，根的髓部呈黑褐色湿腐，最后整个主根外部变成黑褐色，内部呈乱麻状的木质化纤维，地上部枝叶萎蔫，最后全株枯死。

（二）病原

病原菌为真菌界镰孢菌属茄镰刀菌（*Fusarium solani* Sacc.）。分生孢子梗及分生孢子无色或浅色。产生2种类型的分生孢子，小型孢子为椭圆形、肾形，单胞。大型孢子为镰刀形，多胞，3~5个隔膜，大小为（40.0~65.0）μm×（3.5~7.0）μm。厚垣孢子顶生或间生，褐色、球形、洋梨形，单细胞的直径8μm，双细胞的直径为（9.0~16.0）μm×（6.0~10.0）μm。

（三）病害循环及发病条件

土壤带菌为重要侵染来源。5月中下旬开始发生，6~7月为发病盛期。田间湿度大、气温高是病害发生的主要因素。土壤湿度大、排水不良、气温在20~25℃时，有利于发病（韩金声，1990）。耕作不善及地下害虫造成的伤口，易引起根腐病发病。高坡地病害较轻，甘肃省武都区和定西市零星发生。

（四）防治技术

1）栽培措施　选择地势高、排水畅通及土层深厚的沙壤土种植；与禾本科植物实行3年以上的轮作；合理施肥，适当施用氮肥，增施磷、钾肥，提高植株抗病力。

2）药剂防治　发病初期用50%甲基托布津可湿性粉剂500倍液浇灌根部及周围植株，防止蔓延，也可用75%百菌清可湿性粉剂600倍液、70%敌克松1000倍液、20%乙酸铜可湿性粉剂1000倍液及3.2%恶·甲水剂300倍液喷施。

第三节　禾本科药用植物病害

薏 苡 病 害

薏苡（*Coix lacroymajobi* L.）为禾本科一年生草本植物，以成熟种仁入药，味甘淡，性凉，归脾、胃、肺经，具有利水渗湿、健脾、除痹、清热排脓等功效，临床用于治疗水肿、小便不利、泄泻、肺痈等。陇南市有少量种植，主要病害为黑穗病。徽县、成县等地普遍发生，有些地方发病率达6%~8%。

薏苡黑穗病（黑粉病）

（一）症状

苗期一般不显症状，当植株长到9~10片叶，穗部分化期后，常在上部2~3片嫩叶上开始显症。叶片及叶鞘上形成单个或成串的瘤状突起，呈紫红色，后逐渐干瘪，呈褐色，内含黑粉。子房受害膨大呈近圆形、卵圆形，顶端变细，有些呈花瓣状，部分隐藏在叶鞘内，初带紫红色，后变暗褐色，内部充满黑粉状孢子，外有子房壁包围，壁不易破裂。病株主茎及分蘖茎的每个生长点，都变成一个黑粉病疱，病株多不结实而形成菌瘿（彩图10-3）。

（二）病原

病原菌为真菌界黑粉菌属薏苡黑粉菌（*Ustilago coicis* Bref.）。冬孢子卵圆形、球形、近球形至不规则形，黄褐色、褐色，大小为（7.1~9.4）μm×（5.9~9.4）μm（平均8.4μm×7.5μm），壁厚，色深，表面密生小刺突。冬孢子萌发时产生具隔的初生菌丝，从初生菌丝的一个菌胞上侧生及顶生担孢子。该菌只侵染薏苡，不侵染玉米和高粱（陆家云，1995）。

（三）病害循环及发病条件

病菌以冬孢子附着在种子、病残体上及土壤中越冬，在土壤中能存活2年以上，在贮存种子表面能存活4年以上。种子带菌为传播的主要途径，其次为土壤和粪肥。翌年春季，当土温升至10~18℃，土壤湿度适宜时，冬孢子萌发侵入薏苡幼芽，后随植株生长，菌丝进入穗部，侵入子房及茎、叶，形成系统侵染，引起全株发病（陆家云，1995）。菌瘿破裂后，散出黑粉，经风传播到其他种子上或落在土壤中越冬。连作，土壤不深耕时发病重。

（四）防治技术

1）种子处理　用50%多菌灵可湿性粉剂、50%甲基硫菌灵可湿性粉剂、15%三唑酮可湿性粉剂，按种子重量的0.4%~0.5%拌种；或用70℃温水浸种4h，用水量为种子量的4~5倍，浸完后及时晾干播种；或将种子先在冷水中浸24h，使冬孢子萌动，再用60℃温水浸种30min，晾干后播种。

2）栽培措施　植株发病后及时拔除，集中烧毁；与豆科等其他科植物实行3年以上轮作；施用充分腐熟的有机肥，避免肥料带菌；建立无病留种地。

第四节　天南星科药用植物病害

半　夏　病　害

半夏[*Pinellia ternate*（Thunb.）Breit.]为天南星科多年生草本植物，又名三叶半夏。以块根入药，味辛，性温，有毒，归脾、胃、肺经，有燥湿化痰、降逆止呕的功效，为止呕的要药。主产于四川、湖北、甘肃等地。主要病害为病毒病，甘肃省陇西县、西和县发病率65%，严重度3级，是引起减产的主要病害。

一、半夏萎蔫病

（一）症状

主要为害球茎，植株发病后，地上部分叶片发黄、萎蔫、枯死。球茎干腐、粉质，自顶部向内扩展变为灰白色粉质状。

（二）病原

病原菌为真菌界镰孢菌属（*Fusarium* sp.）的真菌。菌丝无色，有隔，粗1.2~3.6μm。小型分生孢子单胞，椭圆形、近圆形，大小为（5.9~9.4）μm×（2.4~4.1）μm（平均7.3μm×3.3μm）。大型分生孢子直或弯月形，两端渐细，具2~4个隔膜，多为3个隔膜，大小为（24.7~36.5）μm×（3.5~5.3）μm（平均29.9μm×4.5μm）。产孢梗单瓶梗，大小为（16.5~27.0）μm×（2.3~2.9）μm（平均22.1μm×2.5μm）。

（三）病害循环及发病条件

病菌以菌丝体和厚垣孢子随病株残体在土壤中越冬，病菌可在土壤中长期存活。翌年环境条件适宜时，病菌侵染寄主。连作地发病重，低洼积水处发病重。甘肃省清水县及西和县轻度发生，发病率5%~7%。

（四）防治技术

1）栽培措施　实行5年以上轮作；发现病株立即拔除，病穴用生石灰消毒；收获后彻底清除病残组织，集中销毁，减少初侵染源。

2）土壤处理　播种前用20%乙酸铜可湿性粉剂200~300g/亩，加细土20~30kg，拌匀后，撒于地面，耙入土中；或50%多菌灵可湿性粉剂4kg/亩，施于地面，耙入土中。

3）药剂防治　发病初期用3%恶霉·甲霜水剂800倍液、30%苯噻氰乳油1000倍液、50%多菌灵磺酸盐可湿性粉剂800倍液、20%乙酸铜可湿性粉剂1000倍液喷淋根部，用药液量75kg/亩。

二、半夏早疫病

（一）症状

叶面初生褪绿小点，扩大后呈椭圆形、近圆形病斑，直径10~12mm，边缘褐色，中部灰褐色，具有同心轮纹，其上生有黑色霉状物，即病菌的分生孢子梗和分生孢子（彩图10-4）。

（二）病原

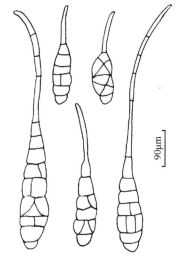

病原菌为真菌界链格孢属（*Alternaria* sp.）的真菌。分生孢子淡褐色，倒棍棒形，多为中上部较宽，下部渐细，喙较长，具3~7个横隔膜，纵、斜隔膜极少。孢身大小为（31.4~85.1）μm×（11.2~17.9）μm（平均55.9μm×15.8μm），喙长26.9~116.5μm（平均65.1μm）。分生孢子梗粗短，淡灰褐色，稍弯曲，顶端产孢痕明显（图10-4）。

（三）病害循环及发病条件

病菌随病残体在地表及土壤中越冬。翌年环境条件适宜时，产生孢子进行初侵染。病部产生的孢子可多次侵染。一般在6月中旬发生，多雨、

图 10-4　半夏早疫病菌分生孢子

露时长、潮湿有利于病害发生。植株密集、通风不良，发病亦重。甘肃省西和县和清水县发病率15%~20%，严重度1级。

（四）防治技术

1）栽培措施　收获时彻底清除田间病残组织，集中销毁；适当降低播种密度，以利于通风透光；施足底肥，平衡施肥，提高寄主抗病力。

2）药剂防治　发病初期喷施80%代森锰锌可湿性粉剂600倍液、70%百菌清·锰锌可湿性粉剂600倍液、10%苯醚甲环唑水分散颗粒剂1500倍液及50%异菌脲可湿性粉剂1000倍液。

三、半夏壳二胞灰斑病

（一）症状

叶面初生淡绿色小点，后扩展成5~10mm的圆形、近圆形、椭圆形病斑，边缘紫褐色，隆起、较宽。中部灰白色、淡灰褐色，很薄，其上生黑色小颗粒，即病菌的分生孢子器。后期，病斑易破裂，形成穿孔。

（二）病原

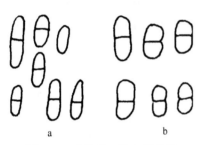

图10-5　半夏壳二胞灰斑病菌
2种分生孢子

病原菌为真菌界壳二胞属（*Ascochyta* sp.）的真菌。分生孢子器黑褐色、褐色，球形、近球形，孔口明显、壁薄，直径89.6~161.2μm（平均105.1μm），高80.6~152.3μm，平均95.9μm。分生孢子无色，双胞，长椭圆形、短杆状，隔膜不明显，大小为（4.7~9.4）μm×（1.8~2.4）μm（平均7.8μm×2.1μm），长宽比4.2：1（图10-5a）。另外，还有一种壳二胞，分生孢子器黄褐色，孔口明显，色深，直径40.3~103.0μm（平均80.3μm），高40.3~94.1μm（平均71.7μm）。

分生孢子双胞，淡褐色，隔膜明显，隔膜处缢缩明显，较宽，大小为（5.9~8.2）μm×（2.4~4.1）μm（平均6.6μm×3.13μm），长宽比2.1：1。2种病菌有明显区别（图10-5b）。

（三）病害循环及发病条件

病菌以菌丝体及分生孢子器随病残组织在地表越冬。翌年条件适宜时，萌发产生分生孢子引起初侵染。病斑上产生的分生孢子借风雨传播，引起再侵染。6~7月为发病盛期。降雨多、灌水过多、湿度大则发病严重；播种密度大、植株郁闭、通风不良发病亦重。甘肃省清水县及西和县普遍发生，但严重度不高。

（四）防治技术

1）栽培措施　收获时彻底清除病残组织，集中烧毁；适当降低播种密度，以利于通风透光；施足底肥、合理追肥，提高寄主抗病力。

2）药剂防治　发病初期喷施80%代森锰锌可湿性粉剂800倍液、50%多菌灵可湿性粉剂600倍液、10%苯醚甲环唑水分散颗粒剂1000倍液、78%波·锰锌可湿性粉剂600倍液及70%丙森锌可湿性粉剂600倍液。

四、半夏叶点霉灰斑病

（一）症状

叶面产生小型病斑，边缘褐色，稍隆起，中部灰白色，上生黑色小颗粒，即病菌的分生孢子器。

（二）病原

病原菌为真菌界真菌叶点霉属（*Phyllosticta* sp.）的真菌。分生孢子单胞，无色，椭圆形，大小为（3.5~5.9）μm×（1.2~1.8）μm（平均5.5μm×1.5μm）。分生孢子器与壳二胞形状、大小相近，二者难以区别。

（三）病害循环及发病条件

病菌以分生孢子器及菌丝体在地表越冬。翌年温湿度适宜时，以分生孢子引起初侵染。甘肃省清水县有零星发生。

（四）防治技术

参考半夏壳二胞灰斑病。

五、半夏病毒病

（一）症状

症状类型较多，叶片出现花叶、皱缩、畸形及全株矮缩；有些产生不规则褪绿、黄色条斑及明脉；有些植株有隐症现象，不表现症状。发病后最初叶脉颜色正常，叶肉组织变为黄色，褪绿不均匀，主要表现为绿斑驳花叶，叶片边缘向上卷曲；有些叶片叶缘出现锯齿状；有些叶片基部皱缩、畸形及全株矮缩，死亡；有些产生黄色条斑及明脉（彩图10-5）。此病在各地种植区普遍发生，发生为害重，许多田块几乎全田发病，是目前半夏生产中为害最重的病害。

（二）病原

病原为病毒。采用双抗体夹心酶联免疫法和反转录PCR方法检测，结果表明甘肃省半夏病毒病的主要毒源为黄瓜花叶病毒（CMV）（刘雯等，2014）。该病毒粒体球状，直径30nm，稀释限制10^{-1}~10^{-4}，致死温度50~70℃，20℃条件下体外存活期1~10天。可通过种子、汁液及蚜虫传播（季良，1991）。

（三）病害循环及发病条件

带毒球茎是病害重要初侵染源，其他寄主也是初侵染源。经蚜虫和汁液传播。天气干旱、蚜虫多、农事操作频繁，有利于病害传播和蔓延。此病在甘肃省陇西县、临洮县和岷县等地均有发生，有些药园发病严重。陈集双和李德葆（1994）报道，芋花叶病毒（DMV）可侵染半夏；申屠苏苏等（2007）认为，大豆花叶病毒（SMV）也可侵染半夏。

（四）防治技术

1）培育无毒种苗　通过热处理结合茎尖脱毒培养无毒苗；或以种子繁殖，获得无毒苗；在高海拔地区建立无病种子基地；以供应大田生产。

2）栽培措施　大棚栽培时，放风口加防虫网，以防蚜虫钻入；发现病株后立即拔除；棚内操作前，手、工具等应消毒。

3）治虫防病　蚜虫发生初期，喷施10%吡虫啉可湿性粉剂1500倍液、2.1%啶虫脒2500倍液、40%氰戊菊酯乳油6000倍液及25%阿克泰乳油5000倍液。

4）药剂防治　发病初期喷施1.5%植病灵乳油1000倍液、3.85%三氮唑核苷·酮·锌水乳剂500倍液、10%混脂酸水乳剂100倍液及50%氯溴异氰尿酸可湿性粉剂1000倍液。

天南星病害

天南星为天南星科多年生草本植物，包括天南星（*Arisaema heterophyllum* Blume）、一把伞南星[*A. erubescens*(Wall.)Schott]、东北天南星（*A. amurense* Maxim.）和虎掌南星（*Pinellia pedatisecta* Schote）4种天南星的块茎。以块茎入药，味苦而辛，性温，归肺、肝、脾经，有毒，具祛风定惊、化痰散结的功效，善祛风痰而止惊厥。

一、天南星轮纹病

（一）症状

叶面产生近圆形、椭圆形病斑，边缘暗褐色、隆起，中部褐色、淡褐色，稍现轮纹，上生黑褐色小颗粒。即病菌的分生孢子器。有些病斑生于叶缘，形成半椭圆形病斑，或引起缘枯。

（二）病原

病原菌为真菌界壳二胞属（*Ascochyta* sp.）的真菌。分生孢子器扁球形、近球形，灰黑色，直径94.1~156.8μm（平均126.1μm），高80.6~134.4μm（平均108.9μm），孔口明显。分生孢子无色，长椭圆形，短杆状，两端圆，具0~1个隔膜，隔膜处缢缩或不缢缩，大小为（4.7~11.8）μm×（2.3~3.5）μm（平均8.2μm×3.2μm）。

（三）病害循环及发病条件

病菌以分生孢子器随病残体于地表越冬。翌年温湿度条件适宜时，释放分生孢子引起初侵染，有再侵染。7月上旬发生，8月为发病高峰，高温、多雨、潮湿有利于病害的发生。甘肃省陇西县发病率约10%，严重度1~2级。

（四）防治技术

1）栽培措施　初冬彻底清除田间病残组织，集中烧毁或沤肥，减少初侵染源。
2）药剂防治　发病初期喷施40%多·硫悬浮剂800倍液、50%甲基硫菌灵·硫磺悬浮剂800倍液、60%琥铜·乙铝锌可湿性粉剂500倍液及53.8%氢氧化铜干悬浮剂1000倍液。

二、天南星枯萎病

（一）症状

初期植株叶色发灰，中午萎蔫，后叶色变黄，逐渐萎蔫枯死，根及根茎部稍变褐，表面生有白色丝状物。

（二）病原

病原菌为真菌界镰孢菌属尖镰孢菌（*Fusarium oxysporum* Schle.）。菌落白色，中等繁茂，较致密。菌丝无色，有隔，初期很细，后变粗至3.5~4.7μm，菌丝上生有各种形态的膨大体。大型分生孢子美丽型，两端尖，具3~4个隔膜，大小为（18.8~31.6）μm×（3.5~4.1）μm（平均24.6μm×3.6μm）。小型分生孢子单胞，无色，椭圆形、长椭圆形，大小为（5.9~10.6）μm×（1.8~4.7）μm（平均7.2μm×2.7μm）。产孢梗单瓶梗，大小为（5.9~16.5）μm×（1.8~2.3）μm（平均10.9μm×2.0μm）。有厚垣孢子。

（三）病害循环及发病条件

病菌为土壤习居菌，可在土壤中存活5~6年。条件适宜时，病菌可随时侵染。甘肃省陇西县和渭源县多在6月下旬轻度发生。中耕时伤根、虫伤、积水时易发生病害。

（四）防治技术

1）栽培措施　及时挖除病株，病穴用生石灰消毒；耕作时小心操作，减少伤口；及时防虫，减少根部受伤；土地平整，避免低洼积水。

2）土壤处理　病害严重的地块可进行土壤处理，用50%多菌灵可湿性粉剂4kg/亩或20%乙酸铜可湿性粉剂300g/亩，加细土30kg，撒于地面，耙入土中。

3）药剂防治　发病初期喷施50%甲基硫菌灵可湿性粉剂1200倍液、25%苯菌灵环己锌乳油800倍液、20%清土可湿性粉剂1000倍液及3%恶霉·甲霜水剂800倍液。

第五节　忍冬科药用植物病害

金银花病害

金银花（*Lonicera japonica* Thunb.）为忍冬科缠绕性小灌木，又名忍冬。以花蕾及茎叶枝入药，味甘、性寒，归肺、心、胃经，有清热、解毒、凉散风热的功效，为治一切内痈外痈的要药。中国各省均有分布。主要病害有白粉病。

一、金银花白粉病

（一）症状

叶片、花器、果实、茎蔓均受害。有些植株，初期叶背均匀产生稀疏的白粉层，可覆盖全叶，但不易看清。严重时粉层较厚，似一层银白色膜，而不像白粉。后期粉层中散生少量黑色小颗粒，即病菌的闭囊壳。叶正面呈淡黄色不规则形病斑，上有少量稀疏的白粉。有些植株主要在叶正面产生大小不等的圆形、椭圆形、不规则形粉斑，粉层明显，粉层下组织褪绿变黄、变褐，以致枯死（彩图10-6）。有时在此枯斑周围产生宽窄不等的黄色晕环，有时在枯斑周围产生较厚的白色粉霉圈。严重时，病叶轻度变形、枯黄、脱落。茎蔓上的病斑褐色，不规则形，上有稀疏白粉。受害后，花器变形易脱落。

（二）病原

病原菌为真菌界叉丝壳属忍冬叉丝壳[*Microsphaere lonicerae*（DC.）Wint.]。闭囊壳近球形，黑褐色，直径89.6~120.9μm（平均101.5μm）。附属丝菌丝状，6~12根，无色，无隔，较直，顶端二叉状分枝3~4次，主轴长宽为（89.6~174.7）μm×（8.1~9.0）μm（平均131.4×8.5μm），较闭囊壳直径长。闭囊壳内最少有4个子囊，子囊椭圆形，大小为（44.7~62.3）μm×（34.1~44.7）μm（平均55.4μm×39.1μm）。柄长4.7~5.9μm。子囊内有子囊孢子3~4个。无色至淡黄色，卵圆形、椭圆形，大小为（17.6~25.9）μm×（10.6~12.9）μm（平均21.6μm×12.4μm）。分生孢子长椭圆形，短柱状，两端圆，表面有纵条点，大小为（25.9~41.2）μm×（12.9~16.5）μm（平均35.7μm×15.2μm）（图10-6）。

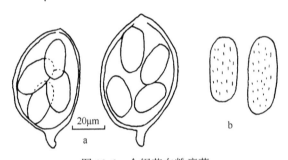

图10-6　金银花白粉病菌

a.子囊及子囊孢子；b.分生孢子

（三）病害循环及发病条件

病菌以闭囊壳在病株残体上越冬。翌年温湿度条件适宜时，释放子囊孢子进行初侵染。病部产生的分生孢子可引起再侵染。白银地区多在7月中下旬发生，9月病害发生较重，10月上旬产生闭囊壳。枝叶繁茂郁闭处发生较重；干湿交替，昼夜温差大时亦发病重。甘肃省白银市和陇西县等地均有普遍发生，发病率有些达21%，严重度1~2级。

（四）防治技术

1）栽培措施　注意修剪整形，改善通风透光条件；初冬彻底清除病残体，减少翌年初侵染源。

2）药剂防治　发病初期喷施50%多·硫悬浮剂400倍液、15%三唑酮可湿性粉剂1000倍液、30%氟菌唑可湿性粉剂1500倍液及40%氟硅唑乳油4000倍液。

二、金银花壳二胞褐斑病

（一）症状

主要为害叶片，叶面产生大中型圆形至椭圆形病斑，有较宽的黑褐色边缘，中部灰色、灰褐色，其上生有黑色小颗粒，即病菌的分生孢子器（彩图10-7中边缘的大型病斑为此病害）。

（二）病原

病原菌为真菌界壳二胞属（*Ascochyta* spp.）的2种病菌。

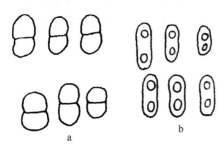

图 10-7　金银花壳二胞褐斑病菌两种
分生孢子

a. *Ascochyta* sp. 1；b. *Ascochyta* sp. 2

1）*Ascochyta* sp.①：分生孢子器扁球形，黑褐色，直径67.2~80.6μm（平均73.2μm），高58.2~80.6μm（平均65.0μm）。分生孢子圆柱形、矩圆形，两端圆，具1个隔膜，隔膜处缢缩或不缢缩。米白色，不易看清，大小为（5.9~9.4）μm×（3.5~4.7）μm（平均7.7μm×3.9μm）（图10-7a）。

2）*Ascochyta* sp.②：分生孢子器与 *Ascochyta* sp.①相近，分生孢子圆柱形、椭圆形，无色，具1个隔膜，不明显，大小为（4.7~11.8）μm×（2.4~3.5）μm（平均7.9μm×3.0μm），每个细胞各有1个油珠（图10-7b）。

（三）病害循环及发病条件

病菌以分生孢子器在病株上或随病残组织在地表越冬。翌年环境条件适宜时病菌侵染寄主。7月中下旬开始发病，8月上中旬发生普遍。孢子借气流传播，叶片密集、阴湿处发病重。甘肃省白银市和陇西县轻度发生。

（四）防治技术

1）栽培措施　冬前彻底清理病残组织，烧毁或沤肥，减少翌年初侵染源。

2）药剂防治　发病初期喷施47%春·王铜可湿性粉剂800倍液、53.8%氢氧化铜干悬浮剂1200倍液、75%百菌清可湿性粉剂600倍液及10%苯醚甲环唑水分散颗粒剂1000倍液。

三、金银花叶点霉褐斑病

（一）症状

叶面产生近圆形、不规则形黄褐色病斑，有很窄的淡褐色边缘。中部稍稍下陷，其上生有稀疏的黑色小颗粒，即病菌的分生孢子器（彩图10-7）。

（二）病原

病原菌为真菌界叶点霉属忍冬叶点霉（*Phyllosticta lonicerae* West.）。分生孢子器扁球形，黑褐色，直径67.2~80.6μm（平均73.2μm），高58.2~80.6μm（平均65.0μm）。分生孢子单胞，无色，椭圆形，短杆状，大小为（4.7~8.2）μm×（2.4~3.5）μm（平均6.1μm×2.9μm）。

（三）病害循环及发病条件

病菌以分生孢子器随病残体于地表越冬或在病株上越冬。翌年温湿度条件适宜时，病菌侵染寄主。甘肃省陇西县和白银市等地零星发生。

（四）防治技术

参考金银花壳二胞褐斑病。

四、金银花灰霉病

（一）症状

叶面初生淡褐色水渍状小点，后扩大呈大型（10~25mm）圆形至椭圆形病斑，中部米红色、红褐色，似粉状。边缘灰褐色至黑褐色，较宽，外缘有淡褐色晕圈（彩图10-8）。

（二）病原

病原菌为真菌界葡萄孢属（*Botrytis* sp.）的真菌。

（三）病害循环及发病条件

病菌以菌丝体随病残体或以小菌核在土壤中越冬。翌春，随气温上升，越冬的菌丝体在病部形成分生孢子或小菌核上长出分生孢子借气流传播，进行初侵染。病部产生的分生孢子，有多次再侵染。植株繁茂、郁闭、阴湿处发病重。陇西轻度发生。

（四）防治技术

1）栽培措施　冬季彻底清除病残组织，集中销毁，减少翌年初侵染源。

2）药剂防治　发病初期喷施50%灰霉灵可湿性粉剂800倍液、50%腐霉利可湿性粉剂1200倍液、50%咪鲜胺锰锌可湿性粉剂1000倍液及76%灰霉特可湿性粉剂500倍液。

五、金银花轮纹病

（一）症状

主要为害叶片，叶面产生大中型（7~16mm），近圆形、不规则形病斑，灰褐色至褐色，有较密的轮纹。后期病斑中部变为灰白色，叶背面产生稀疏的黑色小丛点，即病菌的分生孢子梗和分生孢子（彩图10-9）。

（二）病原

病原菌为真菌界链格孢属（*Alternaria* sp.）的真菌。分生孢子梗淡褐色，直或稍弯曲，有隔膜。分生孢子倒棒状，中下部宽，淡褐色至褐色，具3~8个横隔膜，少数纵（斜）隔膜，隔膜处稍缢缩，孢身大小为（21.2~52.9）μm×（8.2~16.5）μm（平均39.5μm×13.4μm）。有短喙或无喙，喙长0~12.9μm（平均6.9μm）。

（三）病害循环及发病条件

病菌以菌丝体随病残组织在土壤中越冬。翌年温湿度条件适宜时，产生分生孢子进行初侵染，有再侵染。白银地区多在7月下旬开始发生，中下部叶片发生重。

（四）防治技术

1）栽培措施　初冬彻底清除病残组织，烧毁或沤肥，减少初侵染源。

2）药剂防治　发病初期喷施70%代森锰锌可湿性粉剂500倍液、10%苯醚甲环唑水分散颗粒剂1500倍液、64%百菌清·锰锌可湿性粉剂800倍液及50%异菌脲可湿性粉剂1000倍液。

第六节　罂粟科药用植物病害

罂 粟 病 害

罂粟（*Papaver somniferum* L.）为罂粟科一年生或二年生草本植物，以果实的乳汁、果壳入药，味酸涩，性平，有毒，归肺、大肠、胃经。有镇痛、催眠、镇咳、抑制呼吸等多种功效。我国在严格控制的特定地区有少量种植，以满足医药业的需要。罂粟的主要病害为霜霉病，为害十分严重，对罂粟的产量和质量影响很大。另外，还有黑斑病和白粉病等。

一、罂粟霜霉病

（一）症状

主要为害叶片，其次为叶柄、茎秆、蒴果等部位。幼苗出土不久即发病，心叶顶端发黄，逐渐向下扩展，幼苗均匀或不均匀黄化，叶肉增厚，叶背产生薄而致密的灰白色霉层，很快病苗枯黄而死，形成黄化苗型。起苔后，病株仍是自顶部心叶开始发黄，逐渐向叶片下部及上部叶片扩展，叶片向背面翻卷，叶肉凹凸不平，皱缩畸形。叶背生有致密的白色至紫灰色霉层，植株上部叶片较下部叶片发病重，节间缩短，植株矮化，由于顶部叶片先枯死，因此形成顶枯矮缩型，严重时全株叶片枯黄而死。病株多不能开花结实，或结一很小的褐色蒴果。以上2种类型是由初侵染引起的系统性症状（彩图10-10）。

开花后，多表现为叶片上先产生1~2mm水渍状灰绿色近圆形、多角形病斑，边缘不清晰，数量较多，很快扩展成大型不规则形病斑，淡褐色至褐色，叶背产生大量紫灰色霉层，严重时，病叶枯死乃至全株枯死。同时，叶柄、果柄、茎秆、蒴果上均可产生中小型褐色不规则形病斑，其上有灰白色霉层。此症状是由再侵染引起的局部枯斑（彩图10-11）。

（二）病原

病原菌为色藻界霜霉属树状霜霉菌（*Peronospora arborescens* de Bary）。李金花等（2002）报道，菌丝体有2种形态，一种粗细极不均匀，内有颗粒状物、泡状物。另一种粗细均匀、光滑，菌丝内无颗粒状物。孢囊梗自气孔伸出，分枝顶端不尖锐，总长152.8~710.4μm（平均589.7μm），粗8.3~15.1μm（平均10.4μm），主轴长71.0~534.1μm（平均341.1μm），分枝3~8次。孢子囊椭圆形、卵圆形、球形，无色，大小为（15.0~27.8）μm×（9.0~21.2）μm（平均18.6μm×17.1μm）（图10-8）。卵

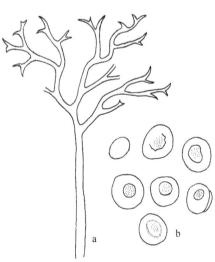

图10-8　罂粟霜霉病菌

a.孢囊梗；b.孢子囊

孢子球形、近球形，淡橘黄色，卵球色淡，卵孢子壁较薄，大小为（33.9~70.5）μm×（19.3~62.6）μm（平均47.5μm×43.1μm）。孢子囊萌发的温限为0.8~29.6℃，最适温度16.2℃。适温下，4h萌发率12.6%，24h达58.5%；孢子囊在水滴中能很好萌发，相对湿度100%时，36h仅5.5%，低于95%不萌发；pH4.53~9.18均可萌发，最适pH为7.28；罂粟叶片榨出液对孢子萌发有较强的刺激作用。

（三）病害循环及发病条件

病菌以卵孢子随病残组织在土壤中越冬。病菌可在土壤中存活4~5年，在病株的叶片、花瓣、花萼、蒴果中有大量卵孢子。种子内未发现卵孢子，但种皮及胚乳中有菌丝。种子间夹杂有病残体，故种子也可成为初侵染源（李金花等，2003）。

在种植地区，4月下旬开始出现系统侵染病株，后不断增加，严重时，发病率达31.5%，病株不断枯死，病株上产生大量孢子囊，借风雨传播引起再侵染。6月下旬出现再侵染病株，7月上旬达发病盛期，病株率高达91.4%。土地不平、低洼积水处发病严重；灌水次数多，灌水量大时发病重；重茬地发病重；灌水后或雨后猛烈放晴，病害易流行（李金花和柴兆祥，2004）。

（四）防治技术

1）栽培措施　与小麦、玉米进行3~5年以上轮作；茎秆收割后彻底清除病残组织，减少初侵染源；深翻土地，将未清除的病组织埋入土壤下层；出苗后，结合锄草、间苗及时拔除病株，集中烧毁。

2）种子处理　用种子重量0.4%的50%甲霜灵可湿性粉剂及35%金普隆（用量1.2%~1.5%）拌种。

3）药剂防治　发病初期喷施72%锰锌·霜脲可湿性粉剂800倍液、70%乙膦铝·锰锌可湿性粉剂500倍液、69%安克锰锌可湿性粉剂600倍液、78%波·锰锌可湿性粉剂500倍液及50%氯溴异氰尿酸可湿性粉剂1000倍液。

二、罂粟黑斑病

（一）症状

叶面产生近圆形、不规则形褐色小斑，叶片背面产生霉状物，即病菌的分生孢子梗和分生孢子。

（二）病原

病原菌为真菌界链格孢属罂粟链格孢菌[*Alternaria papaveris*（Bres.）M. B. Ellis]。分生孢子梗单生、直立，直或屈膝状弯曲，淡褐色至褐色，大小为（28.0~

70.0）μm×（4.0~5.5）μm。分生孢子单生或短链生，倒梨形或卵形，深褐色，具横隔膜3~7个，纵、斜隔膜8~17个，分隔处明显缢缩，孢身大小为（23.0~73.0）μm×（17.0~32.0）μm。喙锥状或柱状，有或无分隔，大小为（6.0~41.0）μm×（3.0~5.5）μm。

（三）病害循环及发病条件

病菌以菌丝体随病残体在土壤中越冬。种植区零星发生。

（四）防治技术

1）栽培措施　茎秆收割后，彻底清除病残组织，集中处理，减少初侵染源；深翻土地，将病组织翻入土壤深层。

2）药剂防治　发病初期喷施70%代森锰锌可湿性粉剂500倍液、50%异菌脲可湿性粉剂1000倍液、90%百菌清·锰锌可湿性粉剂600倍液及10%苯醚甲环唑水分散颗粒剂1500倍液。

三、罂粟白粉病

（一）症状

叶面初生白色小粉团，后扩展成稀疏的大型不规则形白色粉斑。

（二）病原

病原菌为真菌界粉孢属（*Oidium* sp.）的真菌。分生孢子桶形、近圆形，无色，大小为（25.3~41.6）μm×（10.7~18.4）μm，未见闭囊壳。

（三）病害循环及发病条件

病菌越冬情况不详。种植区轻度发生，多在浆果成熟期发生。

（四）防治技术

参考党参白粉病。

四、罂粟茎枯病

（一）症状

全生育期均被侵染。幼苗受害引起猝倒。抽茎后下部叶片发黄，叶片上产生黄褐色小斑点，花蕾发育不良，植株生长停滞，茎上产生黑色长形条斑，茎基部开裂，根系变褐腐烂。蒴果瘦小畸形，常开裂不能形成种子。病株吗啡含量降低。

（二）病原

病原菌为真菌界格孢腔属虞美人格孢腔菌[*Pleospora papaveraceae*（De. Not）Sacc.]。子囊壳球形，黑褐色，子囊孢子淡黄色，具3~4个横隔膜，1个纵隔膜，大小为（22.0~27.0）μm×（7.0~10.0）μm。无性态为链枝孢属（*Dendryphion* sp.）。分生孢子单生或链状排列，末端倒棍棒状，黄褐色，平滑，具3个隔膜，大小为（17.0~28.0）μm×（5.0~9.0）μm，分生孢子梗形态、大小变异甚大。

（三）病害循环及发病条件

病菌越冬情况不详。密度大、植株郁闭、湿度大时发病严重。产区零星发生。

（四）防治技术

参考金银花壳二胞褐斑病。

五、罂粟根腐病

（一）症状

植株受害，初期根及根茎部产生不规则形褐色病斑，稍显腐烂。后期病部生有白色霉层，有些为淡褐色霉层。地上部分长势不旺，基部叶片色淡，一般不枯死。

（二）病原

病原菌为真菌界的2种菌。

1）立枯丝核菌（*Rhizoctonia solani* Kühn）。菌丝淡褐至褐色，有隔，分枝直角，分枝基部缢缩，不远处有一隔膜，粗4.5~7.3μm。能形成黑褐色小菌核。该菌寄主范围很广，种植区的多种作物都是其寄主。

2）茄镰孢菌[*Fusarium solani*（Mart.）Sacc.]。菌落淡灰绿色，稀疏，菌丝无色，生有很多孢子球，小型分生孢子很多。大型分生孢子较少，马特型，具1~4个隔膜，多为3个隔膜，大小为（16.5~25.9）μm×（2.9~4.7）μm（平均20.5μm×4.1μm）。分生孢子梗直，长宽为（18.8~65.9）μm×（2.4~2.9）μm（平均38.0μm×2.7μm）。

（三）病害循环及发病条件

病菌随病残组织在土壤中越冬。两菌均为土壤习居菌，在土壤中可长期存活。翌年春季环境适宜时，以菌丝和分生孢子侵染寄主。6月上旬开始发病，中下旬病情迅速扩展。整地粗糙、地势不平的田块发病重。种植区轻度发生，有些地区发病率达20%以上。

（四）防治技术

1）栽培措施　收割茎秆后，彻底清除病残体，集中处理，减少初侵染源。

2）土壤处理　播种前，用20%乙酸铜可湿性粉剂200~300g/亩，加细土20~30kg拌匀，撒于地面，耙入土中，或50%多菌灵可湿性粉剂4kg/亩，施于地面，耙入土中。

3）药液灌根　发病初期用50%甲基硫菌灵可湿性粉剂400倍液、50%苯菌灵可湿性粉剂1000倍液、50%多菌灵磺酸盐可湿性粉剂800倍液及20%乙酸酮可湿性粉剂1000倍液喷淋根茎部。

博落回病害

博落回[*Macleaya cordata*（Willd.）R. Br.]为罂粟科多年生草本植物。以带根全草入药，有消肿、解毒、杀虫的功效。甘肃省有零星种植，主要病害有白粉病。

一、博落回白粉病

（一）症状

叶片、嫩梢均可受害，初期叶面产生白色小粉斑，后逐渐扩展，至全叶覆盖白粉层，但粉层稀疏。后期在叶背散生黑色小颗粒，即病菌的闭囊壳。

（二）病原

病原菌为真菌界白粉菌属博落回白粉菌（*Erysiphe macleayae* Zheng & Chen）。闭囊壳球形、近球形，直径120.9~161.2μm（平均142.0μm），附属丝丝状，无色至淡褐色，7~15根，弯曲，长短不齐，大小为（116.5~398.6）μm×（5.4~9.0）μm（平均224.7μm×7.6μm）。闭囊壳内有子囊多个，子囊椭圆形，有柄，大小为（74.1~96.4）μm×（49.4~67.0）μm（平均85.7μm×60.0μm）。子囊内有子囊孢子3~4个，卵圆形、长椭圆形，淡黄色，大小为（30.6~64.7）μm×（21.2~25.9）μm（平均49.0μm×23.2μm）。分生孢子单胞，无色，腰鼓形、柱形，两端圆，大小为（37.6~64.7）μm×（21.2~25.9）μm（平均49.0μm×23.0μm）。

（三）病害循环及发病条件

病菌以菌丝体和闭囊壳在病残组织上越冬。翌年温湿度条件适宜时，释放孢子进行初侵染。病斑产生的分生孢子借气流传播，进行再侵染。兰州地区7月上旬开始发病，10月产生闭囊壳，岷县仅产生分生孢子。该病在干旱高温的条件发生严重，在郁闭阴湿的条件下发生亦重。灌水过多、氮肥过多、植株过密、通风不良时发病严重。甘肃省兰州市和岷县等地均普遍发生，发病率53%~100%，严重度2~3级。

（四）防治技术

1）栽培措施　初冬彻底清除田间病残组织，集中烧毁或沤肥，减少初侵染源；合理密植，避免植株郁闭，通风不良。

2）药剂防治　发病初期喷施50%硫磺悬浮剂300倍液、15%三唑酮可湿性粉剂1500倍液、70%甲基硫菌灵可湿性粉剂600倍液、40%氟硅唑乳油4000倍液、12.5%烯唑醇可湿性粉剂2000倍液及30%醚菌酯2000~3000倍液。

二、博落回轮纹病

（一）症状

叶面初生褐色小点，后扩大为大中型（10~21mm）近圆形、椭圆形病斑，边缘深褐色，较宽，外缘有棕褐色晕圈，中部灰褐色，有轮纹，上生黑色小颗粒，即病菌的分生孢子器（彩图10-12）。

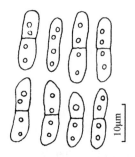

图10-9　博落回轮纹病菌
分生孢子

（二）病原

病原菌为真菌界壳二胞属（*Ascochyta* sp.）的真菌。分生孢子器扁球形、近球形，黑色至黑褐色，直径89.6~201.6μm（平均120.2μm），高71.6~188.2μm（平均106.8μm）。分生孢子短杆状，花生形，具1个隔膜，隔膜处缢缩，大小为（12.0~ 23.5）μm×（3.5~7.1）μm（平均17.4μm×5.2μm），每个细胞内有2个油珠（图10-9）。

（三）病害循环及发病条件

病菌以菌丝体及分生孢子器随病残体在地面越冬。翌年初夏环境条件适宜时，以分生孢子进行初侵染，有再侵染。甘肃省岷县7月中下旬发病，8月中旬达发病高峰，枝叶繁茂，通风不良处发生重。

（四）防治技术

1）栽培措施　初冬彻底清除田间病残组织，集中烧毁或沤肥，减少初侵染源。

2）药剂防治　发病初期喷施70%代森锰锌可湿性粉剂500倍液、36%甲基硫菌灵悬浮剂400倍液、10%苯醚甲环唑水分散颗粒剂1500倍液、53.8%氢氧化铜干悬浮剂1200倍液、75%百菌清可湿性粉剂600倍液及5%苯菌灵可湿性粉剂1000倍液。

第七节　蝶形花科药用植物病害

阴阳豆（三籽二型豆）病害

三籽两型豆（*Amphicarpaea edgeworthii* Benth.）为蝶形花科两型豆属植物。三籽两型豆地上、地下都能结子，地下豆粒大小约为地上豆粒的20倍，因此又称阴阳豆。种子入药可医治妇科疾病。分布于河北、山东、山西、陕西、江苏、安徽等省，主要病害有轮纹病和圆斑病等。

一、阴阳豆轮纹病

（一）症状

主要为害叶片，叶面初生淡褐色小点，扩大后呈中型（4~10mm）圆形、近圆形病斑，边缘隆起，深褐色，中部灰褐色，有轮纹。后期其上生黑色小颗粒，即病菌的分生孢子器。发病严重时病斑相互连接，叶片枯黄。

（二）病原

病原菌为真菌界壳二胞属（*Ascochyta* sp.）的真菌。分生孢子器近球形、扁球形，黑褐色，直径94.1~143.3μm（平均113.8μm），高76.1~129.9μm（平均103.6μm）。分生孢子圆柱状，或稍弯曲，两端圆，具1个隔膜，大小为（11.8~18.8）μm×（2.4~3.5）μm（平均14.7μm×2.9μm）（图10-10）。

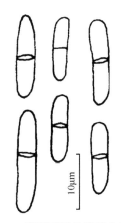

图10-10　阴阳豆轮纹病菌分生孢子

（三）病害循环及发病条件

病菌以菌丝体及分生孢子器随病残组织在地表越冬。翌年条件适宜时，释放分生孢子侵染寄主。基部叶片发病早、发病重，中上部叶片发生轻。植株稠密、枝叶繁茂、湿度大时发病重。甘肃省岷县多在7月中旬零星发生。

（四）防治技术

1）栽培措施　初冬彻底清除田间病残组织，集中烧毁或沤肥，减少翌年初侵染源。

2）药剂防治　发生初期喷施75%百菌清可湿性粉剂600倍液、36%甲基硫菌灵可湿性粉剂400倍液、70%丙森锌可湿性粉剂600倍液、30%氧氯化铜悬浮剂800倍液及10%苯醚甲环唑水分散颗粒剂1500倍液。

二、阴阳豆圆斑病

（一）症状

叶面产生中型圆形病斑，灰褐色，后期病部生有黑色小颗粒，即病菌的分生孢子器。

（二）病原

病原菌为真菌界叶点霉属（*Phyllosticta* sp.）的真菌。分生孢子器近球形、扁球形，黑褐色，直径53.8~62.7μm（平均56.7μm），高51.4~58.6μm（平均54.1μm）。分生孢子单胞，无色，梭形、椭圆形，大小为（4.7~10.6）μm×（1.8~4.7）μm（平均6.8μm×2.7μm）。有些孢子内有1个油珠。

（三）病害循环及发病条件

病菌以菌丝体及分生孢子器随病残体于地面越冬。翌夏环境条件适宜时，以分生孢子侵染。甘肃省岷县零星发生。

（四）防治技术

参考阴阳豆轮纹病。

第八节　景天科药用植物病害

景天三七病害

景天三七（*Sedum aizoon* L.）即土三七，属景天科多年生草本植物。以全草入药，有退热、止泻、止血安神的功效。全国多地均有分布。主要病害有白粉病。

景天三七白粉病

（一）症状

叶片、茎秆、花均受害。叶面初生白色小粉斑，后扩大成不规则形、近圆形粉斑，严重时叶片两面覆盖厚厚的白粉。后期白粉层中产生黑色小颗粒，即病菌的闭囊壳（彩图10-13）。

（二）病原

病原菌为真菌界白粉菌属景天白粉菌（*Erysiphe sedi* Brau.）。分生孢子桶形、近柱形，单胞，无色，大小为（23.5~35.3）μm×（14.1~17.6）μm（平均30.2μm×16.0μm）。闭囊壳球形、近球形，黑色，直径49.4~52.9μm（平均51.4μm）。壳内有多个子囊，子囊孢子卵圆形、长卵圆形，单胞，无色，大小为（20.3~27.6）μm×（13.2~16.4）μm。

（三）病害循环及发病条件

病菌以闭囊壳在病残组织上于地面越冬。翌年环境条件适宜时，子囊孢子萌发，侵染寄主。病斑上产生的分生孢子，借气流传播引起再侵染。病菌自气孔或表皮直接侵入。甘肃省陇西县一带8~9月为发病高峰，发病率80%以上，严重度3级。其他县区也有发生。

（四）防治技术

1）栽培措施　初冬彻底清除田间病残组织，烧毁或沤肥，减少翌年初侵染源；栽植密度适中，增强通风透光。

2）药剂防治　发病初期喷施2%武夷霉素水剂200倍液、70%甲基硫菌灵可湿性粉剂1000倍液、47%春·王铜可湿性粉剂600倍液及12.5%烯唑醇可湿性粉剂2000倍液。

第九节　旋花科药用植物病害

田旋花病害

田旋花（*Convolvulus arvensis* L.）为旋花科多年生缠绕草本植物，又名箭叶旋花，以根状茎及花入药。分布于东北、华北、西北及山东、江苏、河南、四川和西藏等地。主要病害为白粉病和黑粉病。

一、田旋花白粉病

（一）症状

叶片、茎蔓均受害，叶面初生不规则形白粉斑，扩大后可覆盖叶片两面及茎蔓，后期白粉中产生黑色小颗粒，即病菌的闭囊壳。

（二）病原

病原菌为真菌界白粉菌属双叉旋花白粉菌（*Erysiphe convolvuli* DC. var. *dichotoma* Zheng & Chen）。闭囊壳近球形、球形，黑色、黑褐色，直径71.7~134.4μm（平均113.5μm）。附属丝很长，丝状，顶端二分叉。壳内有子囊多个，椭圆形、卵圆形，有柄，大小为（55.3~71.7）μm×（36.5~49.4）μm（平均65.7μm×40.2μm）。囊内有子囊孢子三四个，淡黄色，椭圆形，壁双层，较厚，大小为（25.9~36.5）μm×（14.1~17.6）μm（平均30.6μm×16.2μm）。

（三）病害循环及发病条件

病菌以闭囊壳及菌丝体在病残体上越冬。翌年，闭囊壳释放子囊孢子进行初侵染。病部产生的分生孢子可引起再侵染。甘肃省环县、凉州区、兰州市普遍发生。发病率35%~40%，严重度2~3级。

（四）防治技术

参考附子白粉病。

二、田旋花黑粉病

（一）症状

植株生长基本正常，但果壳内的种子变为黑粉团。

（二）病原

病原菌为真菌界楔孢黑粉菌属田旋花楔孢黑粉菌[*Thecaphora seminis-convolvuli*（Desm.）S. Ito]。郭林（2000）报道，孢子堆生于种子内。孢子团红褐色，粉状。孢子球近球形、卵圆形或稍不规则形，大小为（19.0~52.0）μm×（17.5~46.0）μm，由2~10（~17）个黑粉孢子组成。黑粉孢子具有多种形状，近球形、椭圆形、近半球形、楔形，大小为（15.0~21.0）μm×（10.0~15.0）μm，黄褐色，表面有瘤状突起。

（三）病害循环及发病条件

病菌越冬情况不详。甘肃省凉州区零星发生。

（四）防治技术

参考薏苡黑粉病。

牵牛子病害

牵牛[*pharbitis purpurea*（L.）Voisgt]为旋花科一年生缠绕草本植物。以种子入药，味苦，性寒，有毒，归肺、肾、大肠经，具泻水通便、消痰涤饮、杀虫攻积等功效。主治水肿胀满、痰饮积聚、气逆喘咳、虫积腹痛等症。全国各地均有分布。主要病害有轮纹病等。

一、牵牛子轮纹病

（一）症状

叶面产生中型（7~10mm）圆形、近圆形黑褐色病斑，病斑具有轮纹，中部有一较小的圆心，较薄，上生黑色小颗粒，即病菌的分生孢子器。

（二）病原

病原菌为真菌界壳二胞属牵牛壳二胞（*Ascochyta carpogena* Sacc.）。分生孢子器球形、扁球形，黑褐色，直径89.6~156.8μm（平均120.4μm），高89.6~134.4μm（平均111.9μm），孔口明显。分生孢子无色，具1个隔膜，椭圆形，花生状、短杆状，两端圆，大小为（7.1~10.6）μm×（2.4~4.1）μm（平均8.7μm×3.3μm）。个别孢子为三胞，大小为15.3μm×3.5μm。

（三）病害循环及发病条件

病菌以分生孢子器随病残组织在地表越冬。翌年条件适宜时侵染寄主。甘肃省兰州市、武威市和陇西县等地零星发生。

（四）防治技术

参考博落回轮纹病。

二、牵牛子白粉病

（一）症状

叶片、果实、茎蔓均受害。叶面初生白色粉斑，近圆形、不规则形，后扩大至全叶覆盖白粉，叶片正、背面均受害。后期白粉中产生黑色小颗粒，即病菌的闭囊壳。

（二）病原

病原菌为真菌界白粉菌属双叉旋花白粉菌（*Erysiphe convolvuli* DC. var. *dichotoma* Zheng & Chen）。详见田旋花白粉菌形态特点。

（三）病害循环及发病条件

详见田旋花白粉病。甘肃省兰州市和陇西县轻度发生。

（四）防治技术

参考田旋花白粉病。

三、牵牛子褐斑病

（一）症状

主要为害叶片。叶面病斑初为圆形小点，褐色，后扩大成圆形、近圆形、椭圆形病斑，褐色、深褐色，边缘不太明显，也不太整齐，病斑上无明显特征，放大时隐约可见一些稀疏的无色丝状物，即病原的分生孢子及分生孢子梗。

（二）病原

病原菌为真菌界尾孢属番薯尾孢（*Cercospora ipomoeae* G. Winter）。分生孢子无色，针形，直或弯曲，鼠尾形，隔膜5~6个，大小为（66.8~112.9）μm×（4.1~5.9）μm（平均75.9μm×4.9μm）。分生孢子梗较直，淡褐色，隔膜2~4个，单生或2~4根丛生，无子座，大小为（34.1~44.7）μm×（3.5~4.7）μm（平均40.2μm×3.9μm）。分生孢子偏短，大小为（3.0~410.0）μm×（3.8~5.8）μm。

（三）病害循环及发病条件

病菌在病残体上越冬，翌年条件适宜时借风雨传播为害。高湿有利于病害的发生和流行。

（四）防治技术

发病初期喷施50%甲基硫菌灵·硫磺悬浮剂800倍液、40%氟硅唑乳油8000倍液、60%琥铜·乙铝锌可湿性粉剂500倍液及10%苯醚甲环唑可湿性粉剂1000倍液。

第十节　薯蓣科药用植物病害

穿山龙病害

穿山龙（*Dioscorea nipponica* Makino）为薯蓣科多年生草质藤本植物，又名野山药、穿龙骨等。以根茎入药，味甘、苦，性温。有祛风湿、活血通络、清肺化痰等功效，主要治疗风湿痹症、痰热咳喘。主产于辽宁、吉林、黑龙江、河北、内蒙古、山西、陕西等地。主要病害有叶斑病和锈病等。

一、穿山龙叶斑病

（一）症状

叶片、果实均受害，叶面产生中小型（5~9mm）圆形、近圆形病斑，褐色、黑褐色，中部淡褐色，其上生有黑色小颗粒，即病菌的分生孢子器。边缘深褐色，周围有黄色晕圈（彩图10-14）。

（二）病原

病原菌为真菌界叶点霉属（*Phyllosticta* sp.）的真菌。分生孢子器扁球形、近圆形，褐色，直径76.1~170.2μm（平均114.6μm），高62.7~134.4μm（平均98.3μm）。分生孢子单胞，无色至淡褐色，椭圆形、长椭圆形，个别为双胞，大小为（4.7~7.1）μm×（2.9~4.1）μm（平均6.0μm×3.5μm）。

（三）病害循环及发病条件

病菌以菌丝体和分生孢子随病残组织在地表和土壤中越冬。翌年条件适宜时以分生孢子侵染寄主，有再侵染。病害多在7月上旬发生，8月上旬发病较重。栽植密度大、繁茂郁闭、湿度大时易发病。甘肃省陇西县轻度发生。

（四）防治技术

1）栽培措施　初冬彻底清除田间病残组织，集中烧毁或沤肥，减少翌年初侵染源；栽植密度适中，以利于通风透光。

2）药剂防治　发病初期喷施70%代森锰锌可湿性粉剂800倍液、50%异菌脲可湿性粉剂1500倍液、56%氧化亚铜水分散颗粒剂600倍液及10%苯醚甲环唑水分散颗粒剂1000倍液。

二、穿山龙锈病

（一）症状

叶片、叶柄均受害，夏孢子堆叶两面生，圆形，隆起，黄色至黄褐色，单生或聚生，表皮破裂后散出褐色粉状夏孢子。冬孢子堆近圆形、椭圆形，疱状，黑色，表皮破裂后散出黑色冬孢子粉。

（二）病原

病原菌为真菌界柄锈菌属薯蓣柄锈菌（*Puccinia diescoreae* Kom.）。夏孢子近球形、椭圆形，淡黄色，大小为（15.3~18.8）μm×（14.1~17.6）μm（平均17.4μm×15.8μm），壁上有小刺。冬孢子棒状，上部较粗，下部较细，淡金黄色，具2个隔膜，大小为（65.9~78.8）μm×（14.7~17.6）μm（平均70.5μm×16.3μm），顶细胞的顶端明显加厚，红褐色。每个细胞内有1个油珠，有柄，无色，易折。据傅俊范（2007）报道，夏孢子萌发的最适温度为10~20℃；最适湿度为98%，萌发最适pH6.8。

（三）病害循环及发病条件

病菌以冬孢子堆在病残体上越冬。翌年春季条件适宜时，冬孢子萌发产生担孢子进行初侵染。病部产生的夏孢子可进行多次再侵染。7月上旬产生夏孢子堆，8月中旬为发病高峰，并产生冬孢子堆。甘肃省陇西县轻度发生。

（四）防治技术

1）栽培措施　初冬彻底清除田间病残组织，集中烧毁；及时中耕锄草，降低田间湿度；增施有机肥，提高植株抗病力。

2）药剂防治　发病初期喷施15%三唑酮可湿性粉剂1000倍液、12.5%烯唑醇可湿性粉剂2000倍液、25%丙环唑乳油3000倍液、50%醚菌酯可湿性粉剂1500倍液及25%嘧菌酯悬浮剂1500倍液。

三、穿山龙灰霉病

（一）症状

主要为害叶片，病害多自叶缘向内扩展，呈"V"形或椭圆形大中型病斑，褐色，病斑上有褐色丝状物，即病菌的分生孢子梗及分生孢子（彩图10-15）。

（二）病原

病原菌为真菌界葡萄孢属灰葡萄孢（*Botrytis cinerea* Pers. ex Fr.）。分生孢子梗褐色，有隔，粗细不匀，壁上有突起，分枝极少，大小为（824.1~1061.5）μm×（17.9~22.4）μm（平均966.0μm×20.4μm）。分生孢子单胞，无色，椭圆形，大小为（7.1~14.1）μm×（5.9~8.8）μm（平均11.4μm×7.7μm）。

（三）病害循环及发病条件

病菌以菌丝体及菌核在病残体上于田间越冬。翌年春季条件适宜时，菌核萌发产生菌丝体和分生孢子，借气流等传播引起初侵染。棚室中的瓜类、茄果类蔬菜上的灰霉菌也是初侵染源。甘肃省陇西县7月上中旬发生。这时藤蔓已大，覆盖面积较大，株行内湿度较大，有利于病害发生。低温、高湿条件下发病重。

（四）防治技术

1）栽培措施 初冬彻底清除田间病残组织，集中烧毁或沤肥，减少翌年初侵染源；与非寄主作物实行轮作；栽植不宜过密，以利于通风透光；栽植地不要靠近蔬菜温棚。

2）药剂防治 发病初期喷施50%腐霉利可湿性粉剂1000倍液、50%多霉灵可湿性粉剂1000倍液、50%多菌灵磺酸盐可湿性粉剂700倍液及25%咪鲜胺乳油2000倍液。

山 药 病 害

山药（*Dioscorea opposita* Thunb.）为薯蓣科多年生藤本植物。以块茎入药，味甘，性平，归脾、肺、肾经，有补脾养胃、生精易肺、补肾涩精之功效。因其含有较多营养成分，又容易消化，可作为食品长期服用，对慢性久病或病后虚弱羸瘦，需营养调补而脾运不健者，则是佳品。主产于河南。主要病害有灰霉病、轮纹病和斑点病。

一、山药灰霉病

（一）症状

主要为害叶片。叶面产生大中型（9~22mm）圆形、近圆形病斑，灰色至灰褐色，有轮纹，叶背病斑上有稀疏的褐色丝状物及灰色霉状物，即病菌的分生孢子梗及分生孢子。

（二）病原

病原菌为真菌界葡萄孢属（*Botrytis* sp.）的真菌。分生孢子梗淡灰褐色，有隔，粗12.9~23.9μm，长大于320.0μm，基部膨大，端部有分枝，其上产生小突起，自小突起上产生分生孢子。分生孢子卵圆形、椭圆形，单胞，无色，大小为（16.5~24.7）μm×（12.9~15.3）μm（平均20.1μm×14.0μm）。

（三）病害循环及发病条件

病菌以菌丝体、菌核随病残体在地面及土壤中越冬。翌年在适宜条件下病菌产生分生孢子，借风雨传播进行初侵染，再侵染频繁。在基部衰弱的叶片上发生较重，雨水多、露水多则发病重。甘肃省陇西县轻度发生。

（四）防治技术

参考穿山龙灰霉病。

二、山药轮纹病

（一）症状

主要为害叶片，叶面初生褐色小点，扩大后呈中型（8~12mm）圆形病斑，黑褐色，稍现轮纹，中部颜色稍淡，后期其上生有黑色小颗粒，即病菌的分生孢子器。

（二）病原

病原菌为真菌界壳二胞属（*Ascochyta* sp.）的真菌。分生孢子器扁球形、近球形，黑褐色，直径156.8~250.8μm（平均200.8μm），高156.8~224.0μm（平均182.9μm），孔口明显。分生孢子无色，花生形，短棒状，两端圆，具1个隔膜，隔膜处缢缩或不缢缩，大小为（8.2~15.3）μm×（4.7~7.1）μm（平均11.5μm×5.5μm）。

（三）病害循环及发病条件

病菌以分生孢子器及菌丝体随病残组织在地表越冬。翌年条件适宜时释放分生孢子进行初侵染，有再侵染。7月中下旬开始发生，8月为发病高峰。甘肃省陇西县轻度发生。

（四）防治技术

1）栽培措施　初冬彻底清除田间病残组织，集中烧毁或沤肥，减少翌年初侵染源；重病田避免连作。

2）药剂防治　发病初期喷施75%百菌清可湿性粉剂1000倍液、50%苯菌灵可湿性粉剂1000倍液、50%混杀硫悬浮剂500倍液、36%甲基硫菌灵悬浮剂600倍液及78%波·锰锌可湿性粉剂600倍液。

三、山药斑点病

（一）症状

叶面初生淡褐色小点，扩大后呈中小型（4~10mm）近圆形、不规则形褐色病斑，边缘隆起，深褐色，中部灰白色，其上产生黑色小颗粒，即病菌的分生孢子器。

（二）病原

病原菌为真菌界叶点霉属（*Phyllosticta* sp.）的真菌。分生孢子器扁球形、近球形，灰黑色，直径58.2~156.8μm（平均92.5μm），高58.2~152.3μm（平均87.5μm），孔口明显。分生孢子单胞，无色，椭圆形、长椭圆形，大小为（5.9~8.2）μm×（2.4~4.5）μm（平均6.6μm×3.6μm），个别孢子达10.6μm×2.4μm，内有1~2个油珠。

（三）病害循环及发病条件

病菌以菌丝体及分生孢子器随病残体在地表及土壤中越冬。翌年条件适宜时，产生分生孢子进行初侵染。病部产生的分生孢子借气流传播，有再侵染。病害在7月中旬发生，8月为发病高峰。甘肃省陇西县零星发生。

（四）防治技术

参考山药叶斑病。

第十一节　龙胆科药用植物病害

秦艽病害

秦艽（*Gentiana macrophylla* Pall.）为龙胆科多年生草本植物。分布于我国东北、华北、西北、四川。味辛、苦，性平，归胃、肝、胆经。具祛风湿、清湿热、止痹痛、退虚热等功效。主治风湿痹痛、筋脉拘挛、骨节酸痛等症。锈病和斑枯病是秦艽的两大病害，甘肃各产区均严重发生，发病率100%，严重度2~3级，对产量和质量影响甚大。主要病害有锈病、斑枯病和眼斑病。

一、秦艽锈病

（一）症状

叶面初生灰绿色小点，后隆起呈圆形、椭圆形褐色疱状，即病菌的夏孢子堆和冬孢子堆，蜡质层破裂露出黑褐色锈状物，即病菌的夏孢子和冬孢子。孢子堆分散或聚生，孢子结合很紧、不易分散。有些孢子堆先形成一个中心，后围绕此中心再形成一圈孢子堆。有些孢子堆外有紫色晕圈。孢子堆主要生于叶片正面，叶背面很少产生（彩图10-16）。

（二）病原

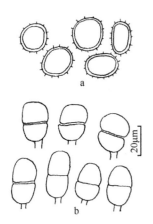

图 10-11　秦艽锈病菌
a.夏孢子；b.冬孢子

病原菌为真菌界柄锈菌属龙胆柄锈菌 [*Puccinia gentianae*（F. strauss）Rohling）]。夏孢子单胞，球形、近球形、椭圆形，淡褐色，有些壁上有小刺，孢子大小为（23.5~30.6）μm×（21.2~25.9）μm（平均26.6μm×22.9μm）。冬孢子卵圆形、椭圆形，双胞，褐色、红褐色，有柄，顶端较圆，中间隔膜较宽，大小为（25.9~41.2）μm×（21.2~27.1）μm（平均35.6μm×24.4μm）。个别孢子达48.2μm×30.6μm，柄无色，易断，未见完整的柄，宽4.5~5.9μm（图10-11）。

（三）病害循环及发病条件

病菌以冬孢子随病残体在地表越冬或以菌丝体在病株根部越冬。翌年条件适宜时引起初侵染。病害多在5月开始发生，7月中下旬为发病盛期，再侵染频繁，8月中旬开始出现冬孢子堆。温暖、多雨、露时长、高湿条件下有利于病害发生。甘肃省陇西县、岷县和天祝县等地均严重发生。

（四）防治技术

1）栽培措施　收获后彻底清除田间病残组织，集中烧毁或沤肥，减少翌年初侵染源；栽植不宜过密；增施磷、钾肥，控制氮肥，提高植物抗病力。

2）药剂防治　发病初期喷施15%三唑酮可湿性粉剂1000倍液、25%丙环唑乳油3000倍液、50%硫磺悬浮剂300倍液、30%固体石硫合剂150倍液及12.5%烯唑醇可湿性粉剂4000倍液。

二、秦艽斑枯病

（一）症状

叶面初生灰黄色、黄褐色小点，后扩大成近圆形、长椭圆形中型病斑，灰黄色至黄褐色，有稀疏轮纹。边缘红褐色、深褐色，外缘有宽窄不等的紫色晕圈。后期叶正面病部产生很多黑色小颗粒，即病菌的分生孢子器。有时小黑颗粒上有灰白色丝状物，即病菌释放出的分生孢子。发病严重时，病斑相互连接，造成叶片大面积枯黄死亡（彩图10-17）。

（二）病原

病原菌为真菌界壳针孢属小孢壳针孢（*Septoria microspora* Spegazzini）。分生孢子器扁球形、近球形，黑色，壁厚，由3层以上细胞构成，直径5.3~125.8μm（平均83.3μm），高51.7~115.3μm（平均83.2μm）。分生孢子细镰刀形、披针形，无色，具1~5个隔膜，大小为（18.8~30.6）μm×（2.4~3.5）μm（平均23.5×3.2μm）。内有多个大的油珠（图10-12）。

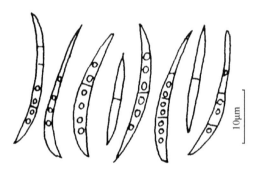

图 10-12 秦艽斑枯病菌分生孢子

（三）病害循环及发病条件

病菌以分生孢子器和菌丝体随病残组织在地面和土壤中越冬。翌年条件适宜时，病菌释放分生孢子进行初侵染，再侵染频繁。6月中旬开始发病，7月中下旬产生分生孢子器。降雨多、露时长、植株密集、叶片相互遮阴、湿度大时发病严重。甘肃省岷县、陇西县和大祝县等地均严重发生。

（四）防治技术

1）栽培措施 收获后彻底清除病株残体，集中烧毁或沤肥，减少初侵染源；栽植密度适中，以利于通风透光。

2）药剂防治 发病初期喷施10%苯醚甲环唑水分散颗粒剂1000倍液、75%百菌清可湿性粉剂600倍液、53.8%氢氧化铜干悬浮剂1200倍液、47%春·王铜可湿性粉剂500倍液、12%绿乳铜乳油500倍液及70%丙森锌可湿性粉剂700倍液。

三、秦艽眼斑病

（一）症状

主要为害叶片。叶面产生圆形、椭圆形病斑，初期为灰白色小点，后扩大，边缘黄褐色，中部有一圆形、黑色病斑，是由密集黑色绒状物组成的，其外围灰白色，状如眼睛，后期中部组织易脱落形成穿孔。

（二）病原

病原菌为真菌界枝孢属（*Cladosporium* sp.）的真菌。分生孢子梗褐色，由3~8根组成，丛生，有隔。上部屈膝状，大小为（54.1~100.0）μm×（4.7~5.9）μm（平均74.8μm×5.2μm）。分生孢子淡褐色，单胞、双胞，长椭圆形，棒状。有些单胞，但很长，大小为（5.9~11.8）μm×（4.8~5.9）μm（平均9.3μm×4.9μm）；有些双胞，但很短，大小为（14.1~23.5）μm×（4.7~5.9）μm（平均17.3μm×5.5μm）。

（三）病害循环及发病条件

病菌随病残体越冬，翌年条件适宜时借风雨传播为害。

（四）防治技术

发病初期喷施50%甲基硫菌灵·硫磺悬浮剂800倍液、40%氟硅唑乳油8000倍液、30%醚菌酯可湿性粉剂1200倍液及10%苯醚甲环唑可湿性粉剂1000倍液。

第十二节　萝藦科药用植物病害

徐长卿病害

徐长卿[*Cynanchum paniculatum*（Bge.）Kitag.]为萝藦科多年生草本植物。性温，味辛，具疏风解热、行气活血、镇痛止咳等功效。用于风湿疼痛、跌打损伤、湿疹等症。近年来也可用于手术后疼痛及癌肿疼痛，有一定的止痛作用。全国多地均有分布。

徐长卿白粉病

（一）症状

叶两面均受害，最初叶面产生白色小粉斑，粉层稀疏，有些呈放射状的白色菌丝，后病斑扩大，相互连接成白粉层，菌丝下的组织变黑褐色（彩图10-18）。后期白粉层中产生很多黑色小颗粒，为病菌的寄生菌。

（二）病原

病原菌为真菌界粉孢属（*Oidium* sp.）的真菌。分生孢子卵圆形、椭圆形，单胞，无色，大小为（29.4~30.6）μm×17.6μm。未发现闭囊壳。

（三）病害循环及发病条件

病菌越冬情况不详。陇西轻度发生。

（四）防治技术

1）栽培措施 初冬彻底清除田间病残组织，集中烧毁或沤肥，减少初侵染源。

2）药剂防治 发病初期喷施36%甲基硫菌灵悬浮剂500倍液、40%百菌清悬浮剂600倍液、20%三唑酮乳油1500倍液及40%氟硅唑乳油4000倍液。

第十三节 远志科药用植物病害

远 志 病 害

远志（*Polygala tenuifolia* Willd）为远志科多年生草本植物。以根入药，味苦、辛，性微温，归心、肾、肺经，具安神益智、祛痰开窍、消散痈肿等功效。主治失眠多梦、健忘惊悸、疮疡肿毒等症。产于东北、华北、西北、华中及四川等地。主要病害有炭疽病。

一、远志斑点病

（一）症状

叶片、叶柄、花、茎均受害。叶片上初生淡褐色小点，后扩大成椭圆形、不规则形病斑，淡褐色至褐色，其上生有黑色小颗粒，即病菌的分生孢子器，此颗粒较小。严重时，病斑相互连接，造成叶片枯死。叶柄上的病斑与叶片上相似。花瓣上产生淡灰色至淡褐色近圆形的病斑，也有黑色小颗粒。茎秆上产生长椭圆形、淡褐色病斑，后扩大成条斑。严重时，引起幼茎枯死，其上也产生黑色小颗粒。此颗粒较长、较大。

（二）病原

病原菌为真菌界茎点霉属（*Phoma* spp.）的2种菌。

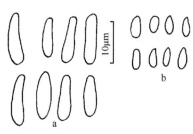

图10-13　远志斑点病菌分生孢子

a. *Phoma* sp.①；b. *Phoma* sp.②

1）*Phoma* sp. ①：分生孢子器较大，椭圆形、长条形、扁球形，黑褐色，直径125.4~214.0μm（平均160.8μm），高58.2~152.3μm（平均109.3μm）。分生孢子单胞，无色，圆柱形、棱形，大小为（9.4~18.8）μm×（2.9~4.7）μm（平均12.2μm×3.5μm）（图10-13a）。

2）*Phoma* sp. ②：分生孢子器较小，圆球形、近球形，黑褐色，直径94.1~134.4μm（平均115.1μm），高80.6~116.5μm（平均97.2μm），孔口大而明显。分生孢子椭圆形，单胞，无色，大小为（3.5~7.1）μm×（2.4~2.9）μm（平均5.1μm×2.8μm）（图10-13b）。

（三）病害循环及发病条件

病菌以菌丝体及分生孢子器随病残组织在地表及土壤中越冬。翌年温湿度条件适宜时，释放分生孢子进行初侵染，有再侵染。甘肃省陇西县一带多在6月中旬发生，7月下旬至8月上中旬为发病高峰，潮湿、植株茂密处发生较重。

（四）防治技术

1）栽培措施　初冬彻底清除田间病残组织，集中烧毁或沤肥，减少初侵染源；及时中耕锄草，以利于通风透光；深耕土地，病残组织翻埋于土壤深层。

2）药剂防治　发病初期喷施50%苯菌灵可湿性粉剂1000倍液、50%混杀硫悬浮剂500倍液、75%百菌清可湿性粉剂600倍液及70%代森锰锌可湿性粉剂500倍液。

二、远志炭疽病

（一）症状

叶片、叶柄、茎秆、嫩梢、花均受害。叶面初生淡褐色小点，扩大后呈椭圆形、不规则形淡褐色病斑，其上生有黑色小丛点，为病菌的分生孢子盘。严重时，病斑相互连接，引起叶片枯死。花瓣受害产生淡灰褐色及淡灰色、近圆形病斑。叶柄易感病，茎秆上产生长椭圆形、淡褐色病斑，扩大后呈丛斑，严重时幼茎枯死。病害常自顶梢发生，逐渐向下扩展，致叶片、嫩梢变褐枯死，严重时全株枯死，病部均产生黑色小丛点。

（二）病原

病原菌为真菌界炭疽菌属（*Colletotrichum* sp.）的真菌。分生孢子盘扁球形，黑褐色，大小为（80.6~250.8）μm×（80.6~174.9）μm（平均153.2μm×115.6μm）。刚毛褐色，较直，多根（15根以上），生于分生孢子盘四周，大小为（25.9~41.2）μm×（1.8~2.3）μm（平均30.4μm×2.0μm）。分生孢子单胞，无色，近梭形、长条形，两端细，大小为（10.6~18.8）μm×（2.9~4.7）μm（平均14.5μm×4.0μm）。

（三）病害循环及发病条件

病菌随病残体在土壤中越冬。甘肃省陇西县7月中旬轻度发生。

（四）防治技术

参考桔梗炭疽病。

三、远志灰霉病

（一）症状

植株长势较弱，叶色较淡，茎秆中下部产生灰褐色坏死条斑，严重时，病斑扩展至整个枝干，呈橙褐色，枯死，其上生有灰色、褐色霉状物。

（二）病原

病原菌为真菌界葡萄孢属（*Botrytis* sp.）的真菌。分生孢子梗褐色，较直，有隔，粗细不一，基部较粗，上部较细，色淡，大小为（434.4~922.7）μm×（22.4~26.9）μm（平均575.0μm×23.5μm）。分生孢子单胞，无色，椭圆形、卵圆形，大小为（9.4~14.1）μm×（7.1~10.6）μm（平均11.9μm×9.8μm）。

（三）病害循环及发病条件

病菌以菌丝体及菌核随病残体在田间越冬。翌年条件适宜时，病菌以分生孢子侵染寄主。甘肃省陇西县7月上旬发生，7月下旬达发病高峰。低温、潮湿的条件下发病较重。

（四）防治技术

参考当归灰霉病。

四、远志茎枯病

（一）症状

发病初期，在茎秆上形成一段一段的灰白色病斑，不断扩大，环绕茎秆致大部分茎秆枯黄，其上生有黑色颗粒，严重时，其上的叶片亦枯黄，新梢枯死。

（二）病原

病原菌为真菌界茎点霉属（*Phoma* sp.）的真菌。分生孢子器黑色，扁球形，孔口明显，淡黄褐色，大小为（134.4~250.8）μm×（134.4~215.0）μm（平均192.9μm×176.1μm）。分生孢子单胞，无色，杆状，两端圆，大小为（4.7~8.2）μm×（2.4~2.9）μm（平均6.9μm×2.6μm）。

（三）病害循环及发病条件

病菌随病残体在土壤中越冬。一般6月下旬发生，7月中下旬盛发。甘肃省陇西县中度发生。

（四）防治技术

参考远志斑点病。

第十四节　木犀科药用植物病害

连 翘 病 害

连翘[*Forsythia suspensa*（Thunb.）Vahl]为木犀科多年生木本植物。以果实入药。味苦，性微寒，归肺、心、小肠经，具清热解毒、消肿散结、疏散风热等功效。主治痈疽、风热感冒、温病初起、温热入营、高热烦渴等症。产于我国东北、华北、长江流域至云南，秋季果实初熟尚带绿色时采收，习称"青翘"，果实熟透时采收，习称"老翘"或"黄翘"。病害有轮纹病、灰霉病等，但为害不严重。

一、连翘轮纹病

（一）症状

主要为害叶片，多自叶尖或叶缘向内扩展，呈大中型（8~20mm）病斑，圆形、椭圆形、不规则形，中部灰白色至淡灰褐色，边缘红褐色，有明显的轮纹，有些呈眼状斑。后期病斑中部产生黑色小颗粒，即病菌的分生孢子器。病斑易破裂，有些形成穿孔。

（二）病原

病原菌为真菌界叶点霉属连翘叶点霉（*Phyllosticta forsythiae* Sacc.）。分生孢子器扁球形、近球形，黑褐色，直径98.5~134.4μm，高98.5~125.4μm。分生孢子单胞，无色，椭圆形、长椭圆形、短杆状，两端圆，大小为（4.7~9.4）μm×（2.9~3.5）μm（平均6.4μm×3.4μm），内有2~4个油珠。

（三）病害循环及发病条件

病菌以菌丝体及分生孢子器随病残体在地表及土壤中越冬。翌年温湿度适宜时，以分生孢子进行初侵染，有再侵染。7月中旬显症，8月中旬为发病盛期。降雨多、露时长、湿度大时易发生，枝叶稠密处发病亦重。甘肃省陇西县和兰州市等地轻度发生。

（四）防治技术

1）栽培措施　初冬彻底清除病残组织，集中烧毁或沤肥，减少初侵染源。
2）药剂防治　发病初期喷施70%代森锰锌可湿性粉剂500倍液、50%多菌灵可湿性粉剂600倍液、70%甲基硫菌灵可湿性粉剂600倍液及10%苯醚甲环唑水分散颗粒剂1500倍液。

二、连翘斑枯病

（一）症状

叶片受害多自叶尖向内扩展成"V"形或椭圆形、大中型（8~20mm）病斑，红褐色，中部稍显灰白色，具明显轮纹，病斑边缘明显或不明显，其上生有很多黑色小颗粒，即病菌的分生孢子器。

（二）病原

病原菌为真菌界壳针孢属梣壳针孢（*Septoria orni* Passerini）。分生孢子器扁球形、近球形，黑色，直径89.6~107.5μm（平均95.9μm），高80.6~98.5μm（平均89.6μm）。分生孢子线状，直或稍弯曲，隔膜不清晰，大小为（18.8~34.1）μm×（1.2~1.4）μm（平均25.8μm×1.3μm）。

（三）病害循环及发病条件

病菌以菌丝体及分生孢子器随病残体在地面或土壤中越冬。翌年条件适宜时，释放分生孢子进行初侵染。6月下旬出现症状，8月上中旬为发病盛期，有再侵染。甘肃省陇西县一带零星发生。

（四）防治技术

1）栽培措施　初冬彻底清除田间病残组织，减少初侵染源。

2）药剂防治　发病初期喷施75%百菌清可湿性粉剂600倍液、53.8%氢氧化铜干悬浮剂1200倍液、10%苯醚甲环唑水分散颗粒剂1000倍液及50%多菌灵可湿性粉剂600倍液。

三、连翘早疫病

（一）症状

主要为害叶片，叶面产生小型近圆形、不规则形病斑，边缘紫褐色，隆起，中部灰白色至银白色，其上产生黑色小丛点，叶背病斑褐色（彩图10-19）。

（二）病原

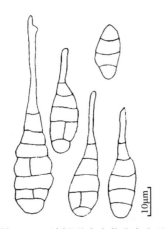

图10-14　连翘早疫病菌分生孢子

病原菌为真菌界链格孢属连翘链格孢（*Alternaria forsythiae* L.L.Harter）。分生孢子梗褐色，稍弯曲，有隔，丛生于瘤座上，梗大小为（76.4~192.9）μm×（4.7~7.1）μm（平均141.1μm×5.9μm）。分生孢子倒棒状，褐色，有纵、横隔膜，隔膜处稍缢缩，孢身大小为（20.0~70.6）μm×（10.6~20.0）μm（平均33.9μm×15.0μm）。喙长11.8~47.0μm（平均22.9μm）（图10-14）。

（三）病害循环及发病条件

病菌以菌丝体及分生孢子随病残体于地面或土壤中越冬。翌年条件适宜时，以分生孢子进行初侵染。病斑上产生的分生孢子经风雨传播，引起再侵染。甘肃省陇西县和天水市多在7月初发病，8月上中旬流行。高温、潮湿条件下发病较重。

（四）防治技术

1）栽培措施　初冬彻底清除病残组织，集中烧毁或沤肥，减少初侵染源；及时中耕除草，以利于通风透光。

2）药剂防治　发病初期喷施50%异菌脲可湿性粉剂1200倍液、50%多菌灵可湿性粉剂及70%代森锰锌可湿性粉剂500倍液。

四、连翘灰霉病

（一）症状

叶片、花瓣、萼片均受害。叶面产生大中型（10~23mm）圆形、椭圆形、红褐色病斑，中部有不明显的轮纹，边缘不整齐，病健组织交界处不明显（彩图10-20）。叶背的病斑上有稀疏的褐色毛状物，即病菌的菌丝体及分生孢子梗。

（二）病原

病原菌为真菌界葡萄孢属（*Botrytis* sp.）的真菌。分生孢子梗灰褐色、褐色，有隔，基部稍膨大，长宽为（649.5~770.4）μm×（11.2~15.7）μm（平均709.2μm×13.4μm），顶端垂直分枝，在分枝的小突起上聚生分生孢子。分生孢子单胞，无色，椭圆形、卵圆形、瓜子形，大小为（10.6~14.1）μm×（5.9~8.2）μm（平均12.2μm×7.1μm），有些孢子有小柄。

（三）病害循环及发病条件

病菌以菌丝体、菌核随病残体在地表及土壤中越冬。翌年菌核及菌丝体在适宜条件下萌发产生分生孢子侵染寄主。健康的植株一般不容易感病，但能经伤口侵入并在衰弱的组织上生长，通常是先侵染花器，使花瓣变褐腐烂，病花瓣接触健康组织后引起发病。病斑上产生的分生孢子可引起再侵染，扩大为害。一般在开花后，当夜间低温、露时长、湿度大时容易发病。甘肃省陇西县和岷县发生普遍。发病率约10%，严重度2级。

（四）防治技术

1）栽培措施　初冬彻底清除病残组织，集中烧毁或沤肥，减少初侵染源；及时中耕除草，降低株间湿度。

2）药剂防治　发病初期喷施50%腐霉利可湿性粉剂1000倍液、65%硫菌·霉威可湿性粉剂1000倍液、50%灭霉灵可湿性粉剂800倍液及40%嘧霉胺悬浮剂800~1200倍液。

第十五节　大戟科药用植物病害

甘 遂 病 害

甘遂（*Euphorbia kansui* T. N. Liou ex S. B. Ho）为大戟科多年生草本植物。以根入药。味苦，性寒，有毒，归肺、肾、大肠经，具泻水逐饮、消肿散结的功效。主治水肿胀满、胸腹积水、痰饮积聚、气逆喘咳等症。分布于甘肃、山西、陕西、宁夏、河南等地。

甘遂褐斑病

（一）症状

叶面初生褐色小点，扩大后呈中型（5~12mm）圆形、椭圆形病斑，褐色，稍现轮纹，其上生有大量黄褐色霉层，即病菌的分生孢子梗和分生孢子。

（二）病原

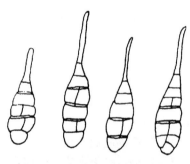

病原菌为真菌界链格孢属甘遂链格孢（*Alternaria kansuiae* T. Y. Zhang）。分生孢子梗褐色，稍弯曲，大小为（56.5~104.7）μm×（4.7~5.9）μm（平均84.9×5.2μm）。分生孢子淡褐色、褐色，梨形，倒棒状，具3~6个横隔膜，1~3个纵（斜）隔膜，隔膜处稍缢缩，孢身大小为（30.6~52.9）μm×（11.8~16.5）μm（平均40.6μm×14.1μm），喙长5.9~23.5μm（平均15.6μm）（图10-15）。

图10-15　甘遂褐斑病菌分生孢子

（三）病害循环及发病条件

病菌以菌丝体及分生孢子随病残体在地表及土壤中越冬。翌年条件适宜时，以分生孢子侵染寄主，病斑上产生的分生孢子借风雨传播，进行再侵染。6月中旬开始发病，基部叶片先发病，潮湿条件下病害发生重。甘肃省岷县零星发生。

（四）防治技术

1）栽培措施　秋末彻底清除病残组织，集中烧毁或沤肥，减少初侵染源。

2）药剂防治　发病初期喷施70%代森锰锌可湿性粉剂500倍液、50%异菌脲可湿性粉剂1200倍液及10%苯醚甲环唑水分散颗粒剂1000倍液。

蓖 麻 病 害

蓖麻(*Ricinus communis* L.)为大戟科一年生或多年生草本植物。全株可入药，有祛湿通络、消肿、拔毒的功效。华北、东北最多，西北和华东次之，其他为零星种植。

蓖麻灰斑病

（一）症状

叶面产生圆形、椭圆形、小型（1~4mm）病斑，边缘褐色，稍隆起，中部灰白色，上生黑色小颗粒，即病菌的分生孢子器。

（二）病原

病原菌为真菌界叶点霉属蓖麻叶点霉（*Phyllosticta ricini* Rostrup）。分生孢子器扁球形、近球形，黑褐色，直径62.5~107.2μm，高71.0~88.4μm。分生孢子单胞，无色，椭圆形，大小为（4.7~5.9）μm×（2.4~4.1）μm（平均5.3μm×3.0μm）。

（三）病害循环及发病条件

病菌以分生孢子器随病残组织在地表及土壤中越冬。翌年温湿度条件适宜时，以分生孢子进行初侵染，有再侵染。甘肃省天水市和徽县多在6月下旬发病，7~8月为发病高峰，多雨、潮湿条件下病害发生重。渭源县发病较晚。

（四）防治技术

1）栽培措施　初冬彻底清除病残组织，减少初侵染源。

2）药剂防治　发病初期喷施53.8%氢氧化铜干悬浮剂1200倍液、75%百菌清可湿性粉剂600倍液、10%苯醚甲环唑水分散颗粒剂1000倍液及1.5%多抗霉素可湿性粉剂150倍液。

第十六节　蔷薇科药用植物病害

地 榆 病 害

地榆(*Sanguisorba officinalis* L.)为蔷薇科多年生草本植物。以根入药，味苦、酸、涩，性微寒，归肝、大肠经，具凉血止血、解毒敛疮的功效，为治水火烫伤的要药。用于便血、痔血、水火烫伤、痈肿疮毒等症。中国多地均有分布。主要病害为白粉病和锈病。

一、地榆白粉病

（一）症状

叶片、叶柄、枝条、果实均受害。叶片及枝条上初生小型白粉团，后扩大覆盖叶片两面，粉层很厚（彩图10-21）。粉层中产生很多很小的黑色小颗粒，为白粉菌的寄生菌。后期白粉中产生黑色小颗粒，即病菌的闭囊壳。

（二）病原

病原菌为真菌界单囊壳属锈丝单囊壳[*Sphaerotheca ferruginea*（Schlecht.: Fr.）Junell]。分生孢子腰鼓形、长椭圆形，无色，大小为（24.7~30.6）µm×（14.4~16.5）µm（平均28.4µm×15.2µm）。闭囊壳球形、近球形，暗褐色，直径62~96µm。附属丝丝状。壳内有子囊1个，椭圆形，大小为（61.0~88.0）µm×（53.0~66.0）µm。内有子囊孢子8个，椭圆形、长椭圆形，大小为（14.0~25.0）µm×（13.0~16.0）µm。

（三）病害循环及发病条件

病菌以闭囊壳随病残体在地表越冬。翌年条件适宜时，闭囊壳吸水释放子囊孢子，进行初侵染。病部产生的分生孢子借气流传播，引起再侵染。一般5月中旬发生，8~9月为发病高峰。病部产生大量寄生菌，闭囊壳产生很少。干湿交替及阴湿条件下发生较重。甘肃省兰州地区发病率100%，严重度3~4级。

（四）防治技术

1）栽培措施　初冬彻底清除病残组织，减少初侵染源。
2）药剂防治　发病初期喷施50%硫磺悬浮剂300倍液、25%三唑酮可湿性粉剂1000倍液、40%氟硅唑乳油4000倍液及50%苯菌灵可湿性粉剂1200倍液。

二、地榆锈病

（一）症状

叶面初生黄色小点，后隆起呈黄褐色半球状，即病菌的冬孢子堆，最后变为黑色。表皮破裂后露出煤粉状冬孢子粉，有些冬孢子堆表面尚残存寄主表皮。叶背病斑处下陷，亦产生冬孢子堆（彩图10-22）。发病严重时，叶片变黄。

（二）病原

病原菌为真菌界拟多胞锈菌属煤色拟多胞锈菌（*Xenodochus carbonarius* Schle.）。冬孢子褐色，多胞（4~11个），多为6~8个排列成糖葫芦状，直或弯曲，顶端细胞稍长，其余细胞较宽，有短柄，色淡。孢子大小为（98.5~165.7）μm×（20.2~26.9）μm（平均137.6μm×22.5μm）（图10-16）。

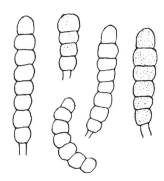

图10-16　地榆锈病菌冬孢子

（三）病害循环及发病条件

病菌越冬情况不详。多雨、潮湿的条件下病害发生重。甘肃省兰州市、陇西县和岷县等地7月下旬发病率达60%以上，严重度2级，是地榆的重要病害之一。

（四）防治技术

1）栽培措施　初冬彻底清除田间病残组织，集中烧毁，减少初侵染源。

2）药剂防治　发病初期喷施15%三唑酮可湿性粉剂1000倍液，50%硫磺悬浮剂300倍液、25%丙环唑乳油3000倍液、50%萎锈灵乳油800倍液及25%嘧菌酯悬浮剂1000~2000倍液。

仙鹤草病害

仙鹤草（*Agrimonia pilosa* Ldb.）为蔷薇科多年生草本植物，又名龙牙草。味苦，性平，归心、肝经。具解毒散结、凉血止痢、杀虫止痒等功效，临床广泛用于全身各部的出血之症。主要病害有白粉病和灰霉病等。

一、仙鹤草斑枯病

（一）症状

叶片、花均受害。叶片受害多自叶尖及叶缘发病，向内扩展呈"V"形，呈大中型（10~20mm）黑褐色病斑，有些呈椭圆形、近圆形。后期中部灰褐色、褐色，稍现红，其上产生黑色小颗粒，即病菌的分生孢子器。

（二）病原

病原菌为真菌界壳针孢属（*Septoria* sp.）的真菌。分生孢子器扁球形、近球

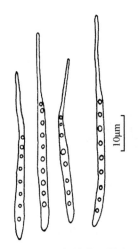

图 10-17　仙鹤草斑枯病
菌分生孢子

形，直径143.3~201.6μm，（平均175.8μm），高134.4~201.6μm（平均162.4μm），孔口明显。分生孢子无色，针形，少数弯曲，隔膜不清晰，大小为（42.3~80.0）μm×（1.8~2.9）μm（平均67.3μm×2.3μm）。内有纵向排列的油珠多个（图10-17）。

（三）病害循环及发病条件

病菌以分生孢子器随病残体在地表越冬。翌年温湿度适宜时，释放分生孢子进行初侵染。7月上旬发生，潮湿条件下发生较重。甘肃省陇西县零星发生。

（四）防治技术

1）栽培措施　初冬彻底清除田间病残组织，集中烧毁或沤肥，减少初侵染源。

2）药剂防治　发病初期喷施75%百菌清可湿性粉剂600倍液、10%苯醚甲环唑水分散颗粒剂1000倍液、70%甲基硫菌磷可湿性粉剂600倍液及53.8%氢氧化铜干悬浮剂1200倍液。

二、仙鹤草白粉病

（一）症状

主要为害叶片，叶面初生白色小粉团，扩大后呈近圆形、不规则形粉斑，粉层稀薄，病斑下及其周围组织变褐色（彩图10-23）。后期白粉中产生黑色小丝点，即病菌的闭囊壳。

（二）病原

病原菌为真菌界单囊壳属羽衣草单囊壳[*Sphaerotheca aphanis*（Wallr.）Braun]。闭囊壳球形、近球形，黑褐色，直径75.3~98.8μm（平均82.9μm）。附属丝丝状，7~26根，无隔，黄褐色至淡褐色，大小为（98.8~181.1）μm×（3.5~4.7）μm（平均126.5μm×4.07μm）。壳内有1个子囊，椭圆形，大小为（56.4~75.3）μm×（42.3~58.8）μm（平均58.8μm×50.9μm），壁较厚。囊内最少有子囊孢子6个，椭圆形，大小为22.3μm×14.1μm。分生孢子单胞，无色，圆柱形，两端圆，大小为（21.2~30.6）μm×（11.8~14.1）μm（平均25.7μm×13.1μm）。

（三）病害循环及发病条件

病菌以闭囊壳随病残体于地面越冬。翌年温湿度条件适宜时，释放子囊孢子引起初侵染。病部产生的分生孢子可进行再侵染，7月上中旬发生，8~9月为发病高峰，甘肃省陇西县发病率15%~20%，严重度2~3级。

（四）防治技术

1）栽培措施　初冬彻底清除病残体，集中烧毁或沤肥，减少初侵染源。

2）药剂防治　发病初期喷施50%多菌灵磺酸盐可湿性粉剂800倍液、50%苯菌灵可湿性粉剂1500倍液、50%硫磺悬浮剂250倍液、12.5%烯唑醇可湿性粉剂1500倍液及40%氟硅唑乳油4000倍液。

三、仙鹤草锈病

（一）症状

叶背产生淡黄色疱状隆起，散生，为其夏孢子堆。叶正面稍显淡褐色，后期产生疱状黑色冬孢子堆。

（二）病原

病原菌为真菌界柄锈菌属（*Puccinia* sp.）的真菌。夏孢子单胞，无色或淡黄色，椭圆形、矩圆形、多角形、锥形，大小为（15.3~23.5）μm×（10.6~14.7）μm（平均18.5μm×12.9μm），壁上有小刺。冬孢子椭圆形、长椭圆形，双胞，大小为（25.9~36.5）μm×（17.6~25.9）μm（平均30.6μm×22.1μm）。

（三）病害循环及发病条件

病菌越冬情况不详。7月中旬甘肃省陇西县轻度发生。

（四）防治技术

参考穿山龙锈病。

四、仙鹤草灰霉病

（一）症状

主要为害叶部，叶片受害多自叶尖向下扩展呈"V"形，或自叶缘向内扩展呈半椭圆形，褐色至淡灰褐色。潮湿条件下，叶背有褐色丝状物及霉状物，即病菌的分生孢子梗及分生孢子。

（二）病原

病原菌为真菌界葡萄孢属（*Botrytis* sp.）的真菌。分生孢子梗褐色，有隔，顶部膨大，上有小突起。梗长宽为（555.4~819.7）μm×（13.4~22.4）μm（平均653.9μm×15.7μm）。分生孢子单胞，无色，椭圆形，大小为（11.8~12.9）μm×（8.2~9.4）μm（平均12.2μm×8.7μm）。

（三）病害循环及发病条件

病菌以菌丝体及菌核随病残体于田间越冬。翌年温湿度条件适宜时，产生孢子引起初侵染。甘肃省岷县7月上中旬发生，发病率30%，严重度1~3级。植株过密、通风不良、湿度大处发生重。

（四）防治技术

参考欧当归灰霉病。

第十七节　鸢尾科药用植物病害

射　干　病　害

射干[*Belamcanda chinensis*（L.）Redou.]为鸢尾科多年生草本植物。以根茎入药，味苦，性寒，归肺经，有小毒。具清热解毒、祛痰利咽、活血消肿等功效。全国多地均有分布。主要病害为眼斑病，其次为锈病和枯萎病。

一、射干眼斑病

（一）症状

主要为害叶片，也可为害花梗、果实。叶面初生白色小点，后扩大成中小型（3~8mm）圆形、近圆形病斑，边缘褐色，较宽，中部灰白色、白色，略现水渍状，并有白色丝状物。后期生有黑色霉状物，即病菌的分生孢子梗及分生孢子。病斑呈眼状，病斑多产生于叶片上半部，发生严重时病斑相互连接，造成叶片干枯（彩图10-24）。

（二）病原

病原菌为真菌界疣蠕孢属鸢尾疣蠕孢（*Heterosporium iridis* Jacqu.）。分生孢子梗褐色、淡褐色，弯曲，3~9根丛生于瘤座上，大小为（49.4~131.7）μm×（7.1~

9.4）μm（平均84.6μm×8.0μm）。分生
孢子淡黄褐色至黄褐色，棒状、柱状，
两端圆，表面具小刺，有2~5个隔膜，多
为2~3个，大小为（32.9~64.7）μm×
（10.6~18.8）μm（平均49.5μm×14.8μm）
（图10-18）。

（三）病害循环及发病条件

病菌以分生孢子、分生孢子梗或菌
丝体在病组织上于地表越冬。翌年条件
适宜时，以分生孢子进行初侵染。病部
产生的分生孢子，借气流传播进行再侵
染。多雨、温度高则发病重；偏施氮肥

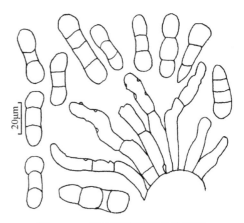

图 10-18 射干眼斑病菌分生孢子

发病重。6月下旬发病，7~8月为发病高峰期。甘肃省陇西县和岷县发病率达95%，
严重度2~3级，是射干的主要病害。

（四）防治技术

1）栽培措施 收获后彻底清除病株残体，减少初侵染源；合理密植，注意通
风透光。

2）药剂防治 发病初期喷施70%代森锰锌可湿性粉剂600倍液、70%甲基硫
菌灵可湿性粉剂1000倍液、40%多·硫悬浮剂600倍液和50%多菌灵可湿性粉剂600
倍液。

二、射干锈病

（一）症状

夏孢子堆叶两面生，初期叶面散生灰色小点，后隆起呈半球状，表面银灰色，
表皮破裂后散出铁锈色夏孢子粉。发病严重时，孢子堆相互连接，孢子堆周围有
黄色晕圈（彩图10-25）。病叶干枯，嫩茎枯死。

（二）病原

病原菌为真菌界柄锈菌属鸢尾柄锈菌（*Puccinia belamcandae* Dietel）。夏孢
子近圆形、椭圆形，黄色至黄褐色，壁褐色，较厚，大小为（21.2~28.2）μm×
（18.8~23.5）μm（平均24.3μm×21.1μm）。夏孢子初无色，其内为一团原生质，
后变为2~5个球状体（图10-19）。未见冬孢子。

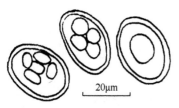

图 10-19　射干锈病菌夏孢子

（三）病害循环及发病条件

病菌越冬情况不详。多雨、多雾、露时长则病害发生严重。甘肃省陇西县一带轻度发生，其他地区零星发生。

（四）防治技术

1）栽培措施　初冬彻底清除病株残体，集中烧毁或沤肥，减少初侵染源；增施磷、钾肥，提高植株抗病力。

2）药剂防治　发病初期喷施25%萎锈灵乳油200倍液、15%三唑酮可湿性粉剂1000倍液、50%硫磺悬浮剂300倍液、25%丙环唑乳油3000倍液及70%丙森锌可湿性粉剂600倍液。

三、射干枯萎病

（一）症状

初期植株长势较弱，自叶尖向下发黄，后全叶、全株逐渐变黄枯死。根及根茎部有白色至粉红色丝状物，即病菌的菌丝体及分生孢子。

（二）病原

病原菌为真菌界镰孢菌属（*Fusarium* sp.）的真菌。菌丝无色，有隔，产孢梗单瓶梗，大小为（9.4~21.2）μm×（2.4~3.5）μm。大型分生孢子镰刀形，两端渐细，具3~5个隔膜，多为3隔，大小为15.7μm×3.4μm。小型分生孢子单胞，无色，椭圆形，大小为（4.7~10.6）μm×（1.8~3.5）μm（平均7.1μm×3.3μm）。

（三）病害循环及发病条件

病菌为土壤习居菌，在土壤中可长期存活。翌春条件适宜时，病菌侵染根部，土壤潮湿处病害发生较重。甘肃省陇西县一带6月中旬开始发病，后逐渐加重，发病率5%~8%。

（四）防治技术

1）栽培措施　平整土地，避免低洼积水诱发病害；施用充分腐熟的有机肥，避免生粪烧根；中耕锄草时尽量减少伤根，减少伤口侵染；发现病株立即拔除，病穴用生石灰消毒或改换新土后补苗。

2）药剂防治　发病初期用45%代森铵水剂500倍液、50%多菌灵磺酸盐可湿性粉剂800倍液、3%恶霉·甲霜水剂800倍液、30%苯噻氰乳油1000倍液及35%甲霜·福美双可湿性粉剂600倍液灌根。

第十八节　玄参科药用植物病害

地　黄　病　害

地黄[*Rehmannia glutinosa*（Gaetn）Libosch. ex Fisch. & Mey.]为玄参科多年生草本植物。以根茎入药，味甘，性寒，具滋阴补肾、清热凉血、通血脉、消淤血等功效。主产于河南、辽宁、河北、山东、浙江，多栽培。地黄病害种类较多，目前甘肃省发生较轻。

一、地黄斑枯病

（一）症状

叶片受害初生淡绿色小点，后扩大呈圆形、近圆形、不规则形中小型（5~10mm）病斑，边缘褐色，中部灰色、灰褐色，稍现轮纹，其上密生黑色小颗粒，即病菌的分生孢子器（彩图10-26）。严重时病斑汇合，引起叶片干枯。

（二）病原

病原菌为真菌界壳针孢属毛地黄壳针孢（*Septoria digitalis* Pass.）。分生孢子器球形、扁球形，黑褐色，壁较厚，直径53.8~76.1μm（平均69.0μm），高53.8~76.1μm（平均66.1μm）。分生孢子无色，直或弓形，端部较细，基部较宽，隔膜不清晰，大小为（18.8~34.1）μm×（1.2~1.4）μm（平均24.8μm×1.3μm）。

（三）病害循环及发病条件

病菌以分生孢子器随病残组织在地表及土壤中越冬。翌年温湿度适宜时，以分生孢子进行初侵染，有再侵染。甘肃省陇西县一带多在6月中旬发病，7~8月为发病高峰，高温、多雨、潮湿有利于病害发生。岷县和陇西县轻度发生。

（四）防治技术

1）栽培措施　初冬彻底清除田间病残组织，集中烧毁或沤肥，减少初侵染源；合理施肥，增施磷、钾肥，提高植株抗病力。

2）药剂防治　发病初期喷施70%甲基硫菌灵可湿性粉剂600~800倍液、75%百菌清可湿性粉剂600倍液、10%苯醚甲环唑水分散颗粒剂1000倍液及20%二氯异氰尿酸钠可湿性粉剂400倍液。

二、地黄斑点病

（一）症状

叶面产生近圆形、椭圆形、中小型（4~10mm）病斑，褐色至黄褐色，稍下陷，后期中部产生黑色小颗粒，即病菌的分生孢子器。

（二）病原

病原菌为真菌界叶点霉属毛地黄叶点霉（*Phyllosticta digitalis* Bell.）。分生孢子器近球形、扁球形，黑褐色至黄褐色，直径107.5~156.8μm（平均137.1μm），高80.6~143.3μm（平均116.5μm）。分生孢子单胞，无色，椭圆形，短杆状，两端圆，大小为（5.9~11.8）μm×（2.4~3.5）μm（平均7.9μm×3.0μm），内有油珠。

（三）病害循环及发病条件

病菌以分生孢子器随病残组织在地表及土壤中越冬。翌年温湿度条件适宜时，以分生孢子进行初侵染，有再侵染。多雨、露时长、植株稠密处病害发生严重。甘肃省陇西县零星发生。

（四）防治技术

参考地黄斑枯病。

第十九节　芸香科药用植物病害

黄 柏 病 害

黄柏（*Phellodendron chinense* var. *glabriusculum* Schneid.）为芸香科多年生木本植物，以其干燥树皮入药，味苦，性寒，归肾、膀胱、大肠经，具清热燥湿、泻火除蒸、解毒疗疮等功效。用于湿热泻痢、黄疸、盗汗、遗精、湿疹瘙痒等症。主产于四川、贵州、湖北、云南等地。主要病害有白粉病。

黄柏白粉病

（一）症状

叶片两面均受害，主要发生在叶背。叶背初生大小不等的近圆形、不规则形病斑，中部灰白色，边缘淡褐色，有稀薄的白色粉层，略现油渍状，严重时病斑相互连接覆盖整个叶背。后期，白粉层中产生少量黑色小颗粒，即病菌的闭囊壳。叶正面呈现边缘不明显的淡黄色、淡黄褐色病斑，似花叶病毒病，斑上有少量菌丝及分生孢子梗和分生孢子，病斑外常有一褐色坏死圈。

（二）病原

病原菌为真菌界棒丝壳属（*Typhulochaeta* sp.）的真菌。闭囊壳近球形、扁球形，黑褐色，直径156.8~219.5μm（平均187.6μm）。附属丝为短杆状突起，20~38根，大小为（14.1~25.9）μm×（7.1~8.2）μm（平均19.5μm×7.6μm）。附属丝顶端内部有一锥状体，下面有数根线体相连。闭囊壳内有袋状子囊4个以上，大小为（61.2~75.3）μm×（37.6~44.7）μm（平均68.5μm×40.4μm）。子囊内

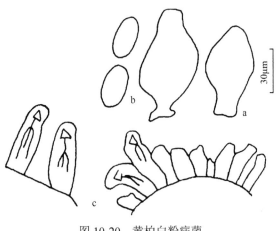

图10-20 黄柏白粉病菌
a.子囊；b.分生孢子；c.闭囊壳外附属丝

有子囊孢子6或8个，椭圆形、圆形，大小为（17.6~25.9）μm×（10.6~16.5）μm（平均21.2μm×12.7μm）。分生孢子卵圆形，单胞，无色，大小为（23.5~30.6）μm×（11.8~14.1）μm（平均27.6μm×12.9μm）（图10-20）。

（三）病害循环及发病条件

病菌越冬情况不详。甘肃省陇西县一带7月下旬开始发病，8~9月为发病高峰。该病有发病中心，多自植株中部的个别枝条先发病，后向四周扩展，严重时，周围树的叶片全部发病。由于白粉层很稀薄，容易被误诊为花叶病。10月初叶片枯黄时产生少量闭囊壳。陇西县轻度发生，发病率6%，严重度1~3级。

（四）防治技术

1）栽培措施 落叶后彻底清除病残体，集中烧毁，减少初侵染源。

2）药剂防治 发病中心出现后喷施45%晶体石硫合剂150倍液、25%三唑酮可湿性粉剂800倍液、50%硫磺悬浮剂300倍液及40%氟硅唑乳油4000倍液。

第二十节　凤仙花科药用植物病害

凤仙花病害

凤仙花（*Impatiens balsamina* L.）为凤仙花科一年生草本植物。以全草入药，有祛风、活血、消肿、止痛的功效。中国南北各地均有栽培，主产于江苏、浙江、河北、安徽等地。主要病害有白粉病。

凤仙花白粉病

（一）症状

叶片、叶柄、嫩茎、花、果实等均受害，以叶片为主，叶片正、背面均受害。最初叶片上产生白色小粉团，后逐渐扩大，整个叶片及全株覆盖白色粉状物，但粉层较薄（彩图10-27）。后期，多在叶背的白粉层中产生大量黑色小颗粒，即病菌的闭囊壳。发病严重时，叶片枯黄、脱落，仅剩上部叶片。

（二）病原

病原菌为真菌界单囊壳属凤仙花单囊壳 [*Sphaerotheca balsaminae*（Wallr.）Kar.]。闭囊壳球形、近球形，黑褐色，直径71.7~98.5μm（平均87.3μm）。附属丝丝状，3~5根，长短不等，短的较粗，淡褐色，细的较长，无色，大小为（89.6~116.5）μm×4.5μm（平均100.3μm×4.5μm）。壳内有子囊1个，卵圆形，无色，大小为（54.1~96.4）μm×（48.2~61.2）μm（平均70.2μm×50.9μm）。子囊内有8个子囊孢子，无色，淡黄褐色，卵圆形、椭圆形，大小为（12.9~21.2）μm×（10.6~15.3）μm（平均17.1μm×12.8μm）。分生孢子单胞，无色，长椭圆形，大小为（23.5~34.1）μm×（14.1~18.8）μm（平均26.7μm×16.9μm）。

（三）病害循环及发病条件

病菌以闭囊壳随病残体在地表越冬。翌年温湿度条件适宜时，以子囊孢子进行初侵染。病部产生分生孢子借气流传播，有多次再侵染。8月为发病盛期，9月下旬至10月初产生闭囊壳，植株郁闭、通风不良处发病严重。甘肃省兰州市、陇西县和白银市等地发病率100%，严重度3~4级。

（四）防治技术

1）栽培措施　初冬彻底清除病残组织，减少初侵染源。

2）药剂防治　发病初期喷施20%三唑酮乳油2000倍液、62.25%腈菌唑·代森锰锌可湿性粉剂600倍液、70%甲基硫菌灵可湿性试剂600倍液、40%氟硅唑乳油4000倍液及30%氟菌唑可湿性粉剂1500倍液。

第二十一节　葫芦科药用植物病害

土贝母病害

土贝母[*Bolbostemma paniculatum*（Maxim.）Franquet]为葫芦科草本植物，以块茎入药，性味苦、微寒，归肺、脾经。有消肿、解毒功效。临床主治乳痈、瘰疬、痰咳等症。分布于河北、河南、山西、甘肃、陕西、湖北、湖南和四川等省。主要病害有轮纹病、病毒病等。

一、土贝母轮纹病

（一）症状

叶面产生大中型（8~15mm）圆形、椭圆形病斑，褐色至黑褐色，其上有轮纹，后期生有黑色小颗粒，即病菌的分生孢子器。病斑周围有褪绿晕圈（彩图10-28）。

（二）病原

病原菌为真菌界壳二胞属（*Ascochyta* sp.）的真菌。分生孢子器扁球形、近球形，黑色，直径112.0~170.2μm（平均136.7μm），高103.0~161.1μm（平均125.4μm）。分生孢子长椭圆形、短杆状，两端圆，无色，具1个隔膜，大小为（9.4~15.3）μm×（4.1~6.5）μm（平均12.1μm×5.2μm），隔膜处稍缢缩，每个细胞内有1~2个油珠（图10-21）。

（三）病害循环及发病条件

病菌以分生孢子器随病残体在地表越冬。翌年温湿度条件适宜时，以分生孢子进行初侵染。植株稠密、通风不良、低洼积水、潮湿多雨等条件下病害发生严重。甘肃省陇西县多在7、8月轻度发生。

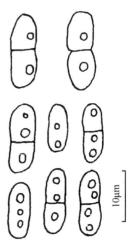

图10-21　土贝母轮纹病菌分生孢子

（四）防治技术

1）栽培措施　平整土地，防止低洼积水；合理密植，以利于通风透光；初冬彻底清除田间病残体，集中烧毁或沤肥，减少初侵染源。

2）药剂防治　发病初期喷施80%代森锰锌可湿性粉剂600倍液、53.8%氢氧化铜干悬浮剂1000倍液、50%苯菌灵可湿性粉剂1200倍液及40%多·硫悬浮剂800倍液。

二、土贝母褐纹病

（一）症状

主要为害叶片。叶面初生褐色小点，后扩大呈圆形、近圆形病斑，边缘深褐色，稍隆起，中部灰褐色，有明显轮纹，其上生有很多黑色小颗粒，即病菌的分生孢子器。

（二）病原

病原菌为真菌界叶点霉属（*Phyllosticta* sp.）的真菌。分生孢子器球形，褐色，孔口明显，近球形。分生孢子短杆状，无色，花生形，中部稍细，稍缢缩。多数单胞，少数双胞。

（三）病害循环及发病条件

病菌以分生孢子器在病残体中越冬。翌年条件适宜时，以分生孢子侵染寄主。在甘肃省渭源县等地轻度发生。

（四）防治技术

1）栽培措施　收获后彻底清除病残体，减少初侵染源。

2）药剂防治　发病初期喷施50%甲基硫菌灵·硫磺悬浮剂800倍液、75%百菌清可湿性粉剂600倍液、60%琥铜·乙铝锌可湿性粉剂500倍液、65%乙酸十二胍可湿性粉剂1000倍液、30%碱式硫酸铜悬浮剂400倍液及10%苯醚甲环唑水分散颗粒剂1000倍液。

三、土贝母病毒病

（一）症状

主要为害叶片。初期在叶片上出现隐约可见的轻微花叶，叶脉透明，出现明脉，后叶片绿色出现明显可见的疱斑花叶（彩图10-29）；有些叶片有黄色环斑。此病在甘肃产地发生普遍，为害较重，是土贝母的主要病害之一。

（二）病原

病原为病毒。采用双抗体夹心酶联免疫法和反转录PCR方法检测，结果表明甘肃省土贝母病毒病由番茄花叶病毒（ToMV）引起（刘雯等，2014）。该病毒隶属烟草花叶病毒属（*Tobamoviruses*）成员，病毒粒体为短杆状，基因组为正单链RNA，钝化温度为85~90℃，稀释限点为10^{-6}~10^{-7}，体外保毒期在1个月以上（周雪平等，1996）。

（三）病害循环及发病条件

该病毒寄主范围广，侵染番茄、辣椒、马铃薯、烟草、矮牵牛、大千生等多种植物，还可侵染梨树、苹果、葡萄、云杉及丁香等树木（周雪平等，1996，1997）。初侵染源主要在土贝母种苗和多种植物上越冬。通过摩擦传播和侵入，农事操作也可传播，侵入后在薄壁细胞内繁殖，后进入维管束组织传染整株。

（四）防治技术

1）栽培措施　使用充分腐熟的有机肥；彻底清除田间地埂杂草，减少初侵染源。在田间农事操作过程中不宜来回走动、触摸。充分施足氮、磷、钾肥，及时喷施多种微量元素肥料，提高植株抗病能力。

2）化学防治　发病初期用1.5%植病灵乳剂1000倍液、10%病毒王可湿性粉剂600倍液喷施，还可选用2%宁南霉素水剂，用有效成分90~120g/hm²喷施，能预防和缓解病害发生。

栝楼病害

栝楼（*Trichosanthes kirilowii* Maxim.）为葫芦科多年生草质藤本植物。以果皮入药，具有润肺、降火化痰、止消渴、利大便的功效。分布于华北、中南、华东及辽宁、陕西、甘肃、四川、贵州、云南等地。

一、栝楼灰斑病

（一）症状

主要为害叶片，叶面初生淡褐色小点，后扩大呈圆形、近圆形、不规则形中小型（4~8mm）病斑，边缘暗褐色，中部灰白色，较薄，易破裂，上生黑色小颗粒，即病菌的分生孢子器。

（二）病原

病原菌为真菌界叶点霉属南瓜叶点霉（*Phyllosticta cucurbitacearum* Sacc.）。分生孢子器球形、近球形，黑色，直径67.2~116.5μm（平均94.1μm），高62.7~107.5μm（平均85.4μm），孔口明显。分生孢子单胞，无色，椭圆形、长椭圆形，大小为（4.7~11.7）μm×（2.4~4.1）μm（平均7.4μm×3.5μm）。

（三）病害循环及发病条件

病菌以分生孢子器随病残体在地表及土壤中越冬。翌年条件适宜时，分生孢子借风雨传播进行初侵染，有再侵染。甘肃省陇西县等地7月上中旬发病，8月上中旬为发病盛期。植株密度大、叶片相互遮阴处易发病，阴雨、露时长则病害发生严重。

（四）防治技术

1）栽培措施　初冬彻底清除田间病残体，减少初侵染源；合理密植，以利于通风透光；适当推迟灌水时间，防止蔓茎疯长、相互遮阴。

2）药剂防治　发病初期喷施75%百菌清可湿性粉剂600倍液、47%春·王铜可湿性粉剂500倍液、10%苯醚甲环唑水分散颗粒剂1000倍液及50%苯菌灵可湿性粉剂1000倍液。

二、栝楼污斑病

（一）症状

叶面产生不规则形白斑及环斑，大小为5~8mm，病斑中部褐色，而环为白色，多在主脉附近产生。发病严重时，病斑相互连接，形成大型不规则形污斑。其上产生黑褐色霉状物，即病菌分生孢子梗和分生孢子。

（二）病原

病原菌为真菌界链格孢属（*Alternaria* sp.）的真菌。分生孢子梗灰褐色，有隔，较直，基部膨大，3~7根丛生，大小为（24.7~49.4）μm×（4.7~5.9）μm（平均36.5μm×5.3μm）。分生孢子倒棒状，褐色，具纵（斜）横隔膜，横隔膜2~7个，多为4个，隔膜处缢缩。孢身大小为（22.3~52.9）μm×（11.8~18.8）μm（平均36.2μm×15.0μm）。有喙或无喙，喙长0~22.3μm（平均16.7μm）。

（三）病害循环及发病条件

病菌以菌丝体及分生孢子随病残体在地表越冬。翌年气候条件适宜时，以分生孢子进行初侵染，有再侵染。多雨、潮湿环境中发生较重。甘肃省陇西县轻度发生。

（四）防治技术

1）栽培措施　初冬彻底清除田间病残组织，集中烧毁或沤肥，减少初侵染源；合理施肥，避免氮肥过多，植株徒长、叶片过大、郁闭，通风透光不良，湿度过大。

2）药剂防治　发病初期喷施50%异菌脲可湿性粉剂1000倍液、70%代森锰锌可湿性粉剂500倍液、10%多抗霉素可湿性粉剂1000倍液及25%丙环唑乳油3000倍液。

第二十二节　马兜铃科药用植物病害

马兜铃病害

马兜铃（*Aristolochia debilis* Sieb. & Zucc.）为马兜铃科多年生缠绕草本植物，又名天仙藤、独行根。味苦，性微寒，归肺、大肠经，具清肺降气、止咳平喘、清肠消痔等功效。用于肺热喘咳、痰中带血、肠热痔血、痔疮肿痛等症。分布于黄河以南至长江流域以南各省区，以及山东（蒙山）、河南（伏牛山）等，广东、广西常有栽培。

一、马兜铃灰霉病

（一）症状

叶面产生近圆形、椭圆形大中型（10.0~35.0mm）病斑，灰褐色，有轮纹，边缘不明显，较宽，病斑上有灰褐色霉层（彩图10-30）。

（二）病原

病原菌为真菌界葡萄孢属（*Botrytis* sp.）的真菌。分生孢子梗灰褐色，有隔，壁上有小突起，顶端有1~2次分枝，长940.6~1074.0μm。分生孢子单胞，无色，圆形、卵圆形，下部稍细，有小柄，大小为（8.2~9.4）μm×（10.6~15.3）μm（平均9.0μm×13.0μm），聚生于梗的顶端。

（三）病害循环及发病条件

病菌主要以菌丝体在病残体上及以菌核在土壤中越冬。翌年，当植株生长前期温度较低及湿度大时产生分生孢子进行初侵染，有再侵染。低洼潮湿、种植密度大、长势衰弱的植株发病重。甘肃省大部分地区昼夜温差较大，即使在盛夏时期，夜间最低温度也多在18℃以下，并有结露，所以，7、8月田间也能见到病株。陇西县轻度发生。

（四）防治技术

1）栽培措施　初冬彻底清除田间病残组织，集中烧毁或沤肥，减少初侵染源；合理密植，降低田间湿度；施足底肥，增强寄主抗病力；与豆科、禾本科等作物轮作。

2）药剂防治　发病初期喷施50%腐霉利可湿性粉剂1000倍液、50%多霉灵可湿性粉剂1000倍液、50%咪鲜胺锰锌可湿性粉剂1500倍液、3%多抗霉素水剂600~900倍液及25%咪鲜胺乳油2000倍液。

二、马兜铃病毒病

（一）症状

病株叶片一般稍小，为害叶片后有些出现叶肉组织黄化、浅绿和深绿不规则的花叶；有些叶片出现黄绿疱斑和明脉（彩图10-31）。是马兜铃上的常见病害，但为害较轻。

（二）病原

病原为病毒，刘雯等（2014）报道，甘肃省马兜铃病毒病可以由番茄花叶病毒（ToMV）引起。参考土贝母病毒病。

（三）病害循环及发病条件

参考土贝母病毒病。

（四）防治技术

参考土贝母病毒病。

第二十三节　石竹科药用植物病害

瞿 麦 病 害

瞿麦（*Dianthus superbus* L.）为石竹科多年生草本植物。味苦，性寒，归心、小肠经，具利尿通淋、破血通经等功效，为治淋证常用药，尤以热淋为宜。用于小便不通、出刺、决痈肿、明目去翳、破胎堕子。产于东北、华北、西北及山东、江苏、浙江、江西、河南、湖北、四川、贵州、新疆等地。主要病害为眼斑病。

瞿麦眼斑病

（一）症状

叶片、叶鞘、茎秆均受害。叶面初生紫色小点，后扩大呈圆形、近圆形病斑，外缘紫黑色，隆起，中部灰白色，下陷，上生黑色小丛点，如眼斑（彩图10-32）。茎秆上产生长椭圆形、梭形病斑，边缘淡紫褐色，中部灰白色，上生很多黑色小丛点。

（二）病原

病原菌为真菌界瘤蠕孢霉属石竹刺瘤蠕孢霉[*Heterosporium echinulatum*（Berk.）Cke.]。分生孢子梗聚生在瘤座上。分生孢子褐色、圆柱形、蠕虫形，直或稍弯曲，具1~3个隔膜，多为2个，有些孢子中间细胞小，两端细胞大，表面有很多细刺突，孢子大小为（24.7~80.0）μm×（5.9~14.1）μm（平均37.2μm×11.8μm）（图10-22）。

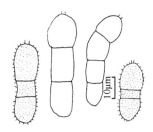

图 10-22　瞿麦眼斑病菌分生孢子

（三）病害循环及发病条件

病菌越冬情况不详。甘肃省陇西县一带7月上中旬发生，8月达发病盛期。降雨多、湿度大则病害发生严重。甘肃省岷县、陇西县普遍发生。

（四）防治技术

1）栽培措施　初冬彻底清除田间病残体，减少初侵染源。

2）药剂防治　发病初期喷施70%代森锰锌可湿性粉剂600倍液、50%多菌灵可湿性粉剂500倍液及70%百菌清·锰锌可湿性粉剂600倍液。

银柴胡病害

银柴胡（*Stellaria dichotoma* L. var. *lanceolata* Bge.）为石竹科多年生草本植物，别名牛胆根、沙参儿。分布于陕西、甘肃、内蒙古、宁夏等地。以根入药，味苦，性寒，归肝、胃经，具有清虚热、除疳热的功效。主治虚劳骨蒸、阴虚久疟、小儿疳热羸瘦等症。

一、银柴胡霜霉病

（一）症状

叶片、萼片、嫩茎均受害。初期叶片正面发黄，产生不规则形淡褐色病斑，叶背产生白色霉层。有些病斑较大，叶变畸形，嫩茎，萼片上亦产生白色霉层。

（二）病原

病原菌为色藻界霜霉属鹅不食霜霉（*Peronospora alsinearum* Casp）。孢囊梗顶端二叉式分枝4~6次，主轴长宽为（143.3~215.0）μm×（6.7~9.0）μm（平均181.4×7.8μm）。个别达326.9μm。孢子囊椭圆形、卵圆形，无色，乳突不明显，孢子大小为（24.7~31.8）μm×（16.5~24.7）μm（平均28.6μm×19.4μm）。

（三）病害循环及发病条件

病菌以卵孢子在病残体中越冬，叶片中有大量卵孢子。种苗可带菌传播。种苗移栽大田后，5月上中旬开始发生，5月下旬达发病高峰，在甘肃省陇西县2012年6月上旬，全田发病率95%以上，严重度3~4级，基本全田枯死，损失严重。春季及初夏多雨流行迅速。

（四）防治技术

1）培育无病种苗　育苗田远离生产田或生荒地育苗。

2）栽培措施　收获后彻底清除田间病残体，减少初侵染源；合理密植，以利于通风透光；增施磷、钾肥，提高寄主抵抗力。

3）药剂防治　发病初期喷施72%霜脲氰·锰锌可湿性粉剂600~750倍液、72.2%霜霉威盐酸盐水剂800倍液、68.75%霜霉威盐酸盐·氟吡菌胺悬浮剂800~1200倍液、52.5%恶唑菌铜·霜脲氰水分散颗粒剂1500倍液、20%氟吗啉可湿性粉剂600~800倍液及78%波·锰锌可湿性粉剂500倍液。

二、银柴胡黑点病

（一）症状

在衰弱发黄的果实苞片及茎秆上产生黑色小颗粒，即病菌的分生孢子器。无明显的病斑。

（二）病原

病原菌为真菌界壳二胞属（*Ascochyta* sp.）的真菌。分生孢子器扁球形，黑褐色，直径53.8~103.0μm（平均70.5μm），高47.8~71.7μm（平均56.0μm）。分生孢子椭圆形、长椭圆形，无色，具0~1个隔膜，大小为（3.5~8.2）μm×（1.4~2.4）μm（平均5.6μm×1.8μm），个别孢子长达11.8μm。

（三）病害循环及发病条件

病菌以菌丝体及分生孢子器随病残体在地表越冬。翌年环境条件适宜时，病菌以分生孢子侵染寄主。甘肃省岷县零星发生。

（四）防治技术

1）栽培措施　初冬彻底清除田间病残体，减少初侵染源。
2）药剂防治　发病初期喷施70%代森锰锌可湿性粉剂600倍液、77%氢氧化铜可湿性微粒粉剂500倍液、40%多·硫悬浮剂800倍液及50%多菌灵可湿性粉剂600倍液。

三、银柴胡斑点病

（一）症状

在果实的苞片上产生不规则形褪绿病斑，其上生有黑色小颗粒，即病菌的分生孢子器。发病严重时，病斑相互连接，苞片变黄枯死。

（二）病原

病原菌为真菌界叶点霉属（*Phyllosticta* sp.）的真菌。分生孢子器近球形、扁球形，淡黄色，直径107.5~147.8μm（平均125.4μm），高89.6~120.9μm（平均104.8μm）。分生孢子单胞，无色，长椭圆形，短杆状，两端圆，直或稍弯曲，大小为（4.7~9.4）μm×（2.4~3.5）μm（平均6.8μm×2.9μm）。分生孢子有首尾相连的现象。

（三）病害循环及发病条件

病菌越冬情况不详。7月上中旬发生，8月为发病盛期。甘肃省陇西县轻度发生。

（四）防治技术

参考银柴胡黑点病。

第二十四节　桑科药用植物病害

啤酒花病害

啤酒花（*Humulus lupulus* L.）为桑科多年生蔓生植物，又名忽布、葎草。以球果入药，具有抗菌、消炎、清热解毒、健脾镇静、抗结核、安神、利尿、补虚、加快伤口愈合等功效。在新疆、甘肃等省区都有种植，并有野生资源。主要病害是霜霉病，其次为根癌病、白粉病、灰霉病、根腐病等10余种。其中霜霉病在世界各地普遍发生，是一种流行性很强的毁灭性病害。1992~1993年酒泉下河清农场、黄花农场的一些场队发病率近52.3%~76.0%，严重度1~3级，减产20%~30%。当球花严重度近3级时，已无实用价值。根癌病在甘肃省河西地区主产区发病率为3.6%~8.5%，严重区高达40%。病株主茎长度较健株减少13.5%，产量下降23.1%，甲酸含量下降12.9%。

一、啤酒花霜霉病

（一）症状

幼蔓、根茎、叶片、球花、枝梢等部位均受害，但以球花为主。新梢出土后，病梢弯曲，俗称"钩头"，卷曲能力差，不爬架，叶片卷曲，节间缩短，主头颜色较淡，但不产生霉层（彩图10-33）。一些埋在土中的未割净的病跑条，由于土壤湿度大，病叶上可以产生霉层。布网期，蔓梢表现为"穗状小梗"。现蕾后，发病严重时易引起落蕾，发病早可形成大量僵花。球花受害多自基部显症，花瓣顶端微发黄，逐渐向下部扩展，直至全部枯死，颜色为淡黄色至灰黄色，最后呈淡褐色至褐色，在花瓣中下部产生淡灰色霉层（彩图10-34）。发病较早的球花不能膨大，毛蕾受害后干枯脱落。从球花发病看，基部花瓣首先变黄，再向上扩展，最后整个球花变成淡褐色并枯死。叶部病斑呈不规则形、多角形，淡黄褐色，潮湿条件下，背面有黑灰色霉层，病斑相互汇合后形成大斑，引起叶片扭曲变形。在甘肃河西等干旱地区叶部极少产生病斑。

（二）病原

病原菌为色藻界假霜霉属葎草假霜霉菌[*Pseudoperonospora humuli*（Miyabe & Takahashi）Wilson]。孢囊梗自气孔伸出，无色，较直，非二叉式分枝，分枝2~4次，小梗顶端尖细，梗全长530.0μm。孢子囊无色至淡灰色，洋梨形，乳突明显，大小为（19.3~33.2）μm×（11.8~22.5）μm（平均25.3μm×16.9μm）。卵孢子圆形至近圆形，无色至淡灰色，壁厚，大小为（20.3~51.4）μm×36.2μm。孢子囊萌发时产生4~6个游动孢子，在囊内能迅速转动、挤撞，并产生一定压力，使顶端乳突破裂，释放出游动孢子。游动孢子形态变化大，初期多为蝌蚪形、不定形，直径13.2~14.6μm，内含物颜色较深，黏稠，可见颗粒状物，后期变圆形。游动孢子在17~21℃时，2h后变成圆形静孢子。静孢子在2h后萌发产生芽管（图10-23）。

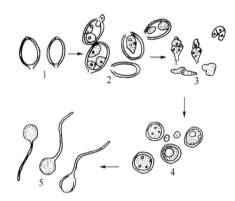

图 10-23　啤酒花霜霉菌孢子囊萌发及
游动孢子

1.孢子囊；2.孢子囊内的游动孢子；3.游动孢子；
4.静孢子；5.静孢子萌发

（三）病害循环及发病条件

病菌以菌丝体在病株根芽内越冬。翌年，菌丝体随植株生长进入蔓茎、叶片和球花。孢子囊萌发的温限为6.4~25.7℃，最适15.6℃，孢子囊只能在水滴中萌发，在pH4.53~9.18时均可萌发，最适pH为6.9，1：10土壤浸渍液对孢子囊萌发有促进作用。孢子囊可进行再侵染，潜育期5~6天。

在甘肃省河西地区干旱的气候条件下，7月上旬球花上出现症状，8月为发病高峰，一年只有一个发病高峰。偶尔，在春末刚刚出土的跑条上，也可见到发病的新叶。

降雨次数多、雨量大、湿度大、发病重，栽植密度高、架内郁闭、透光差、湿度大、露时长，有利于病菌的侵染和蔓延；布网形式与发病密切相关，据调查，平网发病率31.8%，立体网发病率仅为3.4%。因为平网的枝蔓在架上密集，形成一厚层，不利于通风透光，而立体网能充分利用网下空间，枝蔓在网下1~1.5m空间均匀分布，架内通风透光好，光照强度较平网高21%。温度较高（高0.8%）、湿度较低（低9%），故发病轻。品种间抗病性有差异，'甘花1号'属抗病品种；'青岛大花'高度感病，'哈拉道'、'卡斯卡特'等早熟品种发病较轻。甘肃省景泰县、武威市、张掖市等地普遍发生。

（四）防治技术

1）抗病品种　选用抗病品种，如'甘花1号'等。

2）栽培措施　架型以斜网架较平架有利于通风透光，可以试用推广；布网形式应采用立体布网；根据品种特性，合理设计定植密度。

3）药剂防治　在割芽期用50%甲霜灵可湿性粉剂600倍液、90%乙膦铝可湿性粉剂400倍液灌根，每株500mL。球花发病初期喷施64%恶霜·锰锌可湿性粉剂

500倍液、72%霜脲氰可湿性粉剂700倍液、78%波·锰锌可湿性粉剂500倍液、69%锰锌烯酰水分散颗粒剂600倍液、50%氯溴异氰尿酸可湿性粉剂1000倍液及60%氟吗·锰锌可湿性粉剂700倍液，注意交替使用药剂。

二、啤酒花灰霉病

（一）症状

主要为害球花，球花受害初期，顶端花瓣紧包，顶心花瓣变褐枯死，状似桃形。其后逐渐由内向下扩展，使球花大部分变褐。顶心花瓣的小柄亦变褐、缢缩、枯死，进而导致球花花柄感染，整个球花枯死。病花瓣内侧生有大量灰褐色至黑色霉层，即病菌的分生孢子梗和分生孢子。有些霉层的菌丝很粗，肉眼可见。少数球花先从外部花瓣变黄干枯，再向花心蔓延，直至花心枯死。有些花瓣先自花瓣顶端发病，向下扩展呈"V"形，使健康部分凹凸不平。

（二）病原

病原菌为真菌界葡萄孢属灰葡萄孢（*Botrytis cinerea* Pers. ex Fr.）。该菌在PDA培养基上，菌落灰色至黑灰色，菌丝较繁茂，很少产生分生孢子，24h后可产生黑色扁平的菌核。分生孢子梗淡褐色至褐色，粗壮，大小为（416.8~632.4）μm×（10.8~16.2）μm。上部有1~2次分枝，顶端膨大，其上产生大量分生孢子。分生孢子椭圆形，单胞，无色，大小为（6.5~17.5）μm×（6.5~9.7）μm。分生孢子萌发的温限为5.9~24.9℃，最适22.2℃。15℃ 8h萌发率达44.1%，27℃不再萌发。分生孢子在相对湿度95%时，8h萌发率达44.0%，低于95%不萌发，水滴中发病率达81.2%，即孢子萌发不需要饱和湿度。在pH4.53~6.98时均可萌发，最适pH为5.59，8h萌发率达87.5%，大于pH7.38不再萌发。分生孢子在清水中即可萌发，在适宜的营养条件下可促进其萌发。此菌寄主范围很广，啤酒花、穿山龙、沙参、甘草等多种药用植物均受侵染。

（三）病害循环及发病条件

病菌以菌丝体在病残体上越冬。目前，温棚番茄、黄瓜等蔬菜上的灰霉病是啤酒花灰霉病的主要初侵染源。温棚中的病菌在4~5月传向大棚蔬菜，经大棚蔬菜侵染繁殖，6月传向大田，7月下旬为啤酒花灰霉病发病高峰，潜育期4天。灌水次数多、灌水量大、田间积水、架网内湿度高则病害发生重；7月降雨多，病害亦发生严重。栽植密度过大，发病亦重。甘肃省河西各农场均有普遍发生，发病率低于5%。

（四）防治技术

1）栽培措施 参考啤酒花霜霉病。

2）药剂防治 发病初期喷施50%腐霉剂可湿性粉剂1200倍液、50%咪鲜胺锰络化物可湿性粉剂1000倍液、65%硫菌·霉威可湿性粉剂1000倍液、25%咪鲜胺乳油2000倍液及20%二氯异氰尿酸钠可湿性粉剂900倍液。

三、啤酒花白粉病

（一）症状

叶面初生白色小粉斑，后扩大呈稀疏的近圆形、不规则形病斑，叶背呈黄褐色，病株长势较弱，后期白粉层中产生黑色小颗粒，即病菌的闭囊壳。

（二）病原

病原菌为真菌界单囊壳属斑点单囊壳 [*Sphaerotheca macularis*（Wallr. Fr.）Lind]。分生孢子腰鼓形，串生，大小为（20.0~30.0）μm ×（12.0~16.0）μm。闭囊壳球形，褐色、直径66~88μm，附属丝丝状，5~11根，生于闭囊壳下部，长度为闭囊壳直径的1~5倍。子囊1个，广椭圆形、近圆形，无柄，大小为（68.0~80.0）μm×（46.0~64.0）μm。子囊孢子8个，未成熟（图10-24）。

（三）病害循环及发病条件

病菌以闭囊壳随病残体在地表越冬。翌年条件适宜时，释放子囊孢子进行初侵染。叶片上产生的分生孢子借气流传播，进行再侵染。甘肃省玉门市零星发生。

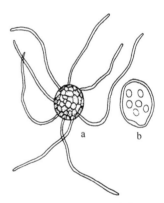

图10-24 啤酒花白粉病菌

a.闭囊壳；b.子囊和子囊孢子

（四）防治技术

1）栽培措施 收获后彻底清除病残组织，减少初侵染源。

2）药剂防治 发病初期喷施20%三唑酮乳油2000倍液、12.5%烯唑醇可湿性粉剂1500倍液、3%多抗霉素水剂800倍液、50%多菌灵磺酸盐可湿性粉剂800倍液及40%氟硅唑乳油4000倍液。

四、啤酒花轮斑病

（一）症状

叶面产生圆形、近圆形病斑，中央灰色，边缘褐色，直径3~15mm，稍现轮纹，后期其上产生黑色小颗粒，即病菌的分生孢子器。

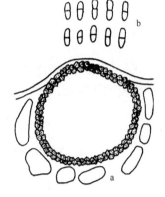

图 10-25　啤酒花轮斑病菌

a.分生孢子器；b.分生孢子

（二）病原

病原菌为真菌界壳二胞属葎草壳二胞（*Ascochyta humuli* Kabát & Bub.）。分生孢子器散生，球形、扁球形，直径110.0~140.0μm，高70.0~90.0μm。分生孢子圆柱形，无色，双胞，分隔处稍缢缩，大小为（8.0~12.5）μm×（3.5~5.0）μm（图10-25）。

（三）病害循环及发病条件

病菌以菌丝体及分生孢子器随病残体在地表越冬，甘肃省玉门市8月零星发生。

（四）防治技术

参考金银花褐斑病。

五、啤酒花灰斑病

（一）症状

叶面产生圆形、不规则形灰白色病斑，边缘色深，病部产生黑色小颗粒，即病菌的分生孢子器。严重时叶片变枯黄。

（二）病原

病原菌为真菌界茎点霉属（*Phoma* sp.）的真菌。分生孢子器球形、近球形，黑褐色，直径32.5~141.2μm，高24.3~132.5μm。分生孢子单胞，无色，椭圆形，大小为（2.9~7.3）μm×（2.1~4.5）μm。

（三）病害循环及发病条件

病菌以菌丝体及分生孢子器随病残体在地表越冬。甘肃省河西地区轻度发生，多在基部老叶上出现。

（四）防治技术

参考金银花褐斑病。

六、啤酒花镰孢根腐病

（一）症状

主要为害根茎部，多自接近地面的根茎部发病，心髓微微发褐，向上扩展3~5cm，向下可扩展至根尖。最后，侧根、根毛及根的大部或全部变褐腐烂，地上部分先呈现长势衰弱、发黄，后逐渐枯死。

（二）病原

病原菌为真菌界镰孢菌属（*Fusarium* sp.）的真菌。菌丝无色，产孢梗单瓶梗，大型分生孢子美丽型，3~4个隔，大小为（13.5~22.4）μm×（2.3~3.4）μm。小型分生孢子单胞，椭圆形、长椭圆形，两端稍尖，大小为（3.4~7.1）μm×（1.7~2.4）μm。

（三）病害循环及发病条件

病菌以菌丝体在病根组织上越冬，也可在土壤中越冬。该菌为土壤习居菌，可在土壤中长期存活。6月上旬开始发病，低洼积水处病害发生较重。甘肃省玉门市发生普遍，有些条田发病率15%~23%，严重度1~3级。

（四）防治技术

1）栽培措施　平整土地，避免低洼积水；平衡施肥，补施锌、锰等微量元素，提高寄主抗病力。

2）药剂防治　发病初期用5%菌毒清水剂400倍液、30%苯噻氰乳油1000倍液、3%恶霉·甲霜水剂800倍液、20%乙酸铜可湿性粉剂1000倍液及50%氯溴异氰尿酸可溶性粉剂1000倍液灌根，每株用量400~500mL。

七、啤酒花根癌病

（一）症状

为害主根、侧根及茎基部。在主根、侧根、茎基部近地面处产生大小不等的瘿瘤，小的如豆粒，大的直径在16cm，重达800g。瘿瘤初为乳白色、浅黄色，表面光滑、柔软，后逐渐增大变硬，变为褐色至深褐色，木质化，表面粗糙，有裂纹，凹凸不平。病株长势较弱，根部芽数减少，母根死亡。

（二）病原

病原菌为原核生物界土壤杆菌属根癌土壤杆菌[*Agrobaeterium tumefaciens*（Smith & Townsend）Conn]。在肉汁胨培养基平板上菌落乳白色，半透明，边缘整齐、隆起、有光泽。菌体杆状，革兰氏染色阴性，具周鞭1~5根，菌体大小为（0.4~0.8）μm×（1.6~2.0）μm。明胶不液化，牛乳凝固但不胨化，石蕊牛乳还原。硝酸盐还原弱，不产生硫化氢，产生3-酮乳糖，耐盐浓度2%，不能水解土温20和土温80。能利用葡萄糖、果糖、半乳糖、阿拉伯糖、甘露醇和水杨苷产酸。不能利用纤维二糖和淀粉。病菌发育温度最高37℃，最低0℃，最适25~30℃，致死温度51℃，最适pH7.3。该菌寄主范围广泛，能侵染甜菜、向日葵、梨、葡萄等300多种植物。

（三）病害循环及发病条件

病菌在病残组织和土壤中越冬。病菌在土壤中能存活1年以上，借灌溉水和割芽时的工具传播。自伤口侵入，割芽、抹芽时造成的伤口，以及地下害虫、线虫等为害造成的伤口是病菌入侵的重要途径。地势低洼、土壤湿度大、土壤瘠薄地块发生较重；种植年限久则发病重。在16.3~22℃条件下潜育期9~16天。该病在5~10月均可发生，6月为发病高峰。夏季平均气温22℃以上，根癌生长很快。立秋后18℃以下，则发育慢，12℃以下虽有病变，但不形成根癌。

（四）防治技术

1）加强检疫　严禁从疫区调运种苗。

2）栽培管理　采取重割芽法，即割芽时将刀深入瘿瘤基部健康组织1cm深层割除（割芽过深影响苗期生长），以减少复发率。将病组织及其碎屑认真清除，集中烧毁，喷洒1%石灰乳或撒生石灰粉土壤消毒。

3）药剂处理　割芽后用4%甲醛液、50%异菌脲可湿性粉剂1000倍液、"401"抗菌剂50倍液、波尔多液或石硫合剂涂抹伤口。另外注意防治地下害虫，减少虫伤口，以减轻病害发生。

4）施用生物农药　利用抗根癌菌剂K₈₄等生防菌液蘸根及灌根，预防病菌入侵。

八、啤酒花病毒病

（一）症状

有花叶、皱缩、斑驳、丛枝等4种症状类型。染病后藤蔓不能向上攀而下垂，其后叶片早衰或脱落。有些引起矮化，主侧蔓节间短，主蔓刺毛稀少，球花小而细长，α-酸含量降低。

（二）病原

病原为病毒，据季良（1991）记载，毒源种类如下。

1）啤酒花花叶病毒（HMV）。病毒粒体线状，大小655.0nm×13.5nm，能侵染啤酒花、菜豆等，可由汁液、蚜虫传播。

2）啤酒花潜隐病毒（HLV）。该病毒粒体线状，大小667.0nm×14.0nm。由汁液传播。人工接种可侵染菜豆、墙生藜，在啤酒花上为无症带毒。

3）烟草花叶病毒（TMV）。病毒粒体杆状，长300.0nm，直径18.0nm，热钝化温度85~90℃ 10min，稀释限点10^{-4}。经汁液接触传播，寄主范围广泛，可侵染啤酒花。

4）苜蓿花叶病毒（AMV）。病毒粒体有杆状和球状两类。致死温度50~55℃，稀释限点10^{-1}~10^{-2}，体外存活期1~5天。病毒的传播途径较多，可经汁液传播，种子及菟丝子也可传播，桃蚜、棉蚜、苜蓿蚜等14种蚜虫均可传播。蚜虫为非持久性传播。该病毒寄主范围广泛，可侵染马铃薯、苜蓿、菜豆、啤酒花等多种植物。

5）啤酒花矮化类病毒（HSVd）。可侵染啤酒花等多种植物。

（三）病害循环及发病条件

染病啤酒花和其他寄主是病毒的越冬场所。一些病毒可经过汁液、蚜虫传播，用病株藤蔓扦插，亦可传播带毒。甘肃省各种植区均有不同程度发生。

（四）防治技术

1）选用无毒苗建园　自无病区健株上采条育苗；采用茎尖脱毒，培育无毒苗，用无毒苗建园。

2）栽培措施　在田间进行农事操作时，如割芽、整蔓、抹杈及摘心等农事操作前用消毒液洗手并消毒工具。洗手消毒液可用磷酸三钠软皂、10%磷酸液（Na_3PO_4）；切刀及枝剪等工具用0.1%高锰酸钾或40%甲醛50倍液消毒处理。

3）治虫防病　可选用2%阿维菌素乳油、70%吡虫啉水分散颗粒剂、3%啶虫脒乳油、50%抗蚜威可湿性粉剂和1%苦参素等药剂防治蚜虫，减少传播介体。

4）药剂防病　发病初期可采用10%宁南霉素可溶性粉剂1000倍液、5%氯溴异氰尿酸水剂400倍液、3%三氮唑核苷900~1200倍液、24%混脂酸铜悬浮剂700~800倍液及20%吗啉胍·乙酸铜可湿性粉剂500~700倍液等药剂喷施。

第二十五节　小檗科药用植物病害

淫羊藿病害

淫羊藿（*Epimedium brevicornu* Maxim.）为小檗科多年生草本植物。味辛、甘，性温，归肾、肝经，具补肾壮阳、祛风除湿等功效。用于阳痿遗精、筋骨痿软、风湿痹痛、麻木拘挛等症。产于内蒙古、北京、河北、山西、陕西、宁夏、甘肃、青海、新疆、安徽、江西、河南、湖北、湖南、广西、四川等地。

淫羊藿锈病

（一）症状

叶面初生淡黄色小点，后扩大在叶背产生米黄色杯状突起，即病菌的锈孢子器（彩图10-35）。多个锈孢子器聚生在一起，引致周围组织变褐枯死。

（二）病原

病原菌为真菌界春孢锈属淫羊藿春孢锈菌（*Aecidium epimedii* Henn. & Shirai）。锈孢子器圆形，杯状，直径192.6~224.0μm（平均207.7μm）。顶端有一层膜覆盖，膜破裂后散出锈孢子。锈孢子球形、近球形、多角形，淡黄褐色，壁稍厚，大小为（14.1~24.7）μm×（11.8~18.8）μm（平均18.4μm×14.8μm）。壁上有小刺突，未发现冬孢子。

（三）病害循环及发病条件

病菌越冬情况不详。

（四）防治技术

参考秦艽锈病。

小檗（三颗针）病害

小檗（*Berberis thunbergii* DC.）为小檗科多年生落叶小灌木，又名三颗针、酸醋溜、刺黄连，我国南北方均有栽培。味苦，性寒，具清热燥湿、泻火解毒的功效。用于细菌性痢疾、消化不良、黄疸、口腔炎、支气管炎等症。

小檗叶斑病

（一）症状

叶面产生淡褐色小点，后扩大呈中小型（5~7mm）圆形、椭圆形病斑，褐色，有轮纹，上生黑色霉状物，即病菌的分生孢子梗。

（二）病原

病原菌为真菌界链格孢属（*Alternaria* sp.）的真菌。分生孢子梗褐色，弯曲，多隔，单生或3~4根丛生，大小为（50.6~108.2）μm×5.9μm（平均88.9μm×5.9μm）。分生孢子褐色，倒棒状，具纵横隔膜，横隔膜4~7个，多为5~6个，隔膜处缢缩或不缢缩，大小为（25.9~41.2）μm×（7.1~11.8）μm（平均32.0μm×10.4μm）。有喙。

（三）病害循环及发病条件

病菌以菌丝体及分生孢子随病残体在地表越冬。翌年条件适宜时，以分生孢子进行初侵染。甘肃省天水地区多在7~8月轻度发生。

（四）防治技术

参考枸杞早疫病。

第二十六节　卫矛科药用植物病害

卫矛（鬼箭羽）病害

卫矛[*Euonymus alatus*（Thunb.）Sieb.]为卫矛科多年生落叶灌木。以带翅嫩枝或枝翅入药，性寒，味苦，具破血、通经、杀虫的功效。主治经闭、产后瘀滞腹痛、虫积腹痛等症。全国多地均有分布。

卫矛斑点病

（一）症状

叶面初生淡褐色小点，后扩大呈圆形、近圆形病斑，边缘深褐色，较宽，中部灰褐色，上生黑色小颗粒，即病菌的分生孢子器（彩图10-36）。

（二）病原

病原菌为真菌界叶点霉属（*Phyllosticta* spp.）的2种菌。

1)*Phyllosticta* sp.①：分生孢子器扁球形、近球形，黑褐色，大小53.8~62.7μm，平均59.8μm，高44.8~62.7μm（平均51.5μm）。分生孢子单胞，无色至淡黄褐色，椭圆形。大小为（3.5~5.9）μm×（1.8~3.5）μm（平均4.6μm×2.7μm），长宽比1.7：1。

2)*Phyllosticta* sp.②：分生孢子器扁球形、近球形，黑褐色，大小44.8μm×53.8μm。分生孢子单胞，无色，短杆状、细短杆状，大小为（4.7~6.9）μm×（1.2~1.4）μm（平均6.6μm×1.23μm）。长宽比5.5：1。2种孢子形态有明显区别。

（三）病害循环及发病条件

病菌以分生孢子器随病残组织在地表越冬。翌年环境条件适宜时，以分生孢子进行初侵染，8月发病。甘肃省天水地区零星发生。

（四）防治技术

参考连翘轮纹病。

第二十七节　麻黄科药用植物病害

麻 黄 病 害

麻黄（*Ephedra sinica* Stapf）为麻黄科多年生草本植物。以草质茎入药，味辛、微苦，性温，归肺、膀胱经，具发汗散寒、宣肺平喘、利水消肿等功效。用于风寒感冒、胸闷喘咳、风水浮肿等症。产于辽宁、吉林、内蒙古、河北、山西、河南西北部及陕西等省区。主要病害为枯萎病和斑枯病。

一、麻黄枯萎病

（一）症状

发病初期植株长势衰弱，颜色发灰，萎缩，后随着根部受害加重而逐渐萎蔫，最后整株枯死。根部初生淡褐色不规则形条斑，向上、向下扩展，使多数根系变褐，根茎部发褐变软。病菌向内扩展，使木质部变黑，表皮与木质部易分离。土壤潮湿时，根茎部及地表有白色絮状物，即病菌的菌丝体。

（二）病原

病原菌为真菌界镰孢菌属尖镰孢菌（*Fusarium oxysporum* Schl.）。菌丝无色，有隔。大型分生孢子镰刀形，美丽型，无色，两端渐细，具3~5个隔，多为3个隔。

大小为（14.1~23.3）μm×（2.4~3.5）μm（平均17.6μm×2.9μm）。小型分生孢子椭圆形，0~1个隔，大小为（3.5~8.2）μm×（1.8~2.4）μm（平均5.3μm×2.3μm）。产孢梗单瓶梗。有厚垣孢子。

（三）病害循环及发病条件

病菌可以厚垣孢子在土壤中或以菌丝体在植株残体上越冬。病菌主要通过根部的伤口侵入寄主，侧根分枝的裂缝也可侵入，地下害虫、线虫、耕作等造成的伤口也有利于病菌的侵入。病菌随水流、耕作、地下虫害、农机具等传播。该病多为害二至四年生麻黄，多年生麻黄很少发病。特别是移栽后2~3年，第一次采收后萌生的再生株受害严重，有些地方有成片死亡的田块。病害多在4月初麻黄返青后发生，7月底结束。伤根、不适宜的灌水、地下害虫咬伤、冻害等造成的伤口及植株长势衰弱均会加重病害的发生（刘珊，1998）。栽培麻黄的主要病害在甘肃省凉州区、景泰县、玉门市、会宁县等地普遍发生，发病率4%~6%，局部地区成片死亡。

（四）防治技术

1）栽培措施　及时拔除病株，集中烧毁，病穴用生石灰消毒；平整土地，勿使低洼积水；采割栽培3年以上的地块，使麻黄具有发达的根系，减少采割时损伤根系的概率；采割工具要锋利，避免采割时根系被拉伤。

2）药剂防治　发病初期喷淋50%多菌灵可湿性粉剂500倍液、45%代森铵水剂500倍液、50%甲基硫菌灵可湿性粉剂600倍液、30%苯噻氰乳油1000倍液、10%苯醚甲环唑水分散颗粒剂1000倍液及36%甲基硫菌灵悬浮剂600倍液。

二、麻黄斑枯病

（一）症状

叶鞘（苞片）发灰、变白，其上产生稀疏的黑色小颗粒，即病菌的分生孢子器。

（二）病原

病原菌为真菌界壳针孢属（*Septoria* sp.）的真菌。分生孢子器扁球形、近球形，黑色，直径85.1~125.4μm（平均103.6μm），高71.7~103.0μm（平均90.7μm）。分生孢子无色，蛔虫状，弯曲，中部较粗，两端较细，隔膜不明显，最少3个，大小为（17.1~49.4）μm×（2.4~3.8）μm（平均31.6μm×3.2μm），内有较多油珠。分生孢子器内分生孢子较少。

（三）病害循环和发病条件

病菌以菌丝体和分生孢子器在病株上或随病残体在地面越冬。翌年条件适宜时，以分生孢子进行初侵染。7月中旬发病，甘肃省会宁县零星发生。

（四）防治技术

1）栽培措施　采割后彻底清除病残组织，集中处理，减少初侵染源。

2）药剂防治　发病初期喷施53.8%氢氧化铜干悬浮剂1200倍液、50%苯菌灵可湿性粉剂400倍液、70%代森锰锌可湿性粉剂500倍液及70%丙森锌可湿性粉剂600倍液。

第二十八节　车前草病害

车前（*Plantago asiatica* L.）为车前科多年生草本植物。以全草入药，味甘，性微寒，归肝、肾、肺、小肠经，具清热、利水、明目、祛痰的功效，临床用于治疗淋证、水肿、泄泻、目赤肿痛等。甘肃省各地均有分布。主要病害有霜霉病和白粉病等。

一、车前草霜霉病

（一）症状

主要为害叶片，最初叶面常在叶脉间稍现淡绿色，后叶面产生多角形、不规则形淡褐色病斑，叶背均匀产生灰白色霉层，有些呈紫灰色，即病菌的孢囊梗和孢子囊。最后叶面呈淡紫褐色、紫褐色，叶片焦枯。有时叶正面也有少量霉层。

（二）病原

病原菌为色藻界霜霉属车前霜霉（*Peronospora alta* Fuck.）。菌丝无隔，多分枝，孢囊梗自气孔伸出，无色，长宽为（295.6~662.9）μm×（5.9~9.4）μm（平均452.8μm×7.3μm）。主轴长占全长1/2~4/5，基部稍膨大，末端二叉分枝3~4次。孢子囊椭圆形、卵圆形，无色至淡黄褐色，大小为（21.2~28.2）μm×（16.5~22.3）μm（平均24.8μm×20.0μm）。

（三）病害循环及发病条件

病菌以卵孢子在病残体上越冬。翌年条件适宜时，产生孢子囊和孢囊孢子，进行初侵染，有再侵染。甘肃省兰州地区5月下旬开始发病，6月下旬至7月上旬为发病高峰，渠边潮湿地发生重，8月高温干旱时发病轻。发病率17%~20%，严重度1~3级。凉州区、渭源县和陇西县等地也普遍发生。

（四）防治技术

1）栽培措施 及时拔除病株，集中烧毁或沤肥，减少初侵染源。

2）药剂防治 发病初期喷施58%甲霜灵·锰锌可湿性粉剂500倍液、72%霜脲·氰可湿性粉剂600~700倍液、78%波·锰锌可湿性粉剂500倍液及1：1：100波尔多液。

二、车前草白粉病

（一）症状

主要为害叶片。病菌生于叶两面，初期为近圆形白色小斑点，扩展后，病斑相互连接，白粉覆盖整个叶面，呈污白色。严重时，叶色发黄、变褐、卷曲。后期白粉层中产生黑色小颗粒，即病菌的闭囊壳。

（二）病原

病原菌为真菌界白粉菌属污色白粉菌（*Erysiphe sordida* Junell）。分生孢子无色，圆柱形、长椭圆形，大小为（25.9~41.0）μm×（11.8~17.6）μm（平均31.0μm×15.9μm）。闭囊壳球形、近球形，黑褐色，直径98.5~170.2μm（平均112.9μm）。附属丝菌丝状，褐色，弯曲至扭曲，多根（12根以上），长短不一，有些大于闭囊壳直径。子囊多个，椭圆形、卵圆形，大小为（47.0~63.5）μm×（31.8~44.7）μm（平均57.0μm×38.8μm）。子囊有短柄，长宽为（7.1~14.1）μm×（3.5~5.9）μm（平均11.2μm×4.2μm）。内有子囊孢子2个，偶有4个，卵圆形、矩圆形，淡黄褐色，大小为（18.8~29.4）μm×（15.3~17.6）μm（平均25.8μm×17.1μm）。

（三）病害循环及发病条件

病菌以闭囊壳随病残体在田间越冬。翌年条件适宜时，释放子囊孢子引起初侵染，病部产生的分生孢子可进行再侵染。兰州地区7月中旬发病，8月下旬开始出现闭囊壳，9、10月产生大量闭囊壳。甘肃省渭源县、陇西县、兰州市等地发病率24%~41%，严重度2~3级。

（四）防治技术

参考附子白粉病。

三、车前草褐斑病

（一）症状

叶面产生中小型（4~9mm）病斑，圆形、椭圆形，褐色，中部稍下陷，有不明显的轮纹，上生黑色小颗粒，即病菌的分生孢子器。发病严重时，病斑常纵向相连，形成褐色条斑，以致整个叶片枯死。

（二）病原

病原菌为真菌界壳二胞属车前壳二胞（*Ascochyta plantaginis* Sacc. & Speg.）。分生孢子器叶面生，后突破表皮，外露，扁球形，黑褐色，直径134.1~170.2μm（平均148.4μm），高112.0~143.3μm（平均126.7μm）。分生孢子椭圆形，无色，具1个隔膜，大小为（7~11）μm×（2.5~3.0）μm。

（三）病害循环及发病条件

病菌以分生孢子器随病残体在地表越冬。翌春温湿度条件适宜时，释放分生孢子引起初侵染，病斑上产生的分生孢子引起再侵染。多雨、高湿、高温时发生较重。甘肃省兰州市常在8月中旬轻度发生。

（四）防治技术

参考欧当归斑枯病。

四、车前草灰斑病

（一）症状

叶面产生中型（6~8mm）圆形病斑，边缘紫黑色，稍隆起，中部灰白色，下陷，上生黑色小颗粒，即病菌的分生孢子器。

（二）病原

病原菌为真菌界叶点霉属（*Phyllosticta* sp.）的真菌。分生孢子器扁球形、近球形，黑褐色，直径125.4~143.3μm（平均131.6μm），高98.5~120.9μm（平均110.3μm）。分生孢子单胞，无色，椭圆形，大小为（4.7~7.1）μm×（1.8~3.5）μm（平均6.1μm×2.4μm）。

（三）病害循环及发病条件

病菌以分生孢子器随病残体在地表越冬。翌年温湿度条件适宜时，以分生孢子进行初侵染。病斑上产生的分生孢子可引起再侵染。多雨、潮湿的条件下发生较重。甘肃省兰州市8月上旬发生，轻度为害。

（四）防治技术

参考欧当归斑枯病。

第二十九节 菟 丝 子

菟丝子俗称无根草、黄缠，属旋花科一年生寄生性缠绕草本植物，是一种恶性杂草，被列为我国进境植物检疫性有害生物。一般可引起作物减产16%~20%，严重时达70%~80%。但是它又是一种药用植物。

菟丝子属（*Cuscuta* L.）有170多种，甘肃省有4种以上，主要为中国菟丝子（*C. chinensis* Lamb.）和南方菟丝子（*C.australis* R. Br.），为害药用植物的主要是中国菟丝子。

（一）症状

菟丝子以其线状藤茎左旋缠绕寄主，并产生吸器伸入寄主体内吸取营养，迅速生长蔓延，短期内田间一片黄丝，植株几乎全部为菟丝子所缠绕覆盖。严重影响植株的生长发育，导致长势衰弱，根、茎、叶生长量显著下降，甚至死亡（彩图10-37~彩图10-39）。

（二）病原

病原为植物界旋花科中国菟丝子（*Cuscuta chinensis* Lam.）。无根，叶片退化为鳞片，茎线状，光滑，花序为穗状，紧缩为总状花序或簇生成团伞花序。花梗粗短，花冠钟形，5裂，环状，苞片2个，花萼呈球形、长卵形，5裂，顶端稍尖，基部联合。雄蕊5枚，着生于花冠裂片间，短于花冠裂片。每一雄蕊下有1鳞片。花药长卵形，与花丝等长。子房为完全或不完全二室，各室有2胚珠。花柱2个，直立，柱头扁球形。蒴果球形、近球形，大小约3mm，成熟时几乎为宿存的花冠所包被，内有种子2~4粒。种子淡褐色，长约1mm。表面粗糙，只有胚而无子叶和胚根（彩图10-40）。

中国菟丝子寄主范围较广，在甘肃为害的药用植物有：蒙古黄芪[*Astragalus membranaceus*（Fisch.）Bge. var. *mongholicus*（Bge.）Hsiao]、川芎（*Ligusticum chuanxiong* Hort.）、丹参（*Salvia miltiorrhiza* Bunge）、瞿麦（*Dianthus superbus* L.）、黄芩（*Scutellaria baicalensis* Georgi）、射干[*Belamcanda chinensis*（L.）Redoute]、蛇床子[*Cnidium monnieri*（L.）Cuss.]、徐长卿[*Cynanchum paniculatum*（Bunge）

Kitagawa]、半枝莲（*Scutellaria barbata* D.Don）、知母（*Anemarrhena asphodeloides* Bunge）、银柴胡（*Stellaria dichotoma* L. var. *lanceolata* Bge.）、田旋花（*Convolvulus arvensis* L.）及党参[*Codonopsis pilosula*（Franch.）Nannf.]等。

（三）病害循环及发病条件

菟丝子以种子在土壤内越冬。种子在土壤中或干贮时可保持休眠10年以上。主要以种子和断茎传播，种子小而多，寿命长，可随水流、农机具、鸟兽、人类活动等广泛传播，也可混杂于收获的农作物、商品粮食、种子或饲料中远距离传播。在土壤含水量15%~35%的萌发率为33%~76%，土壤含水量低于10%则不能萌发。气温15℃时种子开始萌发，发芽极不整齐，以4~6个月为萌发高峰期。种子萌发时先伸出一个白色圆锥胚根，而后长出黄色细丝状的幼芽，伸出土表后即随风向周围摆动，如遇不到寄主，可存活10~13天后，逐渐萎缩死亡。遇到寄主时，即缠绕在寄主上很快产生吸器，穿入寄主茎内，吸收养分，进行缠绕寄生生活。缠绕在寄主上茎蔓生长很快。7~11月开花结果。种子从出土到成熟需80~90天（王守聪和钟天润，2006）。在甘肃陇西县，菟丝子多在5月中下旬发芽，6月中下旬现蕾，6月下旬至7月上旬开花，7月下旬开始成熟，8月大量成熟。为害的药用植物有10余种，为害程度轻重不等。

（四）防治技术

1）检疫措施　对调运种子需严格检疫，禁止带菟丝子的种子进入非疫区。

2）清除菟丝子种子　可用筛选法、滑动法清除其种子。用孔径（筛眼）不同的筛子去除菟丝子种子，或用麻袋等表面的黏附性清除其种子。清除的菟丝子种子可以作为药材销售或烧毁，切不可用作饲料，因为菟丝子种子经家畜消化道仍具有发芽力，故粪肥仍是侵染源。

3）栽培措施　菟丝子不为害玉米、高粱、谷子等作物，可与其实行3年以上轮作；深翻土地，将其种子翻于土壤深层，使其不能发芽出土；结合中耕锄草，及时拔除菟丝子，特别是在蒴果形成前拔除防效较好。

4）喷洒生物除草剂'鲁保1号'　使用粉剂时2~2.7kg/亩。使用时注意将药剂在阴凉处现配现用，避免在阳光下曝晒，应在早上或傍晚田间湿度大时喷施。

参 考 文 献

白金铠. 2003a. 中国真菌志 (壳二胞属, 壳针孢属). 北京: 科学出版社.

白金铠. 2003b. 中国真菌志 (球壳孢目——茎点霉属 叶点霉属). 北京: 科学出版社.

卞静, 陈泰祥, 陈秀蓉, 等. 2014. 当归新病害——炭疽病病原鉴定及发病规律研究. 草业学报, 23 (6): 266-273.

陈集双, 李德葆. 1994. 侵染半夏的两种病毒的分离纯化和初步鉴定. 生物技术, 4 (4): 24-28.

陈泰祥, 陈秀蓉, 王艳, 等. 2013a. 甘肃省黄芪白粉病病原鉴定及田间药效试验. 农药, 52 (8): 599-601.

陈泰祥, 王艳, 陈秀蓉, 等. 2013b. 甘肃省黄芪霜霉病病原鉴定及田间药效试验. 中药材, 36 (10): 18-21.

陈秀蓉, 任宝仓. 2011. 啤酒花丰产栽培技术. 北京: 金盾出版社.

陈秀蓉, 任宝仓, 蔡斌, 等. 1995. 甘肃省啤酒花根癌病病原鉴定. 甘肃农业大学学报, 30 (3): 239-242.

程秀英, 白宏彩. 1986. 霜霉一新种——薄荷霜霉. 真菌学报, 5 (3) :135-137.

戴方澜. 1979. 中国真菌总汇. 北京: 科学技术出版社.

丁建云, 丁万隆. 2004. 药用植物使用农药指南. 北京: 中国农业出版社.

丁万隆. 2002. 药用植物病虫害防治彩色图谱. 北京: 中国农业出版社.

冯茜, 何苗, 黄云, 等. 2008. 川芎根腐病的症状及病原鉴定. 植物病理学报, 35 (4): 377-378.

傅俊范. 1999. 药用植物病害防治图册. 沈阳: 辽宁科学技术出版社.

傅俊范. 2007. 药用植物病理学. 北京: 中国农业出版社.

傅俊范, 王崇仁, 韩桂洁, 等. 1995. 辽宁省药用植物病害种类调查及其病原鉴定. 辽宁农业科学, 5: 20-23.

高启超. 1988. 药用植物病虫害防治. 合肥: 安徽科学技术出版社.

高微微. 2004. 常用中草药病虫害防治手册. 北京: 中国农业出版社.

高学敏. 2007.中药学.2版.北京: 中国中医药出版社.

宫喜臣. 2004. 药用植物病虫害防治. 北京: 金盾出版社.

郭林. 2000. 中国真菌志 (黑粉菌科). 北京: 科学出版社.

郭英兰. 2005. 中国真菌志 (尾孢菌属).北京: 科学出版社.

国家药典编委会. 2005. 中华人民共和国药典. 北京: 化学工业出版社.

韩金声. 1990. 中国药用植物病害. 长春: 吉林科学技术出版社.

季良. 1991. 中国植物病毒志. 北京: 农业部检疫实验所.

李建军, 周天旺, 李继平, 等. 2013. 6种杀菌剂对甘草褐斑病的田间药效评价. 中国植保导刊,
　　33(4): 3348-3350.

李金花, 柴兆祥. 2004. 罂粟霜霉病发生规律研究. 中草药, 35 (8): 940-943.

李金花, 柴兆祥, 董克勇, 等. 2002. 罂粟霜霉病病原及其生物学特性. 中国中药杂志, 27 (3):
　　176-179.

李金花, 柴兆祥, 董克勇, 等. 2003. 罂粟霜霉病越冬菌态及初侵染来源研究. 中草药, 34 (11):
　　5-7.

李金花, 柴兆祥, 魏勇良, 等. 2005. 罂粟霜霉病再侵染造成的产量损失估计及其综合防治. 中
　　国中药杂志, 30 (5): 388-389.

李美丽, 薛莉, 陈秀蓉. 2008. 红蓼褐斑病的病原形态及生物学特性. 甘肃农业大学学报, 43 (6):
　　102-105.

刘汉珍, 郭坚华, 高智谋. 2002. 白芷细菌性叶斑病病原细菌的鉴定. 安徽农业大学学报, 29 (3):
　　241-244.

刘汉珍, 郭坚华. 2002. 桔梗叶斑病病原细菌的鉴定. 南京农业大学学报, 25 (4): 41-44.

刘珊, 邵东清, 傅晓杰. 1998. 麻黄田病虫害调查初报. 中药材, 21 (6): 275-276.

刘惕若, 白金铠. 1985. 中国霜霉的几个新种. 菌物学报, 4 (10): 5-11.

刘雯, 晏立英, 文朝慧, 等. 2014. 甘肃省18种药用植物病毒病调查及2种病毒病的鉴定. 植物保
　　护, 40 (5): 133-137.

刘锡琎, 郭英兰. 1998. 中国真菌志 (假尾孢菌属) . 北京: 科学出版社.

陆家云. 1995. 药用植物病害. 北京: 中国农业出版社.

鲁占魁, 王国珍, 张丽荣, 等. 1994. 枸杞根腐病的发生及防治研究. 植物保护学报, 21 (3): 249-
　　254.

骆得功, 韩相鹏, 邓成贵, 等. 2004. 定西市药用黄芪病害调查与病原鉴定. 甘肃农业科技, 1:
　　38-40.

吕佩珂, 高振江, 张宝棣, 等. 1999. 中国粮食作物经济作物药用植物病虫原色图鉴. 呼和浩特:
　　远方出版社.

吕祝邦, 李敏权, 惠娜娜, 等. 2013. 甘肃省定西市当归-水烂病-病原鉴定及致病性测定. 植物
　　保护, 39 (2): 45-49.

孟有儒. 2003. 甘肃省经济植物病害志. 兰州: 甘肃科学技术出版社.

马子密, 傅延龄. 2002. 历代本草药性本草汇解. 北京: 中国医药科技出版社.

戚佩坤. 1994. 广东省栽培药用植物真菌病害志. 广州: 广东科技出版社.

戚佩坤, 白金铠, 朱桂香. 1966. 吉林省栽培植物真菌病害志. 北京: 科学出版社.

任宝仓, 陈秀蓉. 1995. 啤酒花根癌病发病规律调查及室内药效测定. 甘肃农业科技. 9: 34-36.

任宝仓, 魏勇良, 陈秀蓉, 等. 1996. 啤酒花霜霉病发生规律及防治. 植物保护, 22 (1): 28-29.

日孜旺古丽·苏皮. 1996. 板蓝根病害调查初探. 新疆农业科学, 3:132-133.

申屠苏苏, 王海丽, 陈集双, 等. 2007. 三叶半夏的2种病毒检测.中国中药杂志, 32 (8): 664-667.

盛秀兰, 王玉娟, 金秀琳. 1990. 当归麻口病中茎线虫和镰刀菌关系初步研究. 甘肃农业科技. 11: 27-28.

唐德志. 1984. 假霜霉一新种香薷假霜霉. 真菌学报, 3 (2): 72-74.

王守聪, 钟天润. 2006. 全国植物检疫性有害生物手册. 北京: 中国农业出版社.

王艳. 2014. 甘肃省药用植物球壳孢目真菌病害及其病原研究. 甘肃农业大学博士学位论文.

王艳, 陈秀蓉. 2008. 菘蓝霜霉病生物学特性研究. 中药材, 31 (12): 1782-1784.

王艳, 陈秀蓉, 杜弢, 等. 2009a. 甘肃省羌活病害种类调查与病原鉴定. 中国中药杂志, 34 (10): 953-956.

王艳, 陈秀蓉, 杜弢, 等. 2009b. 甘肃省秦艽病害调查及其病原鉴定. 甘肃农业大学学报, 25 (5): 27-29.

王艳, 陈秀蓉, 杜弢, 等. 2009c. 甘肃省药用植物锈病调查与病原鉴定. 甘肃农业科技, 1: 5-8.

王艳, 陈秀蓉, 李应东, 等. 2009d. 甘肃省大黄病害种类调查与病原鉴定. 中国中药杂志, 34 (8): 953-956.

王艳, 陈秀蓉, 王引权, 等. 2009e. 甘肃省当归褐斑病菌Septoria sp.生物学特性及其营养利用研究. 中药材, 32 (4): 479-482.

王艳, 陈秀蓉, 王引权, 等. 2011. 甘肃省党参病害种类调查及病原鉴定. 山西农业科学, 39 (8): 866-868.

王艳, 陈秀蓉, 王引权, 等. 2012a. 甘肃省当归病害种类调查及其病原鉴定. 湖北农业科学, 7: 1352-1354.

王艳, 陈秀蓉, 王引权, 等. 2012b. 甘肃省药用植物上链格孢属 (Alternaria) 病原的种类及分布 Ⅰ. 植物保护, 38 (2): 156-159.

王艳, 陈秀蓉, 杨成德. 2013. 甘肃省药用植物上链格孢属 (Alternaria) 病原的种类及分布Ⅱ. 植物保护, 39 (4): 116-118.

王玉娟, 盛秀兰, 孙政, 等. 1990a. 当归麻口病发生规律及防治研究 (一). 甘肃农业科技, 4: 33-36.

王玉娟, 盛秀兰, 孙政, 等. 1990b. 当归麻口病的研究. 植物病理学报, 20 (1): 13-19.

魏景超. 1979. 真菌鉴定手册. 上海: 上海科学技术出版社.

夏淑春, 鄢洪海. 2000. 枸杞瘿螨的发生及防治.中国林副特产, (2): 22.

谢辉. 2000. 植物线虫分类学. 合肥: 安徽科学技术出版社.

颜茂林, 周检军, 许云和, 等. 2002. 百合灰霉病发生规律及其综合防治技术. 湖南农业科学, 2: 38-40.

杨天军. 2007. 景泰县枸杞瘿螨发生及防治. 甘肃农业科技, 4:54.

余永年. 1998. 中国真菌志 (霜霉目). 北京: 科学出版社.

张建文. 2005. 张掖市番茄茎基腐病病原Rhizoctonia solani kuhn及防治技术研究. 兰州: 甘肃农

业大学硕士研究生学位论文.

张天宇. 2003. 中国真菌志 (链格孢属). 北京: 科学出版社.

张忠义. 2006. 中国真菌志 (葡萄孢属 柱隔孢属). 北京: 科学出版社.

郑小波. 1995. 疫霉菌及其研究技术. 北京: 中国农业出版社.

中国科学院中国孢子植物志编辑委员会. 1987. 中国真菌志 (白粉菌目上、下). 北京: 科学出版社.

周军, 戴率善, 丁书礼, 等. 2007. 牛蒡白粉病的发生为害及防治. 中国蔬菜. (4): 55-56.

周雪平, 刘勇, 薛朝阳, 等. 1999. 黄瓜花叶病毒两株系的生物学、蛋白基因序列比较血清学及外壳蛋白基因序列比较. 自然科学进展, 9 (12): 1255-1261.

周雪平, 钱秀红, 刘勇, 等. 1996. 侵染番茄的番茄花叶病毒的研究. 中国病毒学, 11 (3): 268-276.

周雪平, 薛朝阳, 刘勇, 等. 1997. 番茄花叶病毒番茄分离物与烟草花叶病毒蚕豆分离物生物学、血清学比较及PCR特异性检测. 植物病理学报, 27 (1): 53-58.

庄剑云. 2003. 中国真菌志——锈菌目 (二). 北京: 科学出版社.

庄剑云. 2005. 中国真菌志——锈菌目 (三). 北京: 科学出版社.

C. I. H. 1978. Description of Plant Parasitic Nematodes. Set 2, No. 21. Wallingford: CAB International.

Wang Y. 2015. First report of leaf blight on *Saposhnikovia divaricata* by *Pseudomonas viridiflava* in China. Plant Disease, 99(2): 281.

Wang Y, Chen X R, Yang C D. 2012. A new *Stigmella* species associated with *Lycium* leaf spots in northwestern China. Mycotaxon, 122: 69-72.

Zhuang W Y. 2005. Fungi of Northwestern China. Ithaca, NY: Mycotaxon, Ltd.

附录一 药用植物及制剂外经贸绿色行业标准

《药用植物及制剂外经贸绿色行业标准》是中华人民共和国药用植物及其制剂在对外经济贸易活动中重要的外经贸质量标准之一，适用于药用植物原料及制剂的质量检验。本标准自2005年2月16日发布，2005年4月1日开始实施。

1. 范围

本标准规定了药用植物及制剂的外经贸绿色行业标准品质，包括药用植物原料、饮片、提取物及其制剂等的质量要求及检验方法。

本标准适用于药用植物原料及制剂的外经贸行业质量检验。

2. 规范性引用文件

下列文件中的条款通过本标准的引用而成为本标准的条款。凡是注日期的引用文件，其随后所有的修改单（不包括勘误的内容）或修改版均不适用于本标准，然而，鼓励根据本标准达成协议的各方研究是否可使用这些文件的最新版本。凡是不注日期的引用文件，其最新版本适用于本标准。

GB/T 5009.11—2003 食品中总砷的测定。

GB/T 5009.12—2003 食品中铅的测定。

GB/T 5009.13—2003 食品中铜的测定。

GB/T 5009.15—2003 食品中镉的测定。

GB/T 5009.17—2003 食品中总汞的测定。

SN 0339—95 出口茶叶中黄曲霉毒素B1的检验方法。

《中华人民共和国药典》2000年版一部。

3. 术语

（1）绿色药用植物及制剂

绿色药用植物及制剂是指经检测符合特定标准的药用植物及其制剂。经专门机构认定，许可使用外经贸绿色行业标志。

（2）药用植物

药用植物是指用于医疗、保健目的的植物。

（3）药用植物制剂

药用植物制剂是指经初步加工，以及提取纯化植物原料而成的制剂。

4. 限量要求

（1）重金属及砷盐限量

1）重金属总量应小于等于20.0mg/kg。

2）铅（Pb）应小于等于5.0mg/kg。

3）镉（Cd）应小于等于0.3mg/kg。

4）汞（Hg）应小于等于0.2mg/kg。

5）铜（Cu）应小于等于20.0mg/kg。

6）砷（As）应小于等于2.0mg/kg。

（2）黄曲霉素限量

黄曲霉毒素B1（aflatoxin）应小于等于5μg/kg（暂定）。

（3）农药残留限量

1）六六六（BHC）应小于等于0.1mg/kg。

2）DDT 应小于等于0.1mg/kg。

3）五氯硝基苯（PCNB）应小于等于0.1mg/kg。

4）艾氏剂（Aldrin）应小于等于0.02mg/kg。

（4）微生物限量

参照《中华人民共和国药典》2000年版一部规定执行（注射剂除外）。微生物限量单位为个/g或个/mL。

除以上要求外，其他质量应符合《中华人民共和国药典》2000年版的规定。

5. 检验方法

（1）指标检验

1）重金属总量：按《中华人民共和国药典》2000年版一部中附录IX E规定的方法进行测定。

2）铅：按GB/T 5009.12—2003中第一法进行测定。

3）镉：按GB/T 5009.15—2003中第一法进行测定。

4）总汞：按GB/T 5009.17—2003中第一法进行测定。

5）铜：按GB/T 5009.13—2003中第一法进行测定。

6）总砷：按GB/T 5009.11—2003中第一法进行测定。

7）黄曲霉毒素B1（暂定）：按SN 0339—95中高效液相色谱荧光检测法进行测定。

8）农药残留限量：按《中华人民共和国药典》2000年版一部中附录IX Q规定的方法进行测定。

9）微生物限量：按《中华人民共和国药典》2000年版一部中附录XIII C规定的方法进行测定。

（2）其他理化检验

按《中华人民共和国药典》2000年版规定执行。

6. 检验规则

（1）产品需按本标准的要求经指定检验机构检验合格后，方可申请使用药用植物及制剂外经贸绿色行业标志。

（2）交收检验

1）交收检验取样方法及取样量参照《中华人民共和国药典》2000年版有关规定执行。

2）交收检验项目，除上述指标外，还要检验理化指标（如要求）。

（3）型式检验

1）对企业常年经营的外经贸品牌产品和地产植物药材经指定检验机构化验，在规定的时间内药品质量稳定又有规范的药品质量保证体系,型式检验每半（壹）年进行一次，有下列情况之一，应进行复检。

a）更改原料产地。

b）配方及工艺有较大变化时。

c）产品长期停产或停止出口后，恢复生产或出口时。

2）型式检验项目及取样同交收检验。

（4）判定原则

检验结果全部符合本标准者，为绿色标准产品。否则，在该批次中随即抽取两份样品复验一次。若复验结果仍有一项不符合本标准规定，则判定该批产品为不符合绿色标准产品。

（5）检验仲裁

对检验结果发生争议，由第三方（国家级检验、检测机构）进行检验仲裁。

7. 标志、包装、运输和贮存

（1）标志

产品卷标使用药用植物及制剂外经贸绿色行业标志，具体执行应遵照中国医药保健品进出口商会有关规定。

（2）包装

包装容器应该用干燥、清洁、无异味以及不影响质量的材料制成。包装要牢固、密封、防潮，能保护质量。包装材料应易回收、易降解。

（3）运输

运输工具必须清洁、干燥、无异味、无污染，运输中应防雨、防潮、防曝晒、防污染，严禁与可能污染其质量的货物混装运输。

（4）贮存

产品应贮存在清洁、干燥、阴凉、通风、无异味的专用仓库中。

附录二　常用农药简介

（一）杀虫剂

1. 阿维菌素

又名齐螨素、爱福丁、螨虫素、齐墩霉素、何弗米丁、艾（爱）比菌素、除虫菌素、杀虫素、害极灭、虫螨光、阿维虫净、虫螨克、灭虫清、MK936等。

剂型：1.8%、0.9%、0.3%乳油。

作用特点：该药剂是一种新型生物杀虫、杀螨、杀线剂。高效、广谱，对叶螨等害虫效果显著。以胃毒为主，兼触杀作用，有极强的横向传导渗透作用。主要是干扰神经生理活动，刺激释放γ-氨基丁酸，阻断害虫神经信息的传递，使其麻痹死亡。

使用方法：防治叶螨、蚜虫、小菜蛾、斑潜蝇等用1.8%乳油3000倍液喷雾；防治当归麻口病、黄芪茎线虫病，用1000倍液浸根后移栽。

注意事项：可以与常规农药混配使用，但不宜与强碱、强酸性化学物质混用；对蜜蜂、鱼等有毒，使用时防止其受害；避免烈日及刮风天气使用，喷后2h遇雨须重喷。

2. 吡虫啉

又名一遍净、大功臣、灭虫精、咪蚜胺、蚜虱净、康复多、朴虱蚜、艾美乐等。

剂型：10%、25%可湿性粉剂，3%、5%、20%乳油，70%水分散颗粒剂。

作用特点：该药剂是一种硝基亚甲基类高效、内吸、广谱杀虫剂，具有胃毒、触杀、内吸传导3种作用，持效期长。在虫体内抑制烟酸乙酰胆碱酯酶，干扰昆虫运动神经系统。低毒、安全，有利于植物吸收，药效稳定。

使用方法：防治蚜虫、叶蝉、飞虱、蟒象等刺吸式口器昆虫及鳞翅目幼虫（菜青虫、甘蓝夜蛾）、叶甲等，喷洒10%可湿性粉剂1500~2000倍液，或70%水分散颗粒剂20 000倍液喷雾，对木虱用10 000~15 000倍液喷雾。

注意事项：不可与强碱性物质混用，以免分解失效；对家蚕有毒，养蚕季节严防污染桑叶；施药后用肥皂水洗手。

3. 氟虫腈

又名锐劲特。

剂型： 5%、20%、50%悬浮剂，80%水分散颗粒剂，0.3%颗粒剂，1%、2%、2.5%种子处理剂。

作用特点： 该药剂属苯基吡唑类杀虫剂，对害虫具有触杀及胃毒作用，杀虫谱广，持效期长，对多种害虫有效。

使用方法： 防治鳞翅目幼虫、蓟马等用5%悬浮剂50~70mL/亩，加水60kg喷雾。防治金针虫等地下害虫，用0.3%颗粒剂1100~2000g/亩，撒施于土面，耙入土中。

注意事项： 对鱼类和蜜蜂毒性较高，使用时慎重；土壤处理时应注意与土壤充分混匀，才能最大限度发挥低剂量的优点；施药时注意安全防护；密封存放在阴凉、干燥、儿童接触不到的地方

4. 辛硫磷

又名肟硫磷、倍腈松、腈肟磷。

剂型： 45%、50%乳油，5%、3%颗粒剂，2%粉剂。

作用特点： 具有强触杀和胃毒作用，对鳞翅目幼虫有特效。可用于防治地下害虫、食叶害虫、仓贮害虫，杀虫谱广、击倒力强。在田间对光不稳定，易分解，所以残效期短，残留危险小。但施入土中后，残效期长达56天，适于防治多种植物的地下害虫。

使用方法： 防治蚜虫、棉铃虫、叶蝉等，用50%乳油1000倍液叶部喷雾；防治当归麻口病，地下害虫及鳞翅目幼虫等，在栽植前用3%颗粒剂，按3kg/亩拌细土撒于地面，翻入土中。

注意事项： 见光易分解，应在阴凉避光处贮存；田间施药最好在傍晚进行；黄瓜、菜豆对辛硫磷敏感，易产生药害。

5. 氟虫脲

又名卡死克、WL115110。

剂型： 5%乳油。

作用特点： 该药剂属脲类杀虫、杀螨剂，具胃毒和触杀作用，对人畜低毒。主要是抑制昆虫表皮几丁质合成，对多种作物的害虫和螨类有防效。对幼螨、若螨效果好，不能直接杀死成螨。对天敌安全。但作用缓慢，一般施药后10天才有明显药效。

使用方法： 防治棉铃虫、红蜘蛛等害虫，用5%乳油1000~2000倍液喷雾。

注意事项： 施药时间较一般化学农药提前。对棉铃虫等钻蛀性害虫宜在孵化

盛期施药,对害螨宜在盛发期施药;不能与碱性农药混合施用;禁止在桑园使用。

6. 氟啶脲

又名抑太保、定虫隆、IKI7899。

剂型: 5%乳油。

作用特点: 该药剂是昆虫生长抑制剂,影响几丁质合成。以胃毒作用为主,兼有触杀作用,无内吸性。低毒、高效,对多种鳞翅目、鞘翅目、直翅目等害虫有效。但对蚜虫、叶蝉、木虱等类害虫无效。

使用方法: 防治棉铃虫、烟青虫等害虫,用5%乳油1000~2000倍液喷雾。

注意事项: 施药适期应较化学农药提早3天左右,在低龄幼虫期喷药;对钻蛀性害虫应在产卵盛期施药。

7. 顺式氯氰菊酯

又名高效氯氰菊酯、高效安绿宝、高效灭百可、WL-85871。

剂型: 4.5%、5%、10%乳油,5%可湿性粉剂。

作用特点: 该药剂对害虫具有很强的触杀和胃毒作用,还有杀卵作用。杀虫毒力高于氯氰菊酯1~3倍,是由氯氰菊酯的高效异构体组成。对鳞翅目幼虫效果良好,对同翅目、半翅目等害虫也有较好的防效,但对螨类无效。该药残效期长。

使用方法: 防治蚜虫,用10%乳油5~10mL/亩兑水50kg喷雾;防治棉铃虫,在卵孵化盛期用10%乳油10~20mL/亩(常用2000~5000倍液)兑水70~100kg喷雾。

注意事项: 禁止与碱性物质混用,以免分解失效;对高等动物中毒,施用是注意安全。

8. 季酮螨酯

又名螨危。

剂型: 24%悬浮剂。

作用特点: 该药剂是一种全新的、高效非内吸性叶面处理杀螨剂。具有触杀和胃毒作用。主要是抑制有害螨体内的脂肪合成,阻断有害螨正常能量代谢,导致死亡。药效期长达50天。主要防治螨类,也可兼治叶蝉。对高等动物低毒。

使用方法: 害螨发生初期,采用24%悬浮剂4000~5000倍液喷雾。

注意事项: 避开果树开花期施用;因其杀螨作用相对较慢,当虫口密度大时,建议与其他速效药剂混用。

9. 苦参碱

又名苦参素。

剂型：1%苦参碱醇溶液、0.2%苦参碱水剂（蚜螨敌）、0.3%苦参碱水剂、1.1%苦参碱粉剂。

作用特点：该药剂是由苦参的根、果实等抽取制成的，是天然植物农药。属广谱、低毒杀虫剂，主要是麻痹害虫神经中枢，使虫体蛋白质凝固，堵塞虫体气孔，使昆虫窒息而死。有触杀和胃毒作用。对蚜虫、红蜘蛛有明显防效。

使用方法：防治蚜虫、菜青虫等害虫，用1%溶液50~120mL/亩，兑水40~50kg喷雾；防治红蜘蛛等，用0.2%水剂100~300倍液常规喷雾；防治地下金针虫用1.1%粉剂处理土壤，用2~2.5kg/亩，配成毒土撒施或沟施，再耙于土中。或用药液灌根。

注意事项：严禁与碱性农药混合使用。

10. 藜芦碱

又名虫敌、西伐丁。

剂型：0.5%藜芦碱醇溶液。

作用特点：该药剂是从白藜芦等植物中提取制成。对昆虫具有触杀和胃毒作用。该药剂经虫体表皮或吸食进入消化系统后造成局部刺激，引起反射性虫体兴奋，继之抑制虫体感觉神经末梢，进而抑制中枢神经致害虫死亡。可用于防治菜青虫、蚜虫、叶蝉、蓟马和蟓象等农业害虫。对人畜低毒，低残留。

使用方法：防治棉铃虫、蚜虫等，用0.5%溶液75~100mL/亩兑水40kg喷雾。

11. 苏云金杆菌

又称Bt乳剂、杀螟杆菌、青虫菌、菌药、7216、82162。

剂型：Bt可湿性粉剂（100亿个活芽孢/g）、Bt乳剂（100亿个孢子/mL）、100亿活芽孢悬浮剂。

作用特点：该药剂是一种细菌性杀虫剂。杀虫有效成分是细菌毒素（伴孢晶体，β-外毒素等）和芽孢，它对害虫主要是胃毒作用，昆虫取食后进入中肠中，可使肠道在几分钟内麻痹，停止取食。同时芽孢在虫体内大量繁殖，导致害虫死亡。药效较缓慢，一般害虫在取食后1~2天才见效，残效期10天左右。对多种昆虫效果好，特别对菜青虫、甘蓝夜蛾等鳞翅目幼虫效果显著。

使用方法：防治棉铃虫、烟青虫，在卵孵化盛期后2~5天，用100亿活芽孢悬浮剂100~150mL/亩，兑水75kg喷雾（一般1000倍液），间隔7~10天，连续喷施2次。

注意事项：在气温较高（20℃以上）时使用效果好，常在6~9月使用；不能与杀菌剂和内吸有机磷混合使用；本品易吸湿结块，应密封，在干燥、阴凉处保存。

12. 必速灭

又名棉隆。

剂型： 98%颗粒剂。

作用特点： 该药剂在土壤中分解成异硫氰酸甲酯、甲醛和硫化氢等，为广谱熏蒸性杀线剂，兼治土壤真菌、地下害虫及杂草。对人畜低毒。易于在土壤及基质中扩散，不会在植物体内残留，杀线虫作用全面而持久。

使用方法： 适用于瓜类、大豆、花生和蔬菜等作物。在播种或定植前15~20天开沟施药，沟深15~20cm，用药73.5~102.4kg/hm²，施药后立即覆土。播种前3~4天，先松土通气，然后播种。对土壤中线虫、地下害虫、根腐病丝核菌有毒杀作用。

注意事项： 仅用于土壤处理，施用时严禁接触植物，以免发生药害，施药时注意防护。

（二）杀菌剂

1. 多菌灵

又名苯并咪唑44号、棉萎灵、多菌灵盐酸盐、棉萎丹、防霉宝、保卫田、MBC、BCM等。

剂型： 25%、40%、50%、60%、80%可湿性粉剂，40%悬浮剂。

作用特点： 该药剂是广谱内吸性杀菌剂，具有保护和治疗作用，主要干扰病菌细胞的有丝分裂过程，可防治多种植物的多种真菌病害，尤其对子囊菌和半知菌引起的病害有较好的防治效果。

使用方法： 可用喷雾、土壤处理和浸种防治多种植物病害。防治柴胡斑枯病，用50%可湿性粉剂500~800倍液喷雾；防治防风、益母草菌核病等，用50%可湿性粉剂2kg/亩，加细土30kg拌匀，撒于地面、耙入土中；防治当归根腐病等，用50%可湿性粉剂1000倍液浸苗30min，晾干后栽植或用50%可湿性粉剂500倍液灌根。

注意事项： 不能与铜制剂混用；处理种子时，常延迟出苗，应注意控制浓度。

2. 百菌清

又名达克宁、克劳优、大克灵、桑瓦特、TDM等。

剂型： 50%、70%、75%可湿性粉剂，10%乳油，2.5%、5%、10%、20%、30%、45%烟剂，5%粉剂，40%悬浮剂。

作用特点： 该药剂是一种广谱保护性杀菌剂，药效稳定，残效期长，对人畜安全，低毒。对多种植物真菌性病害有预防作用。能与真菌细胞中的甘油醛-3-磷酸脱氢酶发生作用，与该酶体中含有半胱氨酸的蛋白质结合，破坏酶的活力，使真菌细胞的代谢受到破坏而丧失生命力。该药剂没有内吸传导作用，但在植物表面有良好的黏着性，有较长的药效期。

使用方法：防治当归斑枯病、大黄斑枯病等多种药用植物叶部病害，用75%可湿性粉剂500~800倍液喷雾。

注意事项：不能与强碱性农药混用；对人的眼睛和皮肤有刺激作用，少数人有过敏反应、引起皮炎。

3. 代森锰锌

又名大生、新万生、喷克、大生富、速克净、大丰等。

剂型：50%、60%、70%、80%可湿性粉剂，30%、42%、43%、45%、5%悬浮剂，60%粉剂，48%干拌种剂，80%湿拌种剂。

作用特点：该药剂是保护性广谱杀菌剂，主要是抑制菌体内丙酮酸的氧化，起到杀菌作用。对人畜低毒，对皮肤和黏膜有一定刺激作用，可用于防治多种真菌性病害。

使用方法：防治瓜类的炭疽病、疫病、霜霉病和甘草褐斑病等等，在发病初期用70%可湿性粉剂400~600倍液喷雾，间隔7~10天，共喷2~3次。有时也与其他药剂（福美双）混配防治植物根腐病。

注意事项：不能与碱性物质及铜制剂混用；高温季节，中午避免用药；对鱼类中毒，施药后，不得将田水排入江河、湖泊、水渠以及养鱼等水产养殖塘。

4. 甲基硫菌灵

又名托布津M、甲基硫扑净、甲基托布津、桑菲钠。

剂型：50%、70%可湿性粉剂，36%、50%悬浮剂，30%粉剂，3%糊剂。

作用特点：该药剂是广谱内吸性苯并咪唑类杀菌剂，具有保护和治疗作用。在植物体内通过先转化为多菌灵，再干扰真菌有丝分裂中纺锤体的形成，进而影响细胞分裂。对人畜低毒，对鱼类、蜜蜂、禽类低毒。

使用方法：广泛用于各种植物的多种真菌病害的防治，常用70%可湿性粉剂600~800倍液喷雾防治白粉病、锈病、黑斑病等；有时也用于灌根或土壤处理，防治多种植物的根病。

注意事项：不能与碱性农药混用。

5. 三唑酮

又名粉锈宁、百里通、百菌通。

剂型：15%、20%、25%可湿性粉剂，10%、12.5%、20%乳油，1%粉剂，20%、

25%胶悬剂，15%烟雾剂。

作用特点：该药剂是广谱内吸性杀菌剂，具有预防、铲除和治疗作用。对多种植物的白粉病、锈病、炭疽病、黑穗病有良好的防治效果。主要是通过强烈抑制真菌菌体麦角甾醇的生物合成，改变孢子形态和细胞膜的结构，致使孢子细胞变形，菌丝膨大，直接影响细胞的渗透性，使病菌死亡或受抑制。对人畜低毒。

使用方法：防治多种植物白粉病、锈病，常用15%可湿性粉剂1000~1500倍液喷雾。

注意事项：不能与碱性农药混用；用于种子处理时常推迟出苗时间，应控制好浓度。

6. 苯醚甲环唑

又名恶醚唑、敌萎丹、世高。

剂型：3%悬浮种衣剂、10%水分散颗粒剂。

作用特点：该药剂是甾醇脱甲基化抑制剂，具有保护、治疗和内吸活性的谱广杀菌。主要是抑制真菌细胞壁甾醇的生物合成，阻止真菌的生长。对子囊菌、担子菌及半知菌等引起的多种病害均有防治效果，如白粉菌、锈菌、链格孢、壳二胞、壳针孢、尾孢、茎点霉等真菌防效好，对人畜低毒。

使用方法：可防治多种药用植物叶部病害，如防治当归褐斑病，常用10%水分散颗粒剂600倍液；3%悬浮种衣剂主要用于种子处理。

注意事项：不宜与铜制剂混用。

7. 咪鲜胺

又名施保克、扑霉灵、丙灭菌、丙氯灵。

剂型：25%、41.5%乳油，45%水乳剂。

作用特点：该药剂是咪唑类广谱杀菌剂，具有保护和治疗作用，虽不具有内吸作用，但有一定的传导能力，对人畜低毒。主要是通过抑制甾醇的生物合成而起作用的。可防治子囊菌和半知菌引起的多种植物病害，如炭疽病、灰霉病等。

使用方法：防治多种植物炭疽病、灰霉病等病害，常用25%乳油1000~1500倍液喷雾；用25%乳油500~1000倍液蘸苹果、梨等水果1~2min，具有保鲜防腐作用；还可用2000~3000倍液浸种，防治真菌病害。

8. 丙环唑

又名敌力脱、必扑尔。

剂型：25%乳油。

作用特点：该药剂是广谱内吸性三唑类杀菌剂，低毒，具有保护和治疗作用，可防治由子囊菌、半知菌、担子菌引起的多种真菌病害，对卵菌引起的病害无效。

使用方法：防治锈病、白粉病和叶斑病，用25%乳油3000~4000倍液叶面喷雾；对植物的根腐病用种子重量0.08%的25%乳油拌种。

注意事项：西瓜、黄瓜、番茄、辣椒、大白菜、葡萄等较敏感，使用浓度一定要控制在3000~5000倍液，以免发生药害。

9. 腐霉利

又名速克灵S-7131、杀霉利、二甲菌核利。

剂型：50%可湿性粉剂，10%、15%烟剂，25%流动性粉剂。

作用特点：该药剂是广谱内吸性杀菌剂，低毒，具有保护和治疗作用。主要是抑制菌体内三酰甘油的合成。对在低温、高湿条件下发生的各种药用植物灰霉病、菌核病具有显著效果，可防治对甲基硫菌灵（甲基托布津）、多菌灵有抗性的病原菌。

使用方法：防治党参灰霉病，在发病初期用50%可湿性粉剂600倍液喷雾，1周后再喷1次；用10%腐霉剂烟剂按200~250g/亩熏烟（此法供温棚使用），即将药剂放在4~5小盆内点燃，密闭棚室，暗火熏蒸一夜。

注意事项：不能与碱性农药混用，不宜与有机磷混配；单一使用易产生抗药性，应与其他药剂轮换使用；药剂随配随用，不宜久放，以免影响药效。

10. 烯唑醇

又名速保利、特谱唑、S-3308L、达克利、特灭唑、灭黑灵等。

剂型：2%、12.5%可湿性粉剂，5%拌种剂。

作用特点：该药剂为三唑类杀菌剂，是具有保护、治疗、铲除作用的广谱性杀菌剂。主要是麦角甾醇生物合成抑制剂。对子囊菌和担子菌引起的多种病害有效。

使用方法：对黄芪、党参等多种药用植物白粉病及甘草等锈病，在发病初期喷洒12.5%可湿性粉剂1500倍液（1200~3000倍液）。

注意事项：使用时避免药剂沾染皮肤；存放在阴凉干燥处；对少数植物有抑制生长的现象。

11. 异菌脲

又名扑海因、咪唑霉、异丙定、桑迪恩。

剂型：50%可湿性粉剂，25%悬浮剂。

作用特点：该药剂是广谱保护性杀菌剂，低毒。主要是抑制病菌蛋白激酶，而抑制真菌菌丝生长、孢子的萌发及产生。对葡萄孢属、核盘菌属、葡萄孢属的真菌防效好。

使用方法：防治番茄灰霉病、早疫病、菌核病、黄瓜灰霉病、菌核病等多种蔬菜病害，在发病初期，用50%可湿性粉剂50~100g/亩，兑水60kg喷雾，间隔期7~10天，视病害发生程度，喷雾1~3次；防治对豆科根腐病，用种子重量0.2%的50%可湿性粉剂拌种。

注意事项：长期连续使用易产生抗药性，一个生长季节最多使用3次。不宜与碱性农药混合使用。

12. 苯噻氰

又名倍生、苯噻清、硫氰苯噻、苯噻菌清。

剂型：30%乳油。

作用特点：该药剂为广谱性种子保护剂，对人畜低毒。可应用于种子处理，对细菌、真菌和藻菌都有灭杀和控制作用。与常规药物无交互抗性。

使用方法：可用于种子拌种、浸种和喷雾防治炭疽、稻瘟、猝倒及立枯病等多种病害。种子处理，一般为种子重量的0.2%~0.5%的用药量；防治植物猝倒病、立枯病、枯萎病，一般在栽植后5~7天，用30%乳油800~1500倍液灌根,每株250mL;防治植物叶斑病，用30%乳油700~1000倍液喷雾。

13. 恶霉灵

又名土菌消、立枯灵、绿亨1号。

剂型：15%、30%水剂，70%可湿性粉剂。

作用特点：该药剂是一种内吸性杀菌剂，低毒。能与土壤中的铁、铝离子结合，抑制病菌孢子萌发，起到土壤消毒杀菌的作用；在植物体内代谢产生两种糖苷，能促进植物生长和根活性的提高，对腐霉菌、镰刀菌引起的猝倒病有较好的防治效果。

使用方法：可用于种子和土壤处理。防治多种植物枯萎病、根腐病，一般在栽植前或长出新根后，用30%水剂500~1000倍液灌根；或用于种子处理。

注意事项：拌种时以干拌最安全，湿拌或闷种易发生药害，应严格控制用药量，以防抑制植物生长。该药剂与福美双混配拌种，可增加防效。

14. 甲霜灵

又名瑞毒霉、瑞毒霜、甲霜安、阿普隆、保种灵、氨丙灵、灭霜灵。

剂型：25%、50%、58%可湿性粉剂，5%颗粒剂，35%拌种剂。

作用特点：该药剂是内吸性杀菌剂，低毒。具有保护和治疗作用，有双向传导性能，持效期10~14天，土壤处理持效期可超过2个月。对多种植物霜霉病、疫霉病防治效果显著。

　　使用方法：防治黄芪等多种植物霜霉病，用58%可湿性粉剂500倍液叶面喷雾；防治多种植物疫病时可用于苗床土壤处理，每平方米用25%可湿性粉剂9g/cm²，加70%代森锰锌1g，拌细土4~5kg，将种子上覆下垫，或用58%可湿性粉剂800倍液灌根。

　　注意事项：不能单独多次使用，否则易引起病菌产生抗药性；可与其他杀菌剂复配使用；不能与碱性农药混配。

15. 氟硅唑

　　又名福星、新星、护硅得。

　　剂型：10%、40%乳油。

　　作用特点：该药剂三唑类的内吸杀菌剂，具有保护和治疗作用，渗透性强，主要是破坏和阻止病菌麦角甾醇的生物合成，导致细胞不能形成，引起病菌死亡。可防治子囊菌、担子菌及半知菌引起的病害。

　　使用方法：防治番茄、瓜类早疫病、白粉病等，在发病初期用40%乳油4000倍液叶面喷雾，对锈病用40%乳油6000倍液叶面喷雾。

　　注意事项：不能与强酸、强碱性农药混用；有些易产生药害，谨慎使用。

16. 腈菌唑

　　剂型：62.25%可湿性粉剂。

　　作用特点：该药剂是一类具保护和治疗活性的内吸性三唑类杀菌剂。主要对病原菌的麦角甾醇的生物合成起抑制作用，对子囊菌、担子菌引起的病害，如白粉病、锈病、黑星病、灰斑病、褐斑病、黑穗病等具有较好的防治效果。该剂具有内吸性、对作物安全、持效期长。

　　使用方法：防治小麦白粉病，每公顷按有效成分30~60 g兑水喷雾；防治葡萄白粉病，每公顷按84~140g有效成分兑水喷雾；种子处理，用10~20g药剂可处理每100kg种子；黄芪白粉病，在黄芪白粉病发生初期，用2500~3000倍液喷雾，间隔7~10天喷施1次，连喷2~3次。

　　注意事项：施药时避免皮肤直接接触药剂，贮藏时不宜和食品混放以免中毒。

17. 霜霉威盐酸盐

　　又名普力克、扑霉净、疫霜净、宝力克、霜霉普克、霜疫克星等。

　　剂型：72.2%水剂。

　　作用特点：该药剂属氨基甲酸酯类，是一种具有局部内吸作用的低毒杀菌剂。主要是抑制病菌细胞膜成分的磷脂和脂肪酸的生物合成，进而抑制菌丝生长、孢子囊的形成和萌发。对卵菌有特效。广泛适用于由卵菌引起的瓜类、蔬菜等植物病害。

使用方法：防治蔬菜霜霉、白锈病，在发病初期，用72.2%水剂600~800倍液喷雾，间隔10天1次，连喷2~3次。

注意事项：不能与碱性农药等物质混合使用；使用时应穿戴防护服和手套，避免吸入药液；施药期间不可吃东西和饮水；应贮存在干燥、阴凉、通风、防雨处。勿与食品、饮料、饲料等其他食用商品同贮同运。

18. 苯菌灵

剂型：50%可湿性粉剂。

作用特点：该药剂是苯并咪唑类杀菌剂，为内吸性杀菌剂。具有保护、治疗和铲除等作用。主要用于防治蔬菜、果树、油料作物多种病害。对人、畜、鸟类低毒，对鱼类有毒。

使用方法：可用于喷雾、拌种和土壤处理。喷雾：防治茄子、莴苣菌核病、茄子褐纹病、黄瓜蔓枯病等，采用50%可湿性粉剂800~1000倍液常规喷雾；灌根：防治茄子黄萎病、黄瓜枯萎病、辣椒根腐病，采用50%可湿性粉剂800~1000倍液灌根，从初发病起，每隔10天左右灌1次，连灌2~3次，每株次灌药液300~500mL/株。

注意事项：不能与强碱性农药或含铜农药混用；连续使用病菌可能产生抗药性，注意与其他作用机制不同的杀菌剂交替使用；使用时应戴防护手套、口罩，穿干净防护服，施药后及时用肥皂和清水清洗裸露的皮肤和衣服；施药后应及时清洗药械。不可将废液、清洗液倒入河塘等水源，远离水产养殖区施药，禁止在河塘等水体中清洗施药器具；孕妇及哺乳期妇女应避免接触。

19. 甲基立枯磷

又名利克菌、立枯灭。

剂型：50%可湿性粉剂，5%、10%、20%粉剂，20%乳油，25%胶悬剂。

作用特点：该药剂是低毒有机磷杀菌剂，是内吸谱广性杀菌剂。主要作用于菌类的细胞壁和细胞膜。用于防治蔬菜立枯病，枯萎病，菌核病，根腐病，十字花科黑根病，褐腐病等土传病害。

使用方法：可用于喷雾和灌根等。防治蔬菜苗期立枯病，在发病初期喷淋20%乳油1200倍液，喷2~3kg/m^2；视病情间隔7~10天喷1次，连续防治2~3次。防治枯萎病，在发病初期，用20%乳油900倍液灌根，灌药液500mL/株，间隔10天左右灌1次，连灌2~3次。防治菌核病，在定植前用20%乳油500mL/亩，与细土20kg拌匀，撒施并耙入土中。

注意事项：建议与不同作用机制的其他杀菌剂轮换使用；对鱼类高毒，施药时要远离水产养殖区，严禁将药液倒入河塘等水体，不得在河塘等水体洗涤施药器械；对鸟类、蜜蜂中毒，在蜜源作物花期禁止使用，使用时要注意对鸟类的影响；禁止在桑园、蚕室附近使用；本品不宜与酸、碱物质混用，以免分解失效；对眼睛和皮肤有轻微刺激性，施药要穿戴干净的防护服、手套等防护用品，顺风施药；施药期间不得饮食或吸烟，严禁明火。

20. 氟菌唑

又名特富灵、君斗士。

剂型：49.30%可湿性粉剂，30%可湿性粉剂，15%乳油，10%烟剂。

作用特点：该药剂属于低毒性杀菌剂。是麦角甾醇脱甲基化抑制剂。具有预防、治疗、铲除效果，内吸作用传导性好，抗雨水冲刷，可防治多种作物病害。

使用方法：防治苹果星病、白粉病，用30%可湿性粉剂2000~3000倍液喷雾。防治黄瓜白粉病，在发病用33.3~40.0g/亩，兑水50~60kg喷雾，间隔10天，连喷2~3次。

注意事项：对鱼类有一定毒性，防止污染池塘；放置在远离食物和饲料的阴暗处。

21. 安泰生

又名丙森锌、施蓝得、法纳拉、塞通、爽星、益林等。

剂型：70%可湿性粉剂。

作用特点：该药剂是一种速效、长残留、广谱的保护性杀菌剂。主要是抑制病原菌体内丙酮酸的氧化。对蔬菜、葡萄、烟草和啤酒花等作物的霜霉病及番茄和马铃薯的早、晚疫病均有良好保护性作用，并且对白粉菌、锈菌和葡萄孢属的病害也有一定的抑制作用。

使用方法：防治啤酒花霜霉病、马铃薯早疫病等，一般使用70%可湿性粉剂500~700倍液喷雾。

注意事项：该药剂是保护性杀菌剂，必须在病害发生前或始发期喷药；不可与铜制剂和碱性药剂混用，若喷了铜制剂或碱性药剂，需1周后再使用安泰生。

22. 乙膦铝

又名三乙膦酸铝、乙磷铝、百菌消、疫霉灵、疫霜灵、霉疫净、克霉灵、霉菌灵、藻菌磷等。

剂型：40%、80%可湿性粉剂，85%、90%可溶性粉剂，30%悬浮剂。

作用特点：该药剂为内吸性杀菌剂，在植物体内能上下传导，具有保护和治疗作用。主要是能阻止孢子萌发或抑制菌丝体和孢子的形成而起到杀菌作用。

使用方法：防治白菜霜霉病，在发病初期，每次用40%可湿性粉剂8.25~11.25kg/hm^2，兑水均匀喷雾，间隔10天，连续喷雾2~3次；防治黄瓜霜霉病，在发病初期，每次用40%可湿性粉剂2.8kg/hm^2，兑水均匀喷雾，间隔10天，连续喷雾3~4次。

注意事项：不能与酸性、碱性农药混用，以免分解失效；本品易吸潮结块，运输、贮存时注意密封，干燥保存，若结块也不影响使用效果。

23. 腈菌唑

又名禾粉挫。

剂型：25%乳油，悬浮剂，可湿性粉剂。

作用特点：该药剂是一种具保护和治疗活性的内吸性三唑类杀菌剂。主要对病原菌的麦角甾醇的生物合成起抑制作用，具有一定刺激植物生长的作用。对子囊菌、担子菌均具有较好的防治效果。该剂持效期长，对作物安全。

使用方法：可用于叶面喷洒和种子处理。防治小麦白粉病，每次用25%乳油8~16g/亩，兑水75~100kg（相当于6000~9000倍液），混匀后喷雾。拌种可防治小麦散黑穗病、腥黑穗病等种传和土传病害，每100kg种子拌药25%乳油25~40mL；防治梨、苹果黑星病、白粉病、褐斑病、灰斑病等，可用25%乳油6000~9000倍液均匀喷雾，喷液量视树势大小而定。

注意事项：施药时避免直接接触皮肤；贮藏时不宜和食品混放，以免中毒。

24. 嘧霉胺

又名施佳乐、甲基嘧菌胺、二甲嘧啶胺

剂型：20%、25%、40%可湿性粉剂；20%、30%、37%、40%悬浮剂。

作用特点：该药剂属苯氨基嘧啶类杀菌剂，具有保护和治疗作用，同时具有内吸和熏蒸作用。施药后能迅速达到植物的花、幼果等部位杀死病菌。对灰霉病有特效。药效快且稳定。主要是抑制病菌侵染酶的分泌从而阻止病菌侵染，和杀死病菌。该药剂对温度不敏感，在相对较低的温度下施用，不影响药效。

使用方法：防治黄瓜、番茄和党参灰霉病，在发病前或发病初期，用40%悬浮剂25~95mL/亩，喷液量一般30~70L/亩。间隔7~10天用药1次，共施2~3次。

注意事项：在晴天上午8时至下午5时、空气相对湿度低于65%时使用；气温高于28℃时应停止施药。应与其他杀菌剂轮换施用，避免病原菌产生抗药性。

25. 溴菌腈

又名炭特灵、休菌清、托牌DM-01、DBDCB等。

剂型：25%可湿性粉剂，25%乳油。

作用特点：该药剂是一种广谱、高效、低毒的杀菌剂，能抑制和铲除真菌、细菌、藻菌的生长。对果树、葡萄、蔬菜、花生、西瓜等农作物病害有较好的防治效果，对炭疽病有特效。

使用方法：防治多种作物的炭疽病，在病害发生前或发生初期，用25%乳油500~600倍液喷雾，7~10天喷1次，连喷2~3次。

注意事项：不能与碱性药剂混用；药剂应密封存放，随用随配。安全采收间隔期一般为7天。使用时注意眼睛和皮肤防护。

26. 代森铵

又名施纳宁、康顺奇、禾思安、猛司达、绿医、菌坦等。

剂型：45%水剂。

作用特点：该药剂是一种有机硫类广谱、低毒杀菌剂，对植物病害具有治疗、保护和铲除作用。该药水溶液能渗入植物组织，杀灭或铲除内部病菌，且在植物体内分解后还具有肥效作用。

使用方法：防治蔬菜苗期立枯病、猝倒病，用200~400倍液浇灌幼苗；防治瓜类枯萎病、茄果类青枯病，在发病初期，用1000倍液灌根，500mL/株；防治蔬菜霜霉病、白粉病、叶斑病等，在发病初期，用1000倍液喷雾，间隔7~10天，连喷2~3次。

注意事项：叶面喷雾时，药液至少稀释1000倍，浓度偏高易产生药害；保护地蔬菜使用时，更要严格控制浓度；不能与碱性及含铜、汞药剂混用；皮肤沾上药液有刺激性，须注意。

27. 氯溴异氰尿酸

又名德民欣杀菌王、消菌灵、菌毒清、碧秀丹等。

剂型：50%可溶性粉末。

作用特点：该药剂是一种高效、广谱、新型内吸性杀菌剂，对作物的细菌、真菌、病毒病害具有强烈的作用。该药剂喷施在作物表面能慢慢地形成次氯酸（HOCl）和次溴酸（HOBr），具有强烈的杀菌作用。

使用方法：防治水稻等粮食作物多种病害，用40g/亩，兑水50kg均匀喷雾；防治蔬菜、瓜果、经济作物上的病害，稀释1000~1500倍喷雾。

注意事项：与其他农药混用时，要先稀释该药剂后再混用，现配现用；不宜与有机磷农药混用。

28. 敌克松

又名敌磺钠、地克松。

剂型： 70%水剂。75%、95%可溶性粉剂，5%颗粒剂、2.5%粉剂。

作用特点： 该药剂具有一定的内吸渗透作用，根部及叶部均能吸收，并在植物体内维持较长时间药效。以保护预防为主，兼具治疗作用，杀菌广谱性强，主要用于防治土壤带菌传播的多种蔬菜病害。

使用方法： 可用于土壤处理、拌种、灌根和茎叶喷雾。防治蔬菜苗期立枯病、猝倒病，用2.5%粉剂160g/亩，对20倍细土，配成药土均匀撒施；防治黄瓜、西瓜立枯病、枯萎病，用75%可溶性粉剂207~400g/亩，兑水75~100kg喷茎基部或灌根，在发病初期连续喷2~3次；白菜、黄瓜霜霉病、西红柿、茄子炭疽病，可用75%可溶性粉剂500~1000倍液喷雾。

注意事项： 使用时禁止饮食和吸烟，避免吸入粉尘；皮肤沾染药液，要用肥皂水冲洗干净；药液现用现配，宜在阴天或傍晚用药；不能与碱性及抗生素类农药混用；放在阴凉干燥处，避免光照；不宜在温室中使用。

29. 霜脲锰锌

又名克露、霜·代。

剂型： 72%可湿性粉剂。

作用特点： 该药剂是由霜脲氰与代森锰锌复配而成，霜脲氰是内吸性杀菌剂，对高等动物低毒，对多种作物的霜霉病、晚疫病有较好防效。代森锰锌是保护性广谱杀菌剂，低毒，对多种真菌性病害有较好防效。故它兼有两种药剂的杀菌作用。

使用方法： 防治板蓝根霜霉病等病害，在发生初期，用72%可湿性粉剂750倍液喷雾，连续2~3次，间隔期5~7天，采收前7天停止使用。防治植物疫霉根腐病，在发生初期用600倍液灌根。

注意事项： 本剂不能与铜制剂和碱性农药混用。

30. 波尔·锰锌

又名科博

剂型： 78%可湿性粉剂。

作用特点： 该药剂是广谱、高效、低毒杀菌剂。使用后在作物表面形成一层黏着力很强的透气、透水、透光的保护膜，耐雨水冲刷，可有效地抑菌杀菌，并且含有作物所需的多种营养元素，具有微肥作用；可防治真菌、细菌病害，对霜霉病有特效。

使用方法：防治葡萄霜霉病，在葡萄谢花后用1300~1560mg/kg，10天左右喷1次，共喷3~4次。如雨水较多或病情发展较快时，与内吸性杀菌剂配合使用，效果更好，且能有效兼治葡萄炭疽病、黑豆病、白腐病等病害；防治黄瓜霜霉病，在发病前或初见病斑时立即喷雾，用量为1989~2691g/hm²，隔7~10天再喷1次，共喷3~4次，在黄瓜幼苗期（三叶期）前慎用；防治番茄早疫病，在番茄初见病斑时用1638~1989g/hm²喷雾，间隔8~12天喷1次，共喷3~4次。

注意事项：对铜敏感的时期和作物慎用；不能与强酸、强碱性药剂混配；施药前搅拌均匀，充分溶解；勿逆风施药，避免药液接触皮肤或吸入药雾；该药剂对鱼类有毒，勿使药液污染水源。

31. 肟菌酯·戊唑醇

通用名：拿敌稳。

剂型：75%水分散颗粒剂、25%肟菌酯·50%戊唑醇水分散颗粒剂。

作用特点：该药剂由新的甲氧基丙烯酸酯类杀菌剂肟菌酯和内吸性三唑类杀菌剂——戊唑醇两种作用机制完全不同的有效成分复配而成，增效作用显著，具保护和治疗活性；为广谱内吸性杀菌剂，对绝大多数主要植物病原真菌均有效；调节作物钙的吸收，减轻缺钙生理性病害；适用于绿色蔬菜和其他高品质蔬菜生产。

使用方法：防治黄瓜白粉病、炭疽病、番茄早疫病：施用10~15g/亩，根据作物大小，兑水45~60L喷雾，间隔7~10天施用1次，连喷2~3次；防治水稻早期纹枯病、稻瘟病等，用10~15g/亩，兑水45kg喷雾。

注意事项：每季在蔬菜最多施用3次，水稻2次；本品对鱼类等水生生物有毒，严禁在养鱼等水产养殖的稻田使用；稻田施药后，不得将田水排入江河、湖泊、水渠以及养鱼等水产养殖塘。

32. 吡唑醚菌酯

又名百泰。

剂型：60%水分散颗粒剂。

作用特点：该药剂是吡唑醚菌酯和代森联复配而成，对几乎所有的真菌性病害都有防治效果，早期使用可阻止病菌侵入并提高植物体免疫能力。其具有预防、免疫、治疗、调节植物增产等多重功效。杀菌谱宽，持效期长，对作物安全并增强作物抗病力。

使用方法：防治保护地西瓜、甜瓜的霜霉病、疫病、炭疽病、叶斑病、枯萎病、蔓枯病、白粉病等多种病害，在发病初期，用800~1500倍喷雾，间隔7~14天，连喷2~3次。

注意事项：注意均匀全面喷雾，叶片正反两面及枝蔓都要喷到；与其他药剂混合使用时，先将该药剂倒入水中，稍加搅拌，再加入其他药剂。

33. 恶唑菌铜·霜脲氰

又名抑快净。

剂型：52.5%颗粒剂。

作用特点：该药剂是具有内吸治疗和保护双重作用复合杀菌剂。主要是通过抑制病菌细胞中线粒体的电子转移，造成氧化磷酸化作用停止，使病原菌细胞丧失能量来源，阻止病菌孢子萌发及菌丝生长，导致死亡；该药剂杀菌谱广，对卵菌引起的病害有特效。是防治葫芦科等作物霜霉病、疫病的良好药剂。

使用方法：防治黄瓜霜霉病，用2500~3000倍液在黄瓜移植后霜霉病病斑尚未出现时喷施，每隔7~9天喷1次，可有效地控制霜霉病发生。当发病后，采用1800~2500倍液，每隔5~7天喷1次，连续3~4次。

注意事项：要求药液量足，喷雾均匀；药剂不慎接触皮肤或眼睛，应用大量清水冲洗干净；不慎误服，应立即送医院诊治。

34. 百菌清·锰锌

剂型：70%可湿性粉剂。

作用特点：该药剂由保护剂百菌清与代森锰锌复配而成。主要是抑制菌体内丙酮酸的氧化，能与真菌细胞中的甘油醛-3-磷酸脱氢酶中的半胱氨酸的蛋白质结合，破坏细胞的新陈代谢而使其丧失生命力，具有预防保护作用；黏着性较强，耐雨冲刷，持效期较长。

使用方法：防治果树(苹果、梨、桃、葡萄、柑橘、柿子等)的斑点落叶病、黑星病、轮纹病、炭疽病、疮痂病等以及茄果类蔬菜、瓜果的霜霉病、疫病、炭疽病等病害，在发病初期，采用1200倍液均匀喷施于叶面，防治黄瓜霜霉病，用800倍液喷雾喷雾。

注意事项：不能与铜及强碱性物质混用；对人皮肤和眼睛有刺激作用，少数人有过敏反应，施药时应防止身体直接接触药液；对鱼类有毒，施药时须远离鱼塘，清洗药具的污水不要污染水源，使用后的废弃容器要妥善处理。

35. 氟吗啉

又名灭克。

剂型：20%可湿性粉剂。

作用特点：该药剂是一种肉桂酰胺类杀菌剂，具有保护和内吸性治疗作用。主要是影响细胞壁分子结构的重排，干扰病原细胞壁聚合体的组装，干扰细胞壁合成。主要用于防治霜霉属和疫霉属病害。

使用方法：防治黄瓜霜霉病、葡萄霜霉病、白菜霜霉病、番茄晚疫病、马铃薯晚疫病，发病初期在中心病株发生前7~10天进行施药，可有效地预防上述病害的发生。作为保护剂使用时，一般稀释1000~1200倍液喷雾；作为治疗剂使用时，800倍液喷雾，一般间隔9~13天。对于辣椒疫病等也可以灌根、喷淋、苗床处理等方法。

注意事项：每季作物使用次数上应不超过4次，使用时最好和其他类型的杀菌剂轮换使用。

36. 腐霉利·多菌灵

剂型：50%可湿性粉剂。

作用特点：该药剂是苯并咪唑类广谱杀菌剂，具有内吸、治疗、保护作用，防治多种作物真菌（子囊菌、半知菌）引起的病害。在低温高湿条件下使用效果明显。对人畜无毒，按规定使用，对作物较安全。

使用方法：主要用于防治油菜、萝卜、茄子、黄瓜、白菜、番茄、西瓜、草莓、洋葱、桃、樱桃、葡萄等作物的灰霉病和菌核病等病害。防治灰霉病，在开花初期、盛花期、结果期分别用50%可湿性粉剂1000~2000倍液喷雾；防治菌核病在发病初期，用50%可湿性粉剂1500~2000倍液喷雾，在初花期、盛花期喷1~2次。

注意事项：不能与碱性药剂和铜制剂混用；可与其他杀菌剂轮换使用或混合使用；甜瓜对该药剂较敏感。

37. 多菌灵磺酸盐

剂型：50%可湿性粉剂。

作用特点：该药剂是苯丙咪唑类广谱杀菌剂，具有内吸、治疗、保护作用。主要是干扰病菌的有丝分裂中纺锤体的形成及对真菌细胞的原生质膜有溶解作用。主要防治由子囊菌、半知菌引起的多种作物病害。对人畜无毒。

使用方法：可用于叶面喷雾、种子处理和土壤处理等。防治蔬菜灰霉病、炭疽病、菌核病、白粉病等病害。在发病初期，用50%可湿性粉剂500~800倍液喷雾，间隔7~10天喷1次，连喷3次，叶正、反面均要着药；防治果菜类灰霉病重点喷花及果实。

注意事项：不能与碱性药剂和铜制剂混用；长期单一使用易使病菌产生抗药性，应与其他杀菌剂轮换使用；使用时应穿戴防护服和手套，避免吸入药液；施药期间不可吃东西和饮水；施药后应及时洗手和洗脸。

38. 退菌特

又名艾佳、斑尔、达葡宁、风范、福露、果洁净、恒康、蓝迪、绿伞、农宁、努可、葡青、三克斯、三美、肿·锌·福美双、透习脱、土斯特。

剂型：50%可湿性粉剂。

作用特点：该药剂是一种广谱保护性杀菌剂，是由有机硫和有机胂混合配制。主要是药剂中砷原子与病菌体内含—SH基的酶发生作用，破坏正常的代谢作用，抑制病菌丙酮酸的氧化，使其新陈代谢过程中断，导致病菌死亡。适用于柑橘、苹果、梨、豆类、白术等多种真菌和细菌病害防治。

使用方法：防治苹果炭疽病、早期落叶病、白粉病、轮纹病、梨纹病、褐斑病等，可用50%可湿性粉剂800~1000倍液喷雾；防治黄瓜霜霉病、白粉病、细菌性角斑病，大白菜霜霉病、白斑病、黑斑病、莴笋（莴苣）霜霉病，菠菜霜霉病等，在发病初期，用50%可湿性粉剂500~1000倍液喷雾。

注意事项：不能与石硫合剂、波尔多液等铜制剂及碱性药剂混用。喷波尔多液后，需隔15天以后方可喷该药剂，若先喷该药剂，需隔7~10天后才能喷波尔多液，否则易发生药害；对呼吸道黏膜有刺激，用药时注意安全防护；不要随意加大使用浓度，否则易产生药害；施药区及附近在施药后2周内严禁放牧；该药剂应贮存于阴凉干燥处；在高温高湿季节易发生药害，这时应降低喷药浓度或停喷。

39. 精甲霜锰锌

剂型：68%可湿性粉剂。

作用特点：该药剂是一种具有保护和治疗作用的内吸性杀菌农药，可被植物根、茎、叶吸收，并随植物体内水分运转输送到各器官。该药对霜霉病、疫霉病、腐霉病所致病害有特效。

使用方法：防治黄瓜、白菜、莴苣、油菜等的霜霉病，在发病初期，用68%可湿性粉剂100~120g/亩，兑水60~80kg，均匀喷雾，一季度用药3~4次。

注意事项：连续使用后，病菌易产生抗性，应与其他杀菌剂交替使用，但不可与其他杀菌剂混用；放在通风干燥处保存，不能与杀虫剂、除草剂在一起存放；目前尚无解毒特效药，在使用时应注意保护手和皮肤；本剂不能与铜锰制剂和碱性农药混用，在喷过碱性、铜等农药后要间隔1周后才能喷该药剂。

40. 烯酰·锰锌

又名安克锰锌

剂型：5%、80%、69%可湿性粉剂，69%水分散颗粒剂。

作用特点：该药剂是烯酰吗啉与代森锰锌复配的、专一杀卵菌的内吸性杀菌剂。主要是破坏卵菌细胞壁膜的形成，导致菌体死亡。具有治疗和保护作用。作物发病前使用能抑制病害发生，发病后使用可杀灭病菌，并产生保护作用。该药剂的内吸性较强，根部施药，可通过根部进入植株的各个部位。叶面喷洒，药亦可进入叶片内部。主要用于防治由卵菌引起的葡萄、荔枝、番茄、辣椒、黄瓜、西瓜、甜瓜、马铃薯、十字花科蔬菜等多种植物上的病害。

使用方法：防治瓜类、十字花科蔬菜的霜霉病，在病害发生前或刚刚发病时开始施药，用69%可湿性粉剂或水分散颗粒剂100~133g/亩，兑水60~75kg，间隔7~10天喷雾1次，共喷3~4次；防治辣椒疫病、葡萄霜霉病、马铃薯晚疫病，用69%水分散颗粒剂或可湿性粉剂134~167g/亩，兑水常规喷雾；防治啤酒花霜霉病、薄荷霜霉病、西洋参疫病，用69%可湿性粉剂1000倍液喷施，间隔7~10天喷1次，连续喷施2~3次。采收前5天停止用药。

注意事项：不能与铜、汞制剂及呈碱性的农药等物质混用或前后紧接使用；建议与其他作用机制不同的杀菌剂交替使用，以延缓病菌产生抗药性；水产养殖区、河塘等水体附近禁用，赤眼蜂等天敌放飞区域禁用，禁止在河塘等水体中清洗施药器具；孕妇及哺乳期妇女应避免接触。

41. 恶霜灵锰锌

又名珊霜锰锌、杀毒矾。

剂型：64%可湿性粉剂。

作用特点：该药剂由8%噁唑烷酮和56%代森锰锌两种杀菌剂混配制成，是一种兼有内吸传导性及保护性杀菌剂。用于防治霜霉科、白锈科和腐霉科真菌所引起的病害，具预防、治疗作用。

使用方法：防治黄瓜霜霉病，在发病前或发病初期，用1200~1500g/hm^{2}或稀释500~750倍后叶面喷雾，使用间隔期视病害轻重而定。如病情较重，应适当提高药量，即降低稀释倍数及缩短用药间隔期。

注意事项：单一长期使用，病菌易产生抗性，一般常与其他杀菌剂混配。

42. 腈菌唑·代森锰锌

又名仙生。

剂型：47%、52.5%、62.25%可湿性粉剂。

作用特点：该药剂主要对病菌麦角甾醇的生物合成和菌体内丙酮酸的氧化起抑制作用，使病菌死亡。具有预防和内吸治疗作用，并具有一定的刺激植物生长的作用。该药剂颗粒极细，黏着性强，耐雨水冲刷，可与杀虫剂、杀螨剂等非碱性农药混用。

使用方法：防治梨黑星病，黄瓜白粉病，在发病初期，用62.25%可湿性粉剂400~600倍液喷雾，间隔7~10天喷药1次，连续喷药1~3次。

注意事项：该制剂不可与碱性农药混用。

43. 恶唑菌铜·霜脲氰

剂型：52.5%水分散颗粒剂。

作用特点：该药剂是由噁唑菌酮和霜脲氰配制而成的一种保护和治疗性杀菌剂。噁唑菌酮内吸性较强，具有保护、治疗作用；霜脲氰有局部内吸作用，因此，具有杀菌和保护的双重作用。可防治霜霉病及疫病。

使用方法：防治黄瓜霜霉病，番茄晚疫病，在发病初，用药量30~40g/亩，兑水均匀喷雾，每隔7天施药1次，连续3次。

注意事项：不能与强碱性物质混合使用；黄瓜安全采收间隔期为3天，每季黄瓜最多使用3次；建议与其他作用机制不同的杀虫剂轮换使用；禁止在荷塘等水体中清洗施药器具。

44. 甲硫·乙霉威

又名、克得灵、菌止定、霉欣、倍能、美消。

剂型：65%可湿性粉剂。

作用特点：该药剂是由甲基硫菌灵和乙霉威混配的一种复合型广谱低毒杀菌剂，具有治疗和保护作用。甲基硫菌灵属苯并咪唑类杀菌剂，在植物体内转化为多菌灵来杀灭病菌，通过干扰病菌有丝分裂中纺锤体的形成使细胞不能分裂，导致病菌死亡；乙霉威属氨基甲酸酯类杀菌剂，通过抑制病菌芽孢纺锤体的形成而杀菌，能有效防治对多菌灵已产生抗药性的病菌引起的多种病害。两者混配，作用互补，既克服了病菌的抗药性，又提高了防治效果。

使用方法：主要用于防治多种植物的灰霉病、菌核病、轮纹病、炭疽病、叶霉病、白粉病、叶斑病等多种真菌性病害；可广泛适用于茄果类、瓜类、豆类以及苹果等多种植物。一般使在病害发生前，采用65%可湿性粉剂1000~1500倍液喷雾。防治保护地蔬菜或果树灰霉病时，一般叶面喷施3~4次，间隔8~10天喷1次。喷施药液量以植株全覆盖为宜。

注意事项：不能与铜制剂及酸碱性较强的药剂混用；在植株未染病或染病初期及时喷药。不要长期单一施药，要与速克灵、扑海因、农利灵等其他农药轮换交替使用。

45. 病毒A

又名毒克星、毒安克、病毒净、病毒速净、病毒克星、病毒特杀、病毒特、病毒清等。

剂型：20%可湿性粉剂。

作用特点：该药剂是一种广谱、低毒病毒防治剂。喷施作物叶片后，通过水气孔进入作物体内，抑制或破坏核酸和脂蛋白的形成，阻止病毒的复制过程，起到防治病毒病的作用。

使用方法：防治西瓜、甜瓜、黄瓜、西葫芦、番茄、黄瓜、辣椒、茄子等蔬菜作物上的花叶病毒、蕨叶病毒、条斑病等毒病。在发病初期，采用1000~1200倍液叶面喷施。

注意事项：对铜敏感的作物，不可随意加大使用浓度；避免在中午高温时使用。

46. 三氮唑核苷·铜锌

又名病毒必克、病毒立清、喜门。

剂型：3.85%水乳剂。

作用特点：该药剂有很强的内吸性，通过钝化病毒活性，抑制病毒在植物体内的增殖，诱发和提高作物抗病性。

使用方法：防治番茄病毒病，用74~117mL/亩，兑水50~70kg喷雾。防治辣椒病毒病，在发病初期，用制剂100mL/亩，兑水常规喷雾，7天喷1次，共喷3次。

47. 混合脂肪酸

又名38增抗剂、NS83。

剂型：10%水乳剂。

作用特点：该药剂对植物病毒、传毒介体有综合作用，能诱导植物抗病基因的表达，使感病品种达到或接近抗病品种的水平；具有使病毒在植物体外失去侵染活性的钝化作用；抑制病毒的初侵染，并降低病毒在植物体内的增殖和扩展速度；对蚜虫有抑制作用；对植物根系生长具有刺激作用；低毒、无污染。

使用方法：防治番茄、瓜类、半夏等多种植物病毒病，在生长前期或发病初期用10%水乳剂100倍液叶面喷雾。

注意事项：在低温下会凝固，使用时先将药瓶放在温水中使其溶化，然后再加水配制。

48. 菌毒清

剂型：5%水剂。

作用特点：该药剂是甘氨酸类杀菌剂，低毒。对病菌的菌丝生长及孢子萌发具有抑制作用。可破坏病菌的细胞膜，抑制呼吸系统，凝固蛋白质，使酶变性而起到抑菌和杀菌作用。具一定的内吸和渗透作用。

使用方法：防治多种作物的病毒病，在发病初期用5%水剂400倍液叶面喷雾；对啤酒花根腐病用5%水剂400倍液灌根，每株500mL；对瓜类蔓枯病等用400倍液喷雾防效明显。

注意事项：不宜与其他农药混用；低温下会出现沉淀，使用时先将药瓶放在温水中，使沉淀溶化后再配制。

49. 盐酸吗啉胍·铜

又名毒克星。

剂型：20%可湿性粉剂。

作用特点：该药剂是由盐酸吗啉胍和乙酸铜混配而成。盐酸吗啉胍是一种广谱、低毒、病毒抑制剂，喷到植物叶面后，通过气孔进入体内，抑制或破坏核酸和脂蛋白的合成，起到防治病毒的作用；而乙酸铜通过Cu^{2+}防治菌类引起的病害，起到辅助作用。

使用方法：防治当归、半夏、土贝母等多种病毒病，在用20%可湿性粉剂400~500倍液喷雾。

注意事项：应在发病初期使用，进行预防；使用的稀释倍数不得小于300倍，否则易产生药害；不可与酸、碱性农药混用。

50. 植病灵

又名三十烷醇·硫酸铜·十二烷基硫酸钠。

剂型：1.5%乳油。

作用特点：该药剂是一种具生长调节、能量转化、杀菌等综合性杀菌剂，对人畜低毒。三十烷醇是生理活性较高的生长调节物质，可抗御病毒侵染和复制，组分十二烷基硫酸钠和三十烷醇结合，起表面活化、乳化发泡的作用，浸透组织，从受侵染的寄主细胞中脱落病毒，对病毒起钝化作用。铜离子起杀菌作用。

使用方法：防治多种植物病毒病，在发病初期施药用1.5%乳油1000倍液叶面喷雾。

注意事项：勿与生物农药混用；使用时将药液摇匀。

51. 嘧啶核苷类抗生素

又名农抗120、抗霉菌素120、120农用抗生素、佳美多、益植灵、粉绣清、霜去灵等。

剂型：2%、4%、6%水剂，8%、10%可湿性粉剂。

作用特点：该药剂是一种高效、广谱生物杀菌剂，具有预防保护和内吸治疗作用。保护成分能在植物和果实表面上形成一层致密的高分子保护膜，对多种病原菌有抑制和阻碍作用；治疗成分能通过枝干传导到达果实内部，直接阻碍病原蛋白质的合成，导致其死亡。该药剂保护致密，内吸性强，连续使用不易产生抗药性，即使在多雨季节使用，仍可保持较强的内吸药效。

使用方法：防治番茄疫病、花卉白粉病、白菜黑斑病等，用1000~1500倍液叶面喷雾。

注意事项：不能与碱性农药混用；喷施应避开烈日和阴雨天，傍晚喷施于作物叶片或果实上，随配随用，按照使用浓度配制。

52. 农用硫酸链霉素

剂型：72%可溶性粉剂，0.1%~8.5%粉剂，15%~20%可湿性粉剂。

作用特点：该药剂是由灰色链霉菌产生的抗生素类杀菌剂，对人畜低毒，对多种作物细菌性病害有防治作用，对一些真菌病害也有防治作用。低温下较稳定，高温下易分解。

使用方法：防治白菜软腐病、细菌性角斑病和叶斑病等，在发病初期用4000倍液喷雾，间隔7~10天喷1次，连喷2~3次；防治对白菜黑腐病，用1000倍液浸种2h后播种；防治番茄青枯病、溃疡病，在田间发现零星病株即刻拔除，配制4000倍液，在每病穴中浇灌0.5L，间隔10~15天灌1次，连灌2~3次，并用4000倍液全田喷雾；辣椒疮痂病和软腐病，在发病初期用3000~4000倍液喷雾，每隔6~8天喷1次，连喷2~3次；防治菜豆细菌性疫病，在发病初期用3000~4000倍液喷雾。

注意事项：不能与碱性农药、杀螟杆菌、白僵菌、苏云金杆菌等微生物杀虫剂混用使用；喷药8h内遇雨应补喷；应贮存于通风、阴凉、干燥处，严防高温日晒和受潮。

53. 中生菌素

又名克菌康。

剂型：3%可湿性粉剂、1%中生菌素水剂。

作用特点：该药剂是一种杀菌谱较广的保护性杀菌剂，具有触杀、渗透作用，是由淡紫灰链霉菌海南变种产生的抗生素，有效成分是N-糖苷类碱性水溶性物质，主要通过抑制细菌、真菌蛋白质肽键生成，导致死亡；可抑制真菌菌丝生长和孢子萌发；可刺激植物体内植保素及木质素的前体物质的生成，提高植物的抗病力。对白菜软腐病菌、黄瓜角斑病菌、水稻白叶枯病菌、苹果轮纹病菌、小麦赤霉病菌等均具有抗菌活性。

使用方法：防治白菜软腐病、黄瓜细菌性角斑病等细菌性病害和苹果轮纹病、斑点落叶病、霉心病以及西瓜枯萎病、炭疽病等真菌病害，在发病初期用1000~1200

倍药液喷施，间隔7~10天喷1次，连喷2~4次；对姜瘟病可用300~500倍药液浸种2h后播种，生长期用800~1000倍灌根，每株0.25kg药液。

注意事项： 不能与碱性农药混用；贮存在阴凉、避光处；如误入眼睛，立即用清水冲洗15min，仍有不适立即就医；如接触皮肤，立即用清水冲洗并换洗衣物；如误服不适，立即送医院对症治疗，无特殊解毒剂。

54. 四霉素

又名梧宁霉素。

剂型： 0.3%四霉素水剂。

作用特点： 该药剂含有多种抗生素，杀菌谱广，具有内吸抑菌活性，可阻止病菌侵入和扩展，适用多种作物的多种真菌、细菌病害防治；该药剂发酵生产过程中形成多种可被作物吸收利用的营养元素，增强植物的光合作用，提高产量；促进植物组织愈合，使弱苗根系发达、老化根系复苏，提高作物抗病能力。

使用方法： 防治果树腐烂病、将本药剂稀释5倍，涂抹病疤；防治苹果树斑点落叶病时，在发病前或发病初期，用600~1000倍液喷雾；防治稻瘟病，用1000~1250倍液喷雾，间隔7天，连喷2~3次。

注意事项： 不能与碱性农药混用；对眼睛有轻刺激作用，施药时应注意保护眼睛；孕妇及哺乳期妇女避免接触；施药应均匀，施药4h内遇雨需补施。

55. 新植霉素

剂型： 90%可湿性粉剂。

作用特点： 该药剂是土霉素和链霉素复配的农用抗生素。土霉素和链霉素均能特异性地与细菌核糖体30S亚基上的特殊受体蛋白结合，抑制肽链和细菌蛋白质的合成，破坏细菌细胞膜，导致细胞死亡。主要防治多种细菌性病害。对高等动物低毒。

使用方法： 防治水稻细菌性条斑病，在发病初期开始使用，至齐穗期连用3次，用新植霉素1600万单位（1小包）/亩，兑水50~75kg喷雾，间隔10~15天喷药1次，连喷4~5次；防治柑橘溃疡病，在萌芽后15~20天或谢花后15天，用1600万单位（1小包）新植霉素+1%乙醇喷雾，可有效防治新梢生长期和果实生长期的溃疡病。

56. 武夷霉素

又名B0-10、农抗武夷菌素。

剂型： 2%水剂。

作用特点： 该药剂能抑制病原菌蛋白质的合成，抑制病原菌菌体菌丝生长、孢子形成、孢子萌发和影响菌体细胞膜渗透性；能诱导植物抗病性，调节植物生长。

使用方法：防治黄瓜霜霉病、炭疽病、白粉病、黑星病和番茄灰霉病、早疫病、晚疫病、叶霉病，用150~200倍液喷雾；防治芦笋茎枯病、黄瓜灰霉病，用100倍液喷雾；防治西瓜、甜瓜炭疽病和白粉病，韭菜灰霉病用100~150倍液喷施。

注意事项：与植物生长调节剂、粉锈宁、多菌灵等杀菌剂混用能提高药效；不能与强酸、强碱性农药混用；喷施的时间以晴天为宜，不要在大雨前后或露水未干及阳光强烈的中午喷施；贮存的地点应选择在通风、干燥、阳光不直接照射的地方，低温贮存。

57. 宁南霉素

又名菌克毒克。

剂型：2%、8%水剂，10%可溶性粉剂。

作用特点：该药剂属胞嘧啶核甘肽型抗生素杀菌剂，有效成分为宁南霉素，易溶于水，遇碱易分解。具有预防和治疗作用，耐雨水冲刷，适宜防治由烟草花叶病毒引起的病毒病。对人、畜、鱼类低毒。

使用方法：防治甜（辣）椒、番茄、白菜等蔬菜病毒病，在幼苗定植前和定植缓苗后，用2%水剂100mg/L的药液各喷雾1次。

注意事项：不能与碱性物质混用，如有蚜虫发生则可与杀虫剂混用；存放于阴凉干燥处，密封保管，注意保质期。

58. 加瑞农

别名：春雷氧氯铜、春·王铜。

剂型：50%、47%可湿性粉剂。

作用特点：该药剂由春雷霉素与氧氯化铜（王铜）混配而成，低毒。具有预防和治疗作用。春雷霉素是从放线菌代谢产物中提取的抗生素，主要是干扰氨基酸代谢的酯酶系统，进而影响蛋白质合成，抑制菌丝伸长和造成细胞颗粒化。王铜则是无机铜保护性杀菌剂，在一定湿度条件下释放出铜离子起杀菌防病作用。可防治多种作物的真菌、细菌病害。

使用方法：防治多种植物霜霉病、叶斑病，用47%可湿性粉剂600~800倍液喷雾。

注意事项：葡萄、苹果等作物的嫩叶对该药剂敏感，使用时控制浓度。

59. 多抗霉素

又名多氧霉素、多效霉素、保利霉素、宝丽安、灭腐灵、多克菌、科生霉素、多氧清等。

剂型：3%、2%、1.5%、10%可湿性粉剂，10%乳油，1%水剂。

作用特点：该药剂是呔嘧啶核苷酸类抗生素，是金色链霉菌产生的代谢产物，主要成分是多抗霉素A和多抗霉素B，它是广谱性内吸性杀菌剂，对高等动物低毒。主要是干扰病原菌细胞壁几丁质的生物合成。芽管和菌丝体接触药剂后，会局部膨大破裂，溢出细胞内含物，导致死亡。此外，还能抑制孢子的形成和病斑的扩大。对多种植物白粉病、霜霉病、灰霉病、枯萎病等有防治效果。

使用方法：发病初期用1%水剂500~600倍液或2%可湿性粉剂1000倍液喷雾，可用1%水剂600~800倍液、2%可湿性粉剂1000~1500倍液灌根。

注意事项：不能与碱性农药、化肥混合使用。

60. 波尔多液

剂型：不同含量的悬浮剂，80%可湿性粉剂。

作用特点：该药剂经喷洒后以微粒状附着于作物表面和病菌表面，经空气、水分、二氧化碳及作物、病菌分泌物等因素的作用，逐渐释放铜离子，被萌发的孢子吸收，当达到一定程度时，可杀死孢子，从而起到杀菌作用，但此作用仅限于阻止孢子萌发，即仅有保护作用；对人畜低毒。

使用方法：该药剂一般在大田作物上用水50kg，果树上用水80kg，蔬菜上用水120kg。防治棉花炭疽病、轮斑病、茄褐纹病、辣椒炭疽病、柑橘溃疡病及苹果炭疽病、轮纹病、早期落叶病、梨黑星病等用0.5%等量式波尔多液喷雾；防治油菜、豌豆等霜霉病喷0.5%倍量式波尔多液；防治花生叶枯病、甜菜褐斑病喷1%等量式波尔多液；防治葡萄黑痘病、炭疽病、瓜类炭疽病用0.5%半量式波尔多液喷雾；防治马铃薯晚疫病用0.5%等量式或1%半量式波尔多液喷雾。

注意事项：该药剂配制容器不能用金属器皿；宜晴天喷洒，阴雨天、雾天、早晨露水未干时及作物花期，容易发生药害，不宜使用；不能与碱性农药混用，两药间隔期为15~20天。果实采收前20天停用；有的苹果品种（'金冠'等）喷过波尔多液后幼果易生果锈，不宜使用。

61. 硫磺

剂型：45%、50%悬浮剂，80%水分散颗粒剂，91%粉剂。

作用特点：该药剂是呼吸抑制剂，作用于病菌氧化还原体系细胞色素b和细胞色素c之间电子传递过程，夺取电子，干扰正常"氧化-还原"，是广谱性的具有保护和治疗作用的杀菌剂，但没有内吸活性；对人畜无毒。

使用方法：防治果树病害等推荐用量为1.75~6.25kg（a.i.）/hm^2；防治葡萄病害等推荐用量为1.75~4.00kg（a.i.）/hm^2；防治麦类病害等推荐用量为 6kg（a.i.）/hm^2，如小麦白粉病，每次用有效成分125~250g/亩，兑水均匀喷雾，间隔10天左右再喷药1次，共喷药2次；防治蔬菜等病害推荐用量为1.2kg（a.i.）/hm^2。

注意事项：不能与硫酸铜等金属盐类药剂混用，以防降低药效；对黄瓜、大豆、马铃薯、桃、李、梨、葡萄等较敏感，使用时应适当降低浓度及使用次数；气温较高的季节应在早、晚施药，避免中午用药，并适当降低用药浓度，以免发生药害；悬浮剂型可能会有一些沉淀，摇匀后使用不影响药效。

62. 乙酸铜

又名醋酸铜、清土。

剂型：20%可湿性粉剂。

作用特点：该药剂主要通过铜离子作用于蛋白质，造成蛋白质变性，使细胞死亡。属低毒杀菌剂。对细菌、真菌和病毒病均有效果。该药剂喷施到植物叶片后，经过气孔进入植物体内，起到抗病毒的作用。在作物发病前使用，可预防病毒病的发生蔓延危害。

使用方法：防治番茄病毒病，在发病初期，采用600~800倍液喷施第1次，间隔7~10天，连续喷施2~3次。在果树清园上，清除各种细菌真菌越冬病原，可用800~1200倍液喷施树干和落叶；600~800倍灌根或泼浇土壤，可灭杀秋冬季潜伏的多种病菌。

注意事项：应贮存于通风干燥的条件下，袋口必须密封扎牢，防止受潮；不可与碱性农药混用；施用时应穿戴防护服和口罩，避免药液溅入眼内和皮肤上；孕期和哺乳期的妇女不宜接触本品。

63. 铜高尚

剂型：27%悬浮剂。

作用特点：该药剂主要成分是碱式硫酸铜，是超微粒的杀菌剂，具有极高的叶面覆盖率；混配性好，可以和绝大多数的农药混合使用；适合于绝大多数的农作物，并且在大多数作物的整个生长期都可以使用；可防治真菌性病害和细菌性病害；有保护和预防作用，且兼具一定的治疗和铲除作用。

使用方法：防治番茄早疫病、晚疫病、细菌性斑点病等，用500~650倍液喷雾。

注意事项：作物发病之前或初期开始用药；不能与强酸、强碱物质混用，禁止与乙膦铝类农药混用；苹果、梨树花期及幼果期以及对桃、李等对铜制剂敏感作物禁用。

64. 碱式硫酸铜

又名绿得保。

剂型：35%悬浮剂，30%胶悬剂，27.12%悬浮剂，50%、80%可湿性粉剂。

作用特点： 该药剂喷施到叶面后很快形成一层弱水性薄膜，并缓慢释放出铜离子进入病菌体内，使病菌细胞内的原生质凝固变性，致病菌死亡。药效范围广，适于果园、大田和蔬菜，防治多种真菌、细菌性病害；保护性好，其黏着力强，耐雨水冲刷，持效期可达15~20天。

使用方法： 在果树上应用时，一般在发病前或发病初期，用1kg药剂兑水300~500kg喷施。

65. 氢氧化铜

又名可杀得、可杀得2000、丰护安、冠菌铜、果蔬多。

剂型： 77%可湿性粉剂，53.8%、61.4%干悬浮剂。

作用特点： 该药剂是一种新型无机保护性杀菌剂，高效、低毒。为多孔针形结晶，表面积大，靠释放的铜粒子与真菌或细菌体内的蛋白质中的—SH、—COOH、—OH等基团起作用，导致病菌死亡。可防治多种植物的真菌、细菌性病害。

使用方法： 防治黄芪霜霉病、白粉病及当归细菌性病害等，用77%可湿性粉剂500~750倍液喷雾，或53.8%干悬浮剂1000倍液喷雾。

注意事项： 不能与强酸或强碱性农药混用；对铜制剂敏感的植物慎用；高温、高湿气候条件下慎用。

66. 氧化亚铜

又名靠山。

剂型： 50%、86.2%可湿性粉剂，50%水分散颗粒剂。

作用特点： 该药剂是保护性杀菌剂。主要是靠铜离子，铜离子被萌发的孢子吸收，当达到一定浓度时，阻止孢子萌发或杀死孢子，起到杀菌作用。

使用方法： 防治黄瓜霜霉病、辣椒疫病，在发病前和发病初期，用86.2%可湿性粉剂2100~2775g/hm^2，兑水均匀喷雾，间隔7~10天喷药1次，连续喷药3~4次；防治番茄早疫病，在发病前和发病初期，用86.2%可湿性粉剂1140~1455g/hm^2，兑水均匀喷雾，间隔7~10天喷药1次，连续喷药3~4次；防治葡萄霜霉病，用86.2%可湿性粉剂800~1200倍液，均匀喷雾，间隔10天左右喷药1次，连续喷药3~4次。

67. 高脂膜

又名光合液膜。

剂型： 27%乳剂。

作用特点： 该药剂本身不具备杀菌作用，主要是药剂喷在植物表面可以自动扩散，形成一层肉眼见不到的单分子膜，将植物包裹起来，保护作物不受外部病害侵染和阻止病菌扩展，不影响作物生长，透气透光，起到防病作用。

　　使用方法：防治黄瓜霜霉病，在发病初期，用27%乳剂500g/亩，兑水75~100kg，均匀喷雾，间隔7~14天，共喷2~3次；防治黄瓜、南瓜、西葫芦白粉病，番茄斑枯病、草莓褐斑病，在发病初期，用27%乳油80~100倍液喷雾；间隔10天左右喷药1次，视病情连喷2~3次。

　　注意事项：使用前应充分摇匀，并用少量水稀释，然后加足所需水量，即可喷洒。若低温季节出现凝结黏稠，先用热水预热融化再加水；喷雾时应使作物叶片正、反面均匀黏布药液，喷雾后遇雨可不再补喷；在温室中和夏季高温天气喷雾时，有可能出现药害。